电气运行与控制专业骨干教师培训教程

刘建华　张静之　主　编

图书在版编目（CIP）数据

电气运行与控制专业骨干教师培训教程/刘建华，张静之主编. —北京：知识产权出版社，2018.9

ISBN 978-7-5130-5864-3

Ⅰ.①电… Ⅱ.①刘… ②张… Ⅲ.①电力系统运行－教材 ②电气控制－教材 Ⅳ.①TM732 ②TM571.2

中国版本图书馆CIP数据核字（2018）第220635号

内容简介

本书为职业教育骨干教师培训用书，主要内容包括继电控制电路的装调与维修、电子线路的安装与调试、电力电子技术线路的装调、自动控制装置的安装与调试、传感器与PLC应用基础、工业触摸屏技术与组态软件操作应用、自动化生产线的安装调试、工业机械手和机器人的基本应用等。本书注重理论与实践相结合，以应用为主，针对前述各项技能的实践操作和应用进行详细讲解，并引入生产中的实例，重点说明应用的原理与具体操作方法。本书可作为职业教育骨干教师培训教材，也可供应用型本科和高职院校电气、自动化及相关专业的师生选用，还可作为相关专业工程技术人员的参考书籍。

责任编辑：张雪梅	责任校对：谷 洋
封面设计：睿思视界	责任印制：刘译文

电气运行与控制专业骨干教师培训教程

刘建华　张静之　主编

出版发行：知识产权出版社有限责任公司	网　　址：http://www.ipph.cn
社　　址：北京市海淀区气象路50号院	邮　　编：100081
责编电话：010－82000860转8171	责编邮箱：410746564@qq.com
发行电话：010－82000860转8101/8102	发行传真：010－82000893/82005070/82000270
印　　刷：北京嘉恒彩色印刷有限责任公司	经　　销：各大网上书店、新华书店及相关专业书店
开　　本：787mm×1092mm　1/16	印　　张：11.5
版　　次：2018年9月第1版	印　　次：2018年9月第1次印刷
字　　数：248千字	定　　价：65.00元
ISBN 978-7-5130-5864-3	

出版权专有　侵权必究

如有印装质量问题，本社负责调换。

前 言

近年来，随着电气自动化技术的快速发展，师资队伍建设一直是困扰职业院校发展的瓶颈。上海市师资培训基地自2009年成立以来，一直注重在技能及教学方法上对职业教育骨干教师进行培训，经过近十年的培训，积累了大量教学案例资源和丰富的经验，经过整理出版本书。

本书从实际应用出发，兼顾教学需求与教法需求，将两者进行有机的整合，并做到前后呼应；采用理论与实际相结合的形式，引入大量工程中的应用实例，突出技术应用，通俗易懂，并引入新技术的相关拓展知识与技能。

全书共分为八章。第1章介绍了继电控制电路的装调与维修，以传统的继电接触器控制线路的安装、调试和故障排除为主要内容；第2章介绍了电子线路的安装与调试，以典型的运算放大器应用和数字电路实用电路分析工作原理、介绍相关技能；第3章对电力电子技术线路装调的典型三相半波、三相桥式整流电路进行分析和讲解；第4章介绍了自动控制装置的安装与调试，并就常用的欧陆514C直流调速器和西门子MM440变频器的应用进行了分析讲解；第5章介绍传感器与PLC应用基础，结合工程实例说明各类编程的具体方法及传感器的应用；第6章以EasyView工业触摸屏与PLC技术应用、KingView组态王软件与PLC技术应用为典型案例，结合工程应用说明使用方法；第7章对工业中典型的自动分拣系统、机械手系统的硬件分配、软件设计进行分析讲解；第8章对目前智能制造系统中广泛应用的工业机械手、机器人进行拓展性讲解。

本书由上海市高级技工学校刘建华和上海工程技术大学工程实训中心张静之主编。其中，第1章由上海市宝山职业技术学校呼万良编写，第2章、第3章由上海工程技术大学工程实训中心张静之编写，第4~7章由上海市高级技工学校刘建华编写，第8章由上海工程技术大学高职学院王才峰编写。全书由刘建华统稿。本书在编写过程中参考了一些文献，并引用了一些资料，难以一一列举，在此一并表示衷心的感谢。

由于编者水平有限，编写经验不足，加之时间仓促，书中不足之处在所难免，恳请读者提出宝贵的意见。

目　　录

前言

第1章　继电控制电路的装调与维修 ……………………………………………… 1
1.1　三相异步电动机双重联锁正反转起动能耗制动控制线路 ………………… 1
1.1.1　双重联锁正反转起动能耗制动控制线路工作原理分析 ……………… 2
1.1.2　安装、调试步骤及测试方法 ……………………………………………… 3
1.2　Z3040摇臂钻床电气控制线路故障分析与排除 ……………………………… 7
1.2.1　Z3040型摇臂钻床简介 …………………………………………………… 9
1.2.2　Z3040型摇臂钻床工作原理分析 ………………………………………… 10
1.2.3　Z3040型摇臂钻床控制线路故障分析与排除 …………………………… 15
1.2.4　典型故障分析查找举例 …………………………………………………… 18

第2章　电子线路的安装与调试 …………………………………………………… 22
2.1　锯齿波发生器 ……………………………………………………………………… 22
2.1.1　锯齿波发生器的工作原理 ………………………………………………… 23
2.1.2　锯齿波发生器的安装调试步骤及实测波形记录 ……………………… 26
2.2　移位寄存器控制 …………………………………………………………………… 28
2.2.1　各单元电路的工作原理 …………………………………………………… 30
2.2.2　移位寄存器控制安装调试步骤及实测波形记录 ……………………… 36

第3章　电力电子技术线路的装调 ………………………………………………… 38
3.1　带电阻负载的三相半波可控整流电路 ………………………………………… 38
3.1.1　带电阻负载的三相半波可控整流电路的工作原理 …………………… 39
3.1.2　带电阻负载的三相半波可控整流电路的安装调试步骤 ……………… 41
3.1.3　带电阻负载的三相半波可控整流电路的测试 ………………………… 45
3.2　带电阻负载的三相全控桥式整流电路 ………………………………………… 46
3.2.1　带电阻负载的三相全控桥式整流电路的工作原理 …………………… 47
3.2.2　带电阻负载的三相全控桥式整流电路的安装调试步骤 ……………… 52
3.2.3　带电阻负载的三相全控桥式整流电路的测试 ………………………… 53

第4章　自动控制装置的安装与调试 ……………………………………………… 55
4.1　514C双闭环调速控制器的应用 ………………………………………………… 55
4.1.1　514C双闭环直流调速器的功能 ………………………………………… 56
4.1.2　514C双闭环不可逆调速控制器的调试与测试 ………………………… 61

4.2　西门子MM440变频器的安装与调试 ………………………………………… 62
　　4.2.1　MM440变频器的端子功能与接线 ……………………………………… 63
　　4.2.2　MM440变频器参数设置方法 …………………………………………… 67
　　4.2.3　常用参数简介 ……………………………………………………………… 70
　　4.2.4　MM440参数设置与调试 ………………………………………………… 76

第5章　传感器与PLC应用基础 ……………………………………………………… 79
5.1　传感器的识别与应用基础 ……………………………………………………… 79
　　5.1.1　常见传感器的原理与识别 ………………………………………………… 79
　　5.1.2　传感器的应用场合简介 …………………………………………………… 81
5.2　PLC控制彩灯闪烁运行系统 …………………………………………………… 84
　　5.2.1　经验法编制控制彩灯闪烁运行系统程序 ………………………………… 85
　　5.2.2　时序法编制控制彩灯闪烁运行系统程序 ………………………………… 88
　　5.2.3　状态转移方式编制控制彩灯闪烁运行系统程序 ………………………… 91

第6章　工业触摸屏技术与组态软件操作应用 ……………………………………… 93
6.1　基于触摸屏的PLC控制运料小车 ……………………………………………… 93
　　6.1.1　编制PLC控制运料小车程序 …………………………………………… 94
　　6.1.2　使用触摸屏开发运料小车监控界面 ……………………………………… 95
6.2　组态软件监控的PLC控制自动门系统 ………………………………………… 103
　　6.2.1　PLC控制自动门系统程序设计 ………………………………………… 104
　　6.2.2　组态王开发自动门系统监控界面 ………………………………………… 105

第7章　自动化生产线的安装调试 ……………………………………………………… 116
7.1　自动分拣系统的安装与调试 …………………………………………………… 116
　　7.1.1　分拣输送带简单分拣处理程序 …………………………………………… 117
　　7.1.2　分拣输送带自检处理程序 ………………………………………………… 118
　　7.1.3　分拣输送带单料仓包装问题 ……………………………………………… 122
　　7.1.4　分拣输送带多料仓包装与报警处理问题 ………………………………… 128
7.2　机械手系统的安装与调试 ……………………………………………………… 132
　　7.2.1　PLC控制简单机械手（单作用气缸）的急停问题处理 ………………… 133
　　7.2.2　PLC控制步进电动机驱动的机械手系统的暂停问题处理 ……………… 136
　　7.2.3　PLC控制步进电动机驱动的机械手系统的断电问题处理 ……………… 138

第8章　工业机械手、机器人的基本应用 …………………………………………… 142
8.1　工业机器人基本示教操作 ……………………………………………………… 142
　　8.1.1　川崎工业机器人简介 ……………………………………………………… 142
　　8.1.2　工业机器人操作安全规范 ………………………………………………… 143

  8.1.3 川崎工业机器人开关机步骤 …………………………………… 149
  8.1.4 川崎工业机器人控制器外观及功能 …………………………… 151
  8.1.5 川崎工业机器人基本示教操作方法 …………………………… 158
  8.1.6 工业机器人基本示教操作练习 ………………………………… 162
 8.2 工业机器人码垛操作 ……………………………………………………… 163
  8.2.1 川崎工业机器人再现运行操作 ………………………………… 163
  8.2.2 川崎工业机器人示教编程 ……………………………………… 166
  8.2.3 川崎工业机器人程序数据修改 ………………………………… 172
  8.2.4 工业机器人码垛程序编制及调试练习 ………………………… 175

主要参考文献 …………………………………………………………………… 176

第1章　继电控制电路的装调与维修

1.1　三相异步电动机双重联锁正反转起动能耗制动控制线路

▌ 课题分析 ▶▶▶▶

图 1-1 所示是三相异步电动机双重联锁正反转起动能耗制动控制线路的原理图，要求在完成实物接线的基础上进行电路的调试，并回答相应的问题。

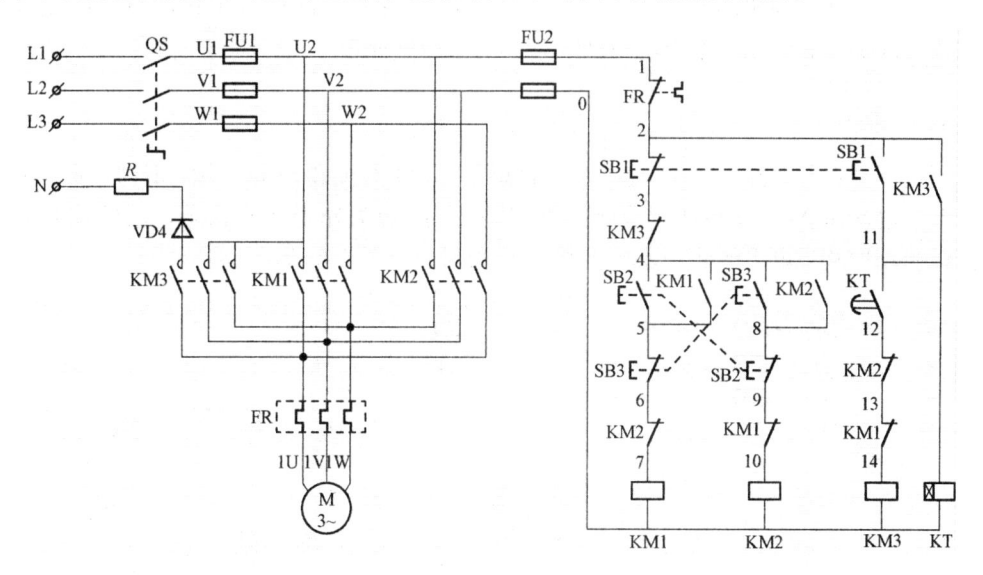

图 1-1　三相异步电动机双重联锁正反转起动能耗制动控制线路

课题目的 ➡

1. 掌握双重联锁正反转起动能耗制动控制线路的用途。
2. 知道三相异步电动机制动的种类、特点和控制要求。
3. 掌握双重联锁正反转起动能耗制动控制线路各电气元器件的名称及作用。
4. 能使用万用表、兆欧表对电路中的关键点进行测试，对测试的数据进行分析、判断，能分析并排除控制线路中的故障。
5. 会初步确定电气控制电路板布置图，知道在电路板上电气元器件的位置。
6. 知道线路安装、调试的步骤及测试方法。

课题重点 ➡

1. 能分析双重联锁正反转起动能耗制动的原理。

2. 能够阅读、分析控制线路图，说出正确的操作过程。
3. 知道线路安装、调试的步骤及测试方法。

课题难点 ➡

1. 能分析双重联锁正反转起动能耗制动线路的主电路、控制电路。
2. 能按照双重联锁正反转起动能耗制动线路的控制要求正确操作。
3. 能使用万用表对电路中的关键点进行测试，对测试的数据进行分析、判断，分析并排除控制线路中的故障。
4. 知道线路安装、调试的步骤及测试方法。

1.1.1 双重联锁正反转起动能耗制动控制线路工作原理分析

在生产加工过程中常常需要电动机改变旋转方向，即进行正反转运行，如机床工作台的往返运动、吊车吊钩的上升下降运动等。由三相异步电动机的工作原理可知，若要改变电动机三相交流电源的相序，只要任意对调接入电动机三相电源进线中的两根相线，即可使电动机的旋转方向随之改变。把接触器联锁与按钮联锁组合后就可以得到双重联锁控制。图 1-1 所示控制线路的工作原理如下。

1. 正转控制

当按下正转起动按钮 SB2 时，正转接触器 KM1 线圈得电并自锁，KM1 常开主触头闭合，电动机 M 正向转动。接触器 KM1 的常闭触头处于断开状态，反转控制回路与能耗制动回路被断开互锁，其线路中通电的部分如图 1-2 所示。

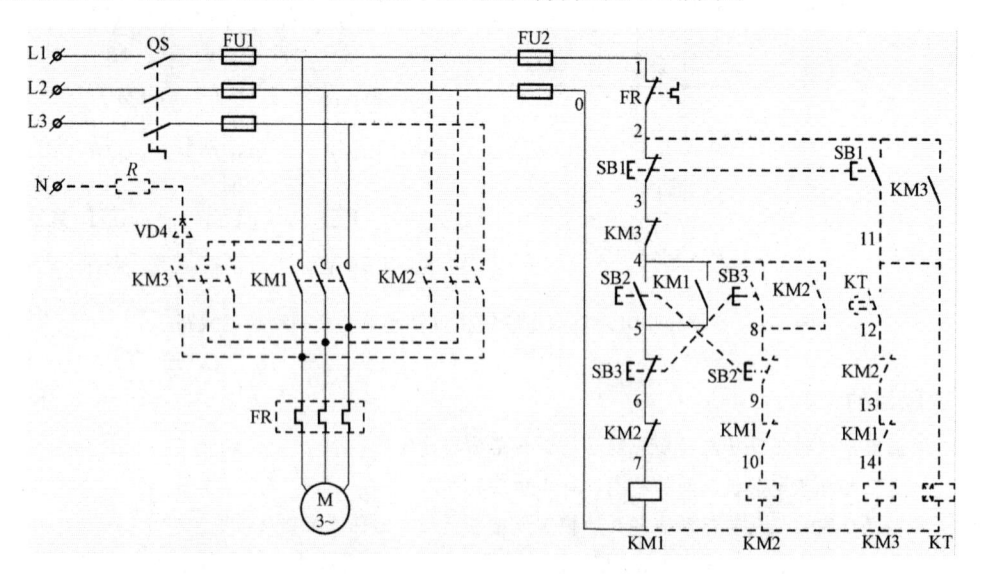

图 1-2 正转控制时线路通电回路

2. 反转控制

欲使电动机反转，反转起动按钮 SB3 常闭触头必须先断开正转控制回路，再接通反转控制回路，反转控制接触器 KM2 线圈得电并自锁，KM2 常开主触头闭合，接入定子绕组的电源相序改变，电动机反向转动。同理，接触器 KM2 的常闭触头打开，断开了接触器 KM1 线圈控制回路，使之不可能吸合，其线路中通电的部分如图 1-3 所示。

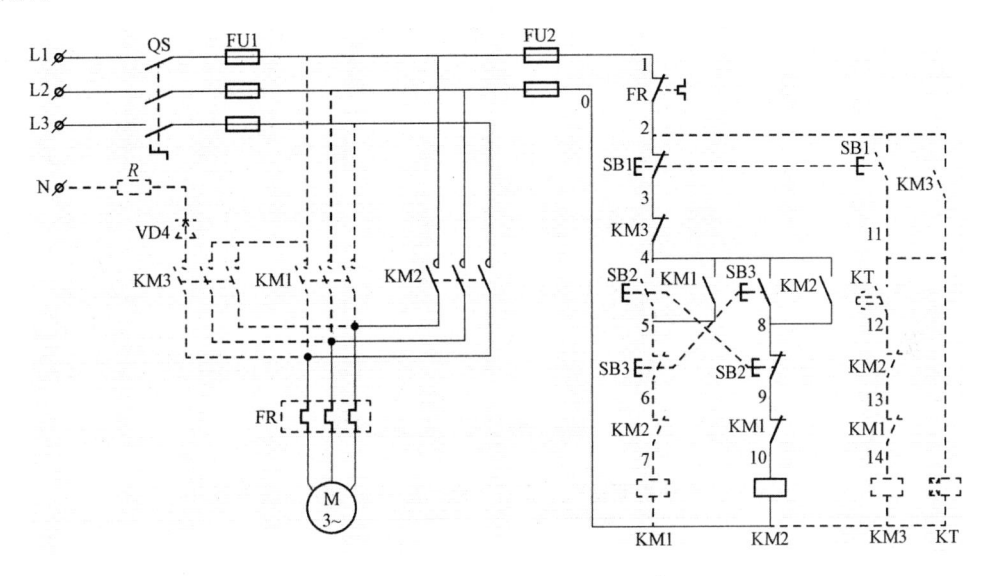

图 1-3　反转控制时线路通电回路

3. 能耗制动

当按下停止按钮 SB1 后，交流接触器 KM1（或 KM2）线圈失电，同时交流接触器 KM3 线圈与时间继电器 KT 线圈得电，交流接触器 KM3 常闭触头闭合，电动机 M 接入直流电能耗制动，其线路中通电的部分如图 1-4 所示。一段时间后，时间继电器 KT 常闭触点断开，交流接触器 KM3 线圈失电，其主触头 KM3 断开，电动机 M 切断直流电源停转，能耗制动结束。

该能耗制动控制线路采用单只晶体管半波整流器作为直流电源，所用附加设备较少，线路简单，成本低，常用于 10kW 以下的小容量电机和对制动要求不高的场合。

1.1.2　安装、调试步骤及测试方法

1. 安装

1）选择器件。根据线路控制要求及工作环境确定线路所需的器件，并对其进行质量检查。表 1-1 所示为三相异步电动机双重联锁正反转起动能耗制动控制线路所需的器件。

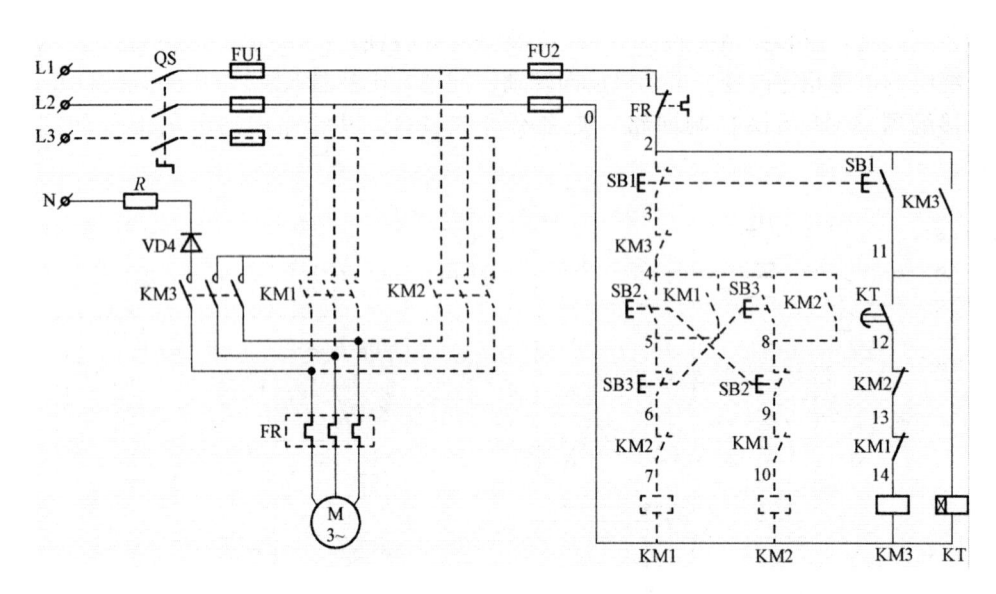

图 1-4 能耗制动时线路通电回路

表 1-1 三相异步电动机双重联锁正反转起动能耗制动控制线路所需的器件

序号	符号	器件名称	型号规格	数量	单位
1	XD	电源指示灯	AD16-22D,380V,白色	1	只
2	QS	带漏电保护的三相断路器	DZ47LE-32/3P,C6	1	只
3	FU1,FU2	熔丝座	RT18	5	只
4	FU1,FU2	熔丝芯	RT14,ϕ10×38×2A	5	只
5	KM1~KM3	三相接触器	CJX1-9/22,380V	3	只
6	FR	三相热继电器	JR3620/3D,1.5~2.4A	1	只
7	M	三相异步电动机	JW-5024	1	台
8	KT	时间继电器	通电延时:JS7-2A,380V	1	只
9	SB1~SB3	按钮	LA42P-11,380V/G LA42P-22,380V/R	3	只
10	VD4	二极管	1N4007	1	只
11	R	电阻	1kΩ,50W	1	只
12	2 路	接线端子	WJT8-2.5	9	节
13	3 路	接线端子	WJT8-2.5	2	节
14	4 路	接线端子	WJT8-2.5	2	节
15	5 路	接线端子	WJT8-2.5	6	节
16	主电路	单股塑料铜芯线	BV2.5mm²(黄绿红)	3	卷

第1章 继电控制电路的装调与维修

续表

序号	符号	器件名称	型号规格	数量	单位
17	控制电路	单股塑料铜芯线	BVR1.5mm^2（黑）	2	卷
18		冷压接线端子	RV2-3.7S	50	只
19		冷压接线端子	RV1.25-5	150	只

2）确定（绘制）电气控制电路板布置图，如图1-5所示。

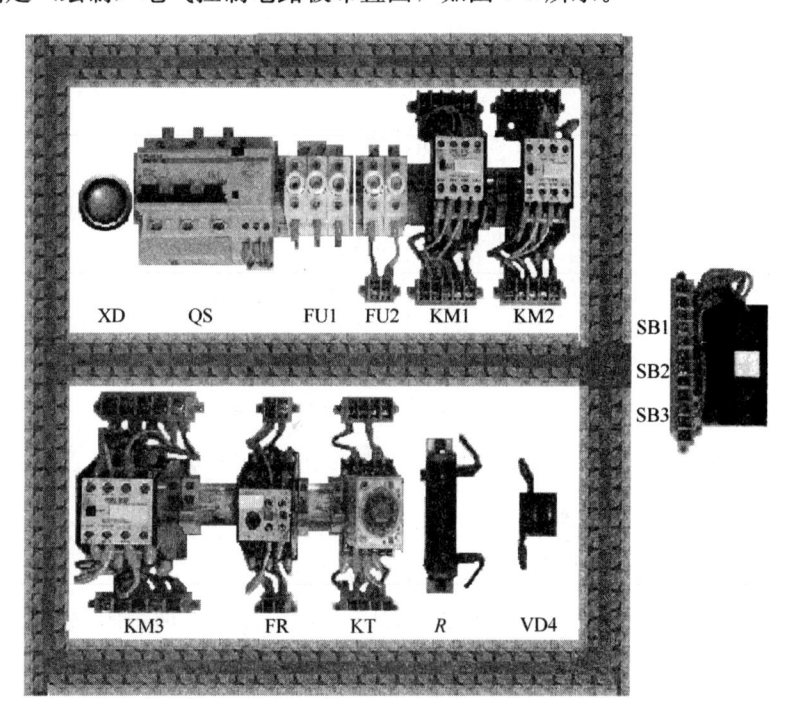

图1-5 确定电气控制电路板布置图

3）安装及测试用电工工具。准备安装及测试用电工工具，如电钻、钢锯、螺钉旋具（一字、十字）、钢丝钳、压线钳、斜口钳、万用表（指针或数字式）、兆欧表、铅笔、卷尺、自攻螺钉等。

4）确定电路板的材料和大小，并裁剪。

5）安装器件。

6）配线。采用板前线槽配线方式。

2. 调试及测试方法

(1) 常规检查

检查电源开关、熔断器、接触器、热保护继电器、启停按钮、时间继电器等器件的安装，应位置正确、连接牢固，导线连接应可靠、无松脱，号码管数字与电路线号一一对应，如图1-1所示。热保护继电器、时间继电器整定值应正确。用兆欧表对电路进行绝缘电阻测试，应符合要求。

（2）用万用表检查

在不通电的情况下用万用表的欧姆挡进行通断检查，具体方法如下。

1）检查控制电路。控制电路如图 1-6 所示。

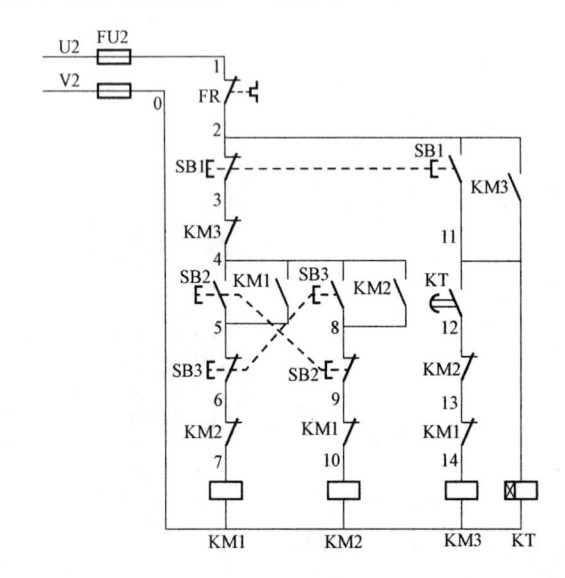

图 1-6　电动机双重联锁正反转起动能耗制动控制电路

① FU2 检查。把万用表拨到 R×100，调零以后，将两只表棒分别接到熔断器 FU2 两端，此时电阻应为零，否则 FU2 有断路问题。

② 整个控制电路检查。将两只表笔分别接到 1、0 端，此时电阻应为无穷大，否则接线可能有错误（如 SB2 应接常开触点而错接成常闭触点，或按钮 SB2 的常开触点粘连而闭合）。

③ 正转起动电路检查。按下 SB2，此时若测得一电阻值（为 KM1 线圈电阻），说明 KM1 线圈接入，按下接触器 KM1 的触点架，其常开触点闭合，此时万用表测得的电阻仍为 KM1 的线圈电阻，表明 KM1 自锁起作用，否则 KM1 的常开触点可能有虚接或漏接等问题。按下接触器 KM1 的触点架不放，分别再按下 SB1、SB3、KM2 和 FR，此时万用表测得的电阻为∞，说明它们各自的常闭触点串接在 KM1 线圈电路中，如电阻不变，则表明常闭触点可能有虚接或漏接等问题。

用此方法依次检查反正转起动电路、能耗控制电路和能耗控制时间电路。

2）检查主电路。主电路如图 1-7 所示。

① FU1 检查。把万用表拨到 R×100，调零以后，将两只表棒分别接到熔断器 FU1 两端，此时电阻应为零，否则 FU2 有断路问题。

② KM1、KM2、KM3 主触点及接线检查。断开控制电路，用万用表分别测量 U2－U11、V2－V11、W2－W11。若某次测得为零，则说明所测点接线有短路，或 KM1、KM2、KM3 主触点处于闭合状态。当用手按下接触器 KM1、KM2、KM3 的触点架，使 KM1、KM2、KM3 的常开触点闭合，重复上述测量，此时测得的电阻应为零。

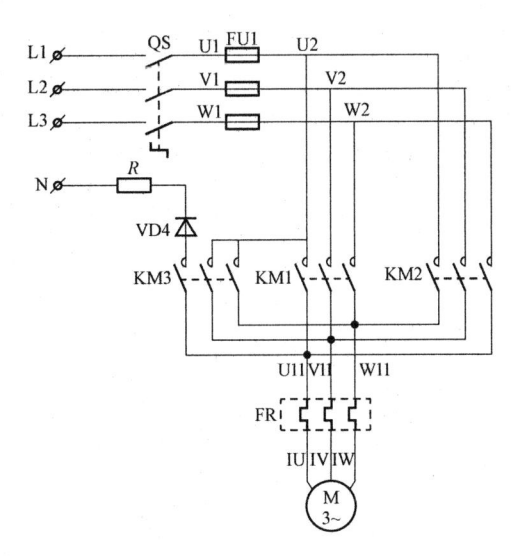

图1-7 电动机双重联锁正反转起动能耗制动主电路

③ 电动机 M 接线电路检查。当用手按下接触器 KM1、KM2 的触点架，使 KM1、KM2 的常开触点闭合时，用万用表分别测量 U2－V2、V2－W2、W2－U2 之间的电阻，阻值应为两相绕组的阻值，且三次测得的结果应基本一致。若有为零、无穷或不一致的情况，则应进一步检查。当用手按下接触器 KM3 的触点架，使 KM3 的常开触点闭合时，用万用表分别测量 U2－N 之间的电阻，阻值应为限流电阻与电动机绕组的两并一串阻值的和。若为零、无穷大或小于阻值的和，则应进一步检查。在上述检查时发现问题，应结合测量结果，通过分析电气原理图再作进一步的检查维修。

（3）上电试车

经过以上检查无误后，可进行上电试车。

1）空操作试车。断开主电路接在 FU1 上的 6 根电源线 U2、V2、W2，合上电源开关 QS，使控制电路得电。按下正转起动按钮 SB2，KM1 应吸合并自锁；按下反转按钮 SB3，KM1 应断电释放，KM2 吸合并自锁；任何时候按下停止按钮 SB1，KM1 或 KM2 应断电释放，KM3 和 KT 吸合并自锁，整定时间一到，KM3 和 KT 应断电释放。

2）空载试车。空操作试车通过后，断电，接上 6 根 U2、V2、W2，然后送电，合上 QS，按下 SB2，观察电动机 M 的转向（正转）及转速是否正确；按下 SB3，观察电动机 M 的转向（反转）及转速是否正确。

空载试车通过后，可按电路控制对象的性能要求进行带负荷试车。

1.2 Z3040 摇臂钻床电气控制线路故障分析与排除

■ 课题分析 ▶▶▶▶

Z3040 摇臂钻床电气控制线路如图 1-8 所示。

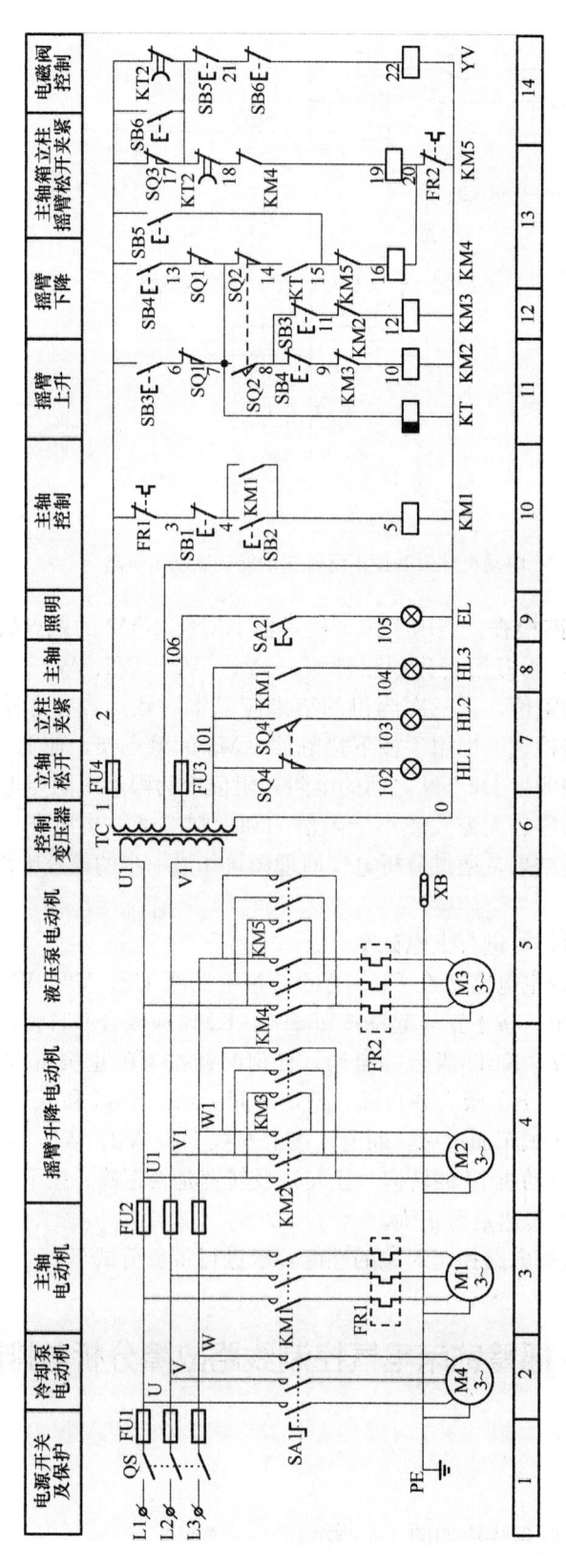

图 1-8 Z3040 摇臂钻床电气控制线路

课题目的

1. 掌握 Z3040 钻床的用途。
2. 知道 Z3040 摇臂钻床的结构、特点、参数和控制要求。
3. 掌握 Z3040 摇臂钻床电气控制线路各电气元器件的名称及作用。
4. 能使用万用表对电路中的关键点进行测试,对测试数据进行分析、判断,能分析并排除控制线路中的故障。

课题重点

1. 能分析 Z3040 钻床的主、辅运动。
2. 能够阅读、分析 Z3040 钻床控制线路图,说出正确的操作过程。
3. 知道该电气线路的保护措施。

课题难点

1. 能分析 Z3040 钻床电气线路的主电路和控制电路。
2. 能按 Z3040 钻床的控制要求正确操作。
3. 能使用万用表对电路中的关键点进行测试,对测试的数据进行分析、判断,能分析并排除控制线路中的故障。

1.2.1 Z3040 型摇臂钻床简介

如图 1-9(a)所示为 Z3040 摇臂钻床的实物图。Z3040 型卧式摇臂钻床主要由底座、外立柱、内立柱、主轴箱、工作台、摇臂等部分组成,其结构如图 1-9(b)所示。在钻床底座上的一端固定着内立柱,内立柱的外面套着外立柱,外立柱可以绕内立柱回转 360°。摇臂的一端为套筒,它套在外立柱上,通过丝杠的正反转可使摇臂沿外立柱作升降移动。摇臂与外立柱之间不能作相对转动,摇臂只能和外立柱一起绕内立柱回转。摇臂的升降运动必须严格按照摇臂自动松开、再进行升降、到位后摇臂自动夹紧在外立柱上的顺序进行。主轴箱由主传动电动机、主轴和主轴传动机构、进给和变速机构及机床操作机构等组成。可以通过操作手轮使主轴箱在摇臂上沿导轨作水平移动。

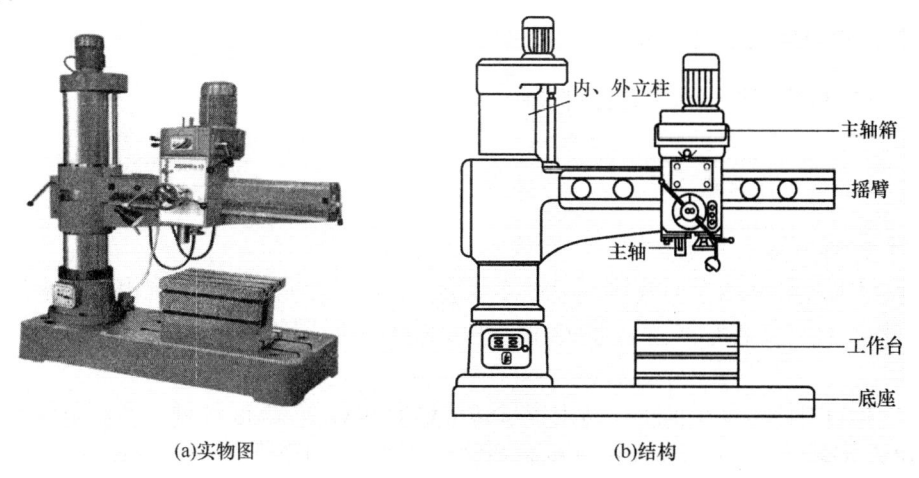

(a)实物图　　(b)结构

图 1-9　Z3040 摇臂钻床的外形及机构

当待加工工件不大时，可以将工件压紧在工作台上加工；当待加工工件较大时，可以直接将工件装在底座上加工。加工时，外立柱夹紧在内立柱上，主轴箱夹紧在摇臂上，摇臂夹紧在外立柱上。外立柱的松紧和主轴箱的松紧是依靠液压推动松紧机构进行的。

该摇臂钻床有两套液压控制系统，一套是操作机构液压系统，另一套是夹紧机构液压系统。前者装在主轴箱内，用于实现主轴正反转、停车制动、空挡、预选及变速；后者安装在摇臂背后的电器盒下部，用于夹紧松开主轴箱、摇臂及立柱。

Z3040 摇臂钻床的运动包括以下三个方面：

1) 主运动，主轴带动钻头的旋转运动。
2) 进给运动，主轴的纵向进给即钻头的垂直运动。
3) 辅助运动，摇臂沿外立柱的升降运动，主轴箱沿摇臂的水平移动，摇臂连同外立柱一起绕内立柱的回转运动。

Z3040 摇臂钻床的控制要求如下：

1) Z3040 摇臂钻床共由 4 台电动机拖动，分别为主轴电动机、摇臂升降电动机、液压泵电动机及冷却泵电动机。4 台电动机容量较小，均采用全压直接起动。
2) 主轴旋转与进给要求有较大的调速范围以及正、反转，以适应多种加工形式。这些都是由液压和机械系统完成的，主轴电动机只作单向旋转。
3) 摇臂升降由摇臂升降电动机拖动，故升降电动机要求有正、反转。为方便调整，采用点动控制。
4) 液压泵电动机正、反转，拖动液压泵送出双向液压。夹紧或松开后，机械装置自锁。因此，液压泵电动机也采用点动控制。
5) 摇臂的移动必须严格按照摇臂松开→摇臂移动→摇臂移动到位自动夹紧的过程进行。
6) 进行钻削加工时应由冷却泵电动机拖动冷却泵，供出冷却液，将钻头冷却。冷却泵电动机为单向旋转。
7) 有必要的联锁与保护环节。
8) 具有机床完全照明和信号指示电路。

1.2.2　Z3040 型摇臂钻床工作原理分析

1. 主电路工作原理分析

Z3040 摇臂钻床主电路如图 1-10 所示。

M1 主轴电动机为单向旋转，接触器 KM1 控制。主轴的正反转则由机床液压系统操纵机构配合正反转摩擦离合器实现，并由热继电器 FR1 作电动机 M1 的长期过载保护。

M2 摇臂升降电动机的正反转由正反转接触器 KM2、KM3 控制。控制电路保证在操纵摇臂升降时首先使液压泵电动机起动旋转，送出压力油，经液压系统将摇臂松开，然后才使 M2 起动，拖动摇臂上升或下降。当移动到位后，控制电路又保证 M2 先停

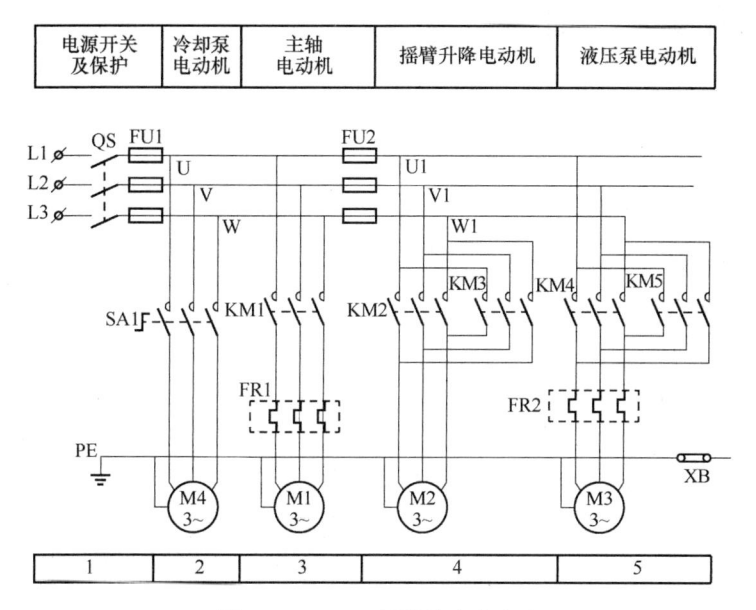

图 1-10 Z3040 摇臂钻床主电路

下,再自动通过液压系统将摇臂夹紧,最后液压泵电动机才停转。M2 为短时工作,不用设长期过载保护。

M3 液压泵电动机由接触器 KM4、KM5 实现正、反转控制,并由热继电器 FR2 作长期过载保护。

M4 冷却泵电动机容量较小,仅为 0.125kW,所以由开关 SA1 直接控制。

2. 控制电路工作原理分析

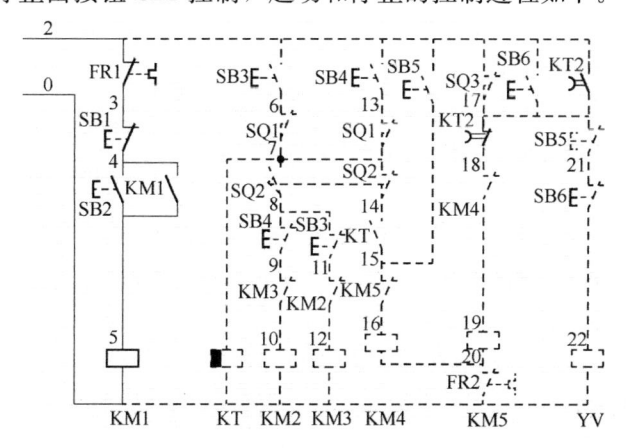

(1) 主轴电动机 M1 的控制

主轴电动机 M1 的控制回路如图 1-11 中实线部分所示。起动按钮 SB2 控制主轴电动机的起动,其停止由按钮 SB1 控制,起动和停止的控制过程如下。

图 1-11 主轴电动机 M1 的控制回路

主轴电动机 M1 的起动过程：

按下起动按钮 SB2（常开触点闭合），
使 KM1 线圈得电
$\begin{cases} \text{KM1 辅助常开触点（4—5）闭合} \\ \text{KM1 辅助常开触点（101—106）闭合→HL3 亮} \\ \text{KM1 主触点闭合→主轴电动机 M1 运行} \end{cases}$

主轴电动机 M1 的停止过程：

按下停止按钮 SB1（常闭触点断开），
使 KM1 线圈失电
$\begin{cases} \text{KM1 辅助常开触点（4—5）复位} \\ \text{KM1 辅助常开触点（101—106）复位→HL3 灭} \\ \text{KM1 主触点复位→主轴电动机 M1 停止运行} \end{cases}$

（2）摇臂升降电动机 M2 的控制

摇臂升降电动机的工作过程如图 1-12 所示。摇臂的升降与液压泵电动机的控制有紧密的联系，摇臂上升的控制过程具体分析如下：

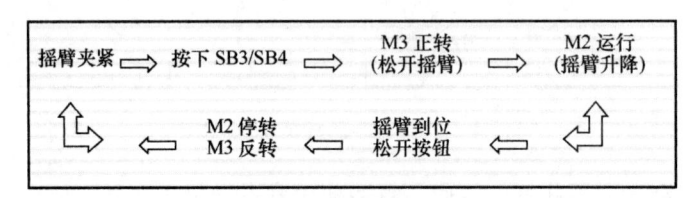

```
摇臂夹紧 ⇒ 按下 SB3/SB4 ⇒ M3 正转    ⇒ M2 运行
                          （松开摇臂）    （摇臂升降）
   ⇑                                        ⇓
   ⇐ M2 停转 ⇐ 摇臂到位 ⇐
     M3 反转    松开按钮
```

图 1-12 摇臂升降工作过程

摇臂夹紧 按下上升点动按钮 SB3→KT 线圈得电
$\begin{cases} \text{KT 常开触点（2—17）立即闭合→电磁阀 YV 得电} \\ \text{KT 常闭触点（17—18）立即断开} \\ \text{KT 常开触点（14—15）立即闭合→KM4 线圈得电→M3 正转→} \end{cases}$

→摇臂松开 摇臂夹紧信号开关 SQ3 复位→SQ3 常闭触点（2—17）闭合→为摇臂夹紧通电做准备
摇臂松开信号开关 SQ2 动作 $\begin{cases} \text{SQ2 常闭触点（7—14）断开→KM4 线圈失电→M3 停止运行} \\ \text{SQ2 常开触点（7—8）闭合→KM2 线圈得电→M2 正转运行→} \end{cases}$

→摇臂上升 摇臂到位松开按钮 SB3 $\begin{cases} \text{KM2 线圈失电→M2 停止运行→摇臂停止上升} \\ \text{KT 线圈失电经 1~3s 延时后} \quad \text{KT 延时常闭触点（17—18）闭合} \rightarrow \text{KM5 线圈得电→M3 反转→} \end{cases}$

→摇臂夹紧 $\begin{cases} \text{摇臂放松信号开关 SQ2 复位} \begin{cases} \text{SQ2 常闭触点（7—14）闭合} \\ \text{常开触点（7—8）断开} \end{cases} \rightarrow \text{为摇臂放松通电做准备} \\ \text{摇臂夹紧信号开关 SQ3 动作→SQ3 常闭触点断开} \begin{cases} \text{电磁阀 YV 失电} \\ \text{KM5 线圈失电→M3 停止运行} \end{cases} \end{cases}$

按下 SB3，KT 线圈得电，KM4 线圈得电，YV 电磁阀得电，液压泵送出压力油，经二位六通阀进入松开油腔，摇臂松开。如图 1-13 中实线部分所示回路为摇臂上升前的松开回路。其液压部分的工作原理如图 1-14 所示。

摇臂松开过程中，活塞杆通过弹簧片压上行程开关 SQ2，发出松开到位信号，SQ2（6—13）断开，KM4 失电，松开停止，SQ2（6—7）闭合，KM2 线圈得电，摇臂开始上升。如图 1-15 中实线部分所示回路为摇臂上升时的回路。

摇臂上升到位（SB3 松开）或到达极限位置（SQ1 断开）时，KT 线圈断电，KM2 线圈

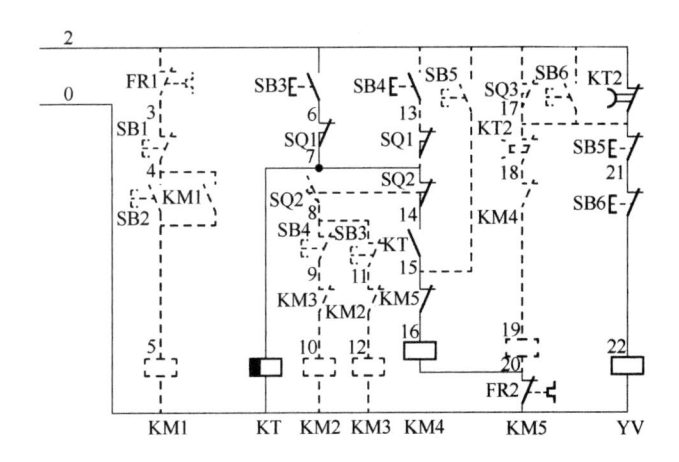

图 1-13 摇臂上升前的松开回路

断电，M3 电动机惯性运转 1~3s 后停止，KT 触点延时动作，YV 电磁阀停止工作。KM5 线圈得电，液压泵送出压力油，经二位六通阀进入夹紧油腔，摇臂夹紧到位，SQ3 断开，KM5 失电，摇臂夹紧结束。摇臂夹紧时的回路如图 1-16 中实线部分所示。

从图 1-16 中可以看到：当 SQ1（摇臂升降极限开关）受压，则表示摇臂钻床的控制臂已经上升或者下降到极限位置，这时 SQ1 动作切断 KM2（控制上升接触器）或 KM3（控制下降接触器），使 M2 停止运转，完成限位保护操作。

摇臂下降回路与摇臂上升回路道理相同，不同的是下降控制由 SB4 和 KM3 控制。

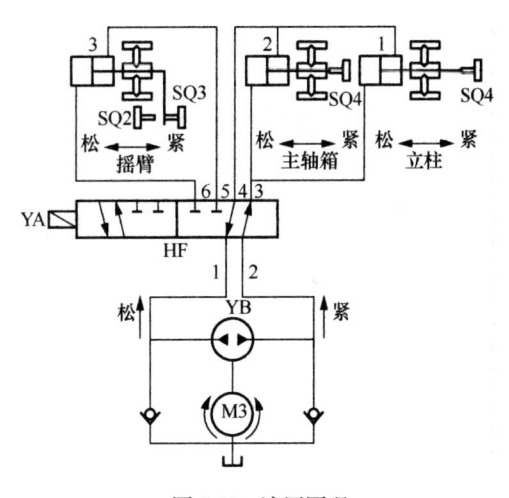

图 1-14 液压原理

(3) 主轴箱与立柱的夹紧和放松控制

松开动作过程的工作回路如图 1-17 中实线部分所示。松开动作过程如下：

按下 SB5→KM4 线圈得电→液压泵电动机 M3 正转→液压机构使主轴箱与立柱松开→行程开关 SQ4 不受压（复位）→HL1 灯亮

夹紧动作过程的工作回路如图 1-18 中实线部分所示。夹紧动作过程如下：

按下 SB6→KM5 线圈得电→液压泵电动机 M3 反转→液压机构使主轴箱与立柱夹紧→行程开关 SQ4 受压→HL2 灯亮

(4) 照明、信号指示电路的分析

将 SA2（照明灯开关）扳到"接通"位置，控制照明灯 EL 被点亮。SQ4 控制 HL1、HL2（信号指示灯），用于指示主轴箱与立柱处于夹紧还是放松位置；主轴接触器常开触点 KM1（101-106）控制 HL3，指示主轴的运转状况。信号指示电路由变压器 TC 输出 6V 的工作电压。

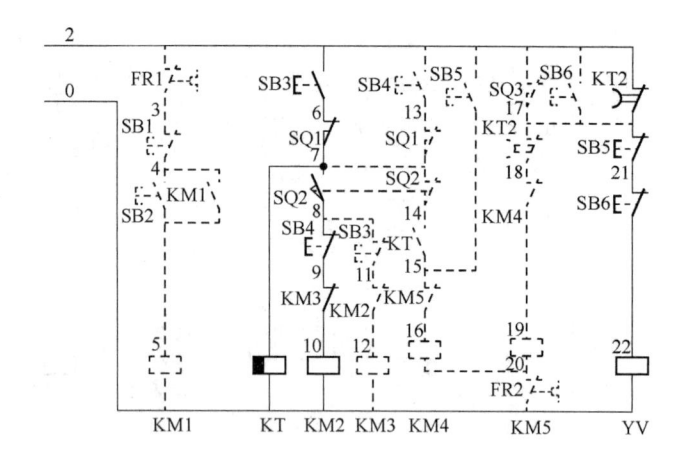

图 1-15 摇臂上升时的回路

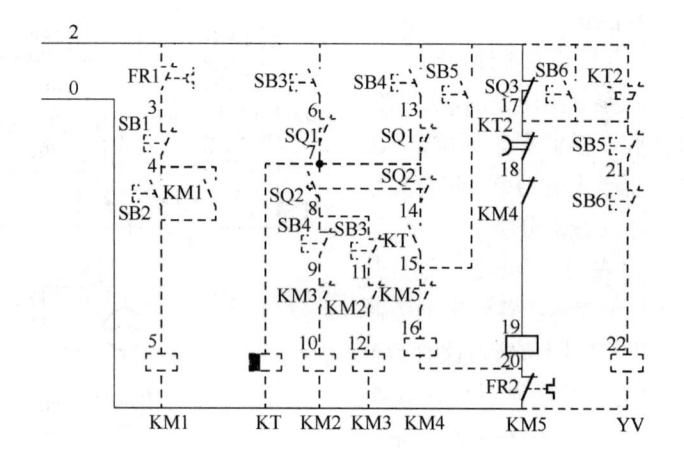

图 1-16 摇臂夹紧时的回路

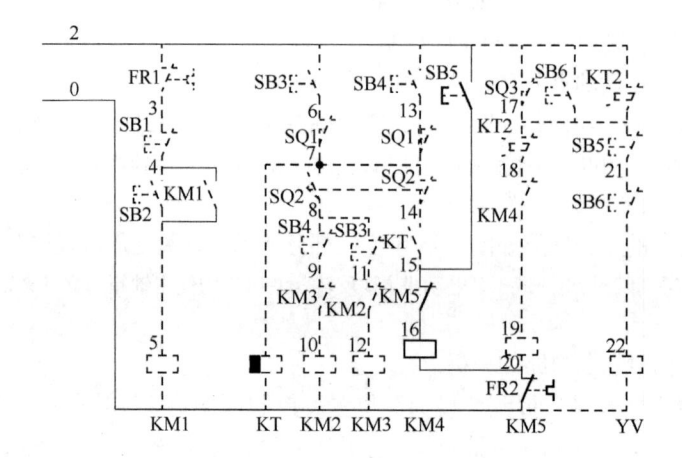

图 1-17 松开动作过程的工作回路

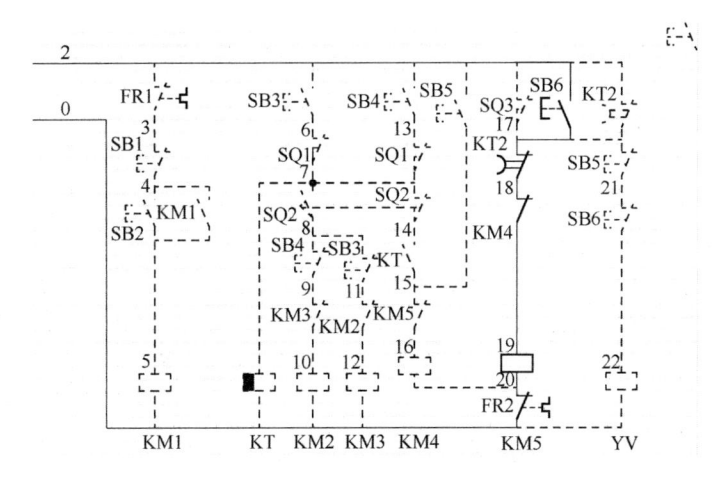

图 1-18 夹紧动作过程的工作回路

1.2.3 Z3040 型摇臂钻床控制线路故障分析与排除

1. 主电路故障分析与排除

在 Z3040 型摇臂钻床的主电路中设定了 3 个故障,包括主轴电机上的故障和摇臂升降电动机上的故障,如表 1-2 所示。

表 1-2 主电路故障分析与排除

编号	故障运行现象	分析故障可能的原因	实际故障检测点
1	按下 SB2 按钮,与正常状态对比,发现 M1 缺相运行	故障的可能点在 M1 三相电源回路,即三相电源→SQ→FU1→KM1 主触点→FR1 主触点→电动机	V11 连接线断开
2	与正常状态对比,M2 出现缺相运行	故障的可能点在 M2 三相电源反转回路中,即三相电源→QS→FU1→FU2→KM2 主触点→电动机,或三相电源→QS→FU1→FU2→KM3 主触点→电动机	电动机的 U2 连接线断开
3	与正常状态对比,上升时 M2 正常运行,下降时 M2 缺相	上升时 M2 正常运行,可知三相电源→QS→FU1→FU2→KM2 主触点→电动机这一路正常 下降时 M2 缺相,可知故障点可能在 KM3 主触头的进出线端	W2 连接线断开

2. 控制电路故障分析与排除

在 Z3040 摇臂钻床的控制回路中包括主轴电动机控制回路、摇臂升降电动机控制回路、主轴箱和立柱松开与夹紧控制回路、电磁阀控制回路,总共设置了 17 个故障,各故障点的分析情况如表 1-3 所示。

表 1-3 控制电路故障分析与排除

编号	故障运行现象	分析故障可能的原因	实际故障检测点
1	接通电源后控制回路无动作	故障的可能点在控制变压器 110V 输出回路，即 110V 变压器输出→1 号线→FU3→2/0 号线	FU3 熔断器熔断或开路
2	按下按钮 SB2，与正常状态对比，发现 KM1 线圈不通电，M1 不起动	检查 KM1 线圈供电回路，即 FU3→2 号线→FR1 常闭触点→3 号线→SB1→4 号线→SB2/0→5 号线→KM1 线圈→0 号线	5 号连接线开路
			3 号线开路
3	按下按钮 SB2，与正常状态对比，发现 KM1 线圈通电，但 M1 只能点动运行	说明 KM1 的功能正常，但其自锁回路可能出现了断线、器件损坏或接触不良等现象，导致自锁功能缺失，应检测 4 号线和 5 号线	4 号线开路
4	按下 SB3/SB4，与正常状态对比，发现摇臂电动机无法实现升降控制，检测时间继电器 KT 的线圈，两端没有电压	说明 KT 线圈的供电回路中可能出现了断线、器件的损坏或接触不良，即 FU3→2 号线→SB3/SB4→6/11 号线→SQ1→7 号线→KT 线圈→0 号线	7 号线开路
5	按下 SB3/SB4，与正常状态对比，发现摇臂电动机无法实现升降控制	首先检测 KT、KM4 回路，能够正常供电，且运行正常；测量 KM2、KM3 线圈两端电压，数值不正常，故障可能在 KM2/KM3 线圈供电回路，即 FU3→2 号线→SB3/SB4→6/11 号线→SQ1→7 号线→SQ2（7-8）→8 号线→SB3/SB4（常闭）→9/12 号线→KM3/KM2 常闭触点→10/13 号线→KM2/KM3 线圈→0 号线	8 号线开路
6	按下 SB3 后，与正常状态对比，发现 KT、KM4 供电正常，KM2 线圈无供电电压	检查 KM2 线圈供电回路，即 FU3→2 号线→SB3→6/11 号线→SQ1→7 号线→SQ2（7-8）→8 号线→SB4（常闭）→9 号线→KM3 常闭触点→10 号线→KM2 线圈→0 号线	9 号线开路
			10 号线开路
7	按下 SB3 后，与正常状态对比，发现 KT、KM4 供电正常，KM2 线圈回路无电压；按下 SB4 后，KT、KM4 供电正常，KM3 线圈无电压	检查 KM3 线圈供电回路，即 FU3→2 号线→SB4→6/11 号线→SQ1→7 号线→SQ2（7-8）→8 号线→SB3（常闭）→12 号线→KM2 常闭触点→13 号线→KM3 线圈→0 号线	12 号线开路
			13 号线开路
8	按下 SB3/SB4 按钮，与正常状态对比，发现摇臂电动机无法实现升降控制，时间继电器 KT 线圈供电正常，KM4 未通电	故障的可能点在 KM4 线圈回路，即 7 号线→SQ2（7-14）→14 号线→KT（14-15）→15 号线→KM5（15-16）→KM4 线圈→20 号线→FR2 常闭触点	15 号线开路

续表

编号	故障运行现象	分析故障可能的原因	实际故障检测点
9	按下 SB3/SB4 按钮后，与正常状态对比，发现摇臂不动作，时间继电器 KT 线圈供电正常，YV 不动作	检查 YV 线圈回路，即 2 号线→KT 常开触点（2—17）→17 号线→SB5 常闭触点（14—21）→21 号线→SB6 常闭触点（21—22）→22 号线→YV 电磁阀线圈→0 号线	17 号线开路 21 号线开路 22 号线开路
10	按下 SB5/SB6 按钮后，与正常状态对比，发现液压泵电动机不运行，检测 KM4/KM5 线圈，无供电电压	检测 KM4/KM5 线圈的供电回路，即 2 号线→SB5 按钮→15 号线→KM5 常闭触点（15—16）→16 号线→KM4 线圈→20 号线→FR2 常闭触点→0 号线，或 2 号线→SB6 按钮→17 号线→KT 常闭触点（17—18）→18 号线→KM4 常闭触点（18—19）→19 号线→KM5 线圈→FR2 常闭触点→0 号线	0 号线开路
11	按下 SB5 按钮后，检测 KM4 线圈，无电压；按下 SB6 按钮后，检测 KM5 线圈，正常	重点检测 KM4 线圈供电回路，即 2 号线→SB5 按钮→15 号线→KM5 常闭触点（15—16）→16 号线→KM4 线圈→20 号线→FR2 常闭触点→0 号线	16 号线开路 15 号线开路

3. 照明、信号指示电路故障分析与排除

在照明信号指示电路中设置了 4 个故障，各故障现象、查找方法分析和故障点如表 1-4 所示。

表 1-4 照明、信号指示电路故障分析与排除

编号	故障运行现象	分析故障可能的原因	实际故障检测点
1	电动机控制回路正常工作，照明灯不亮；变压器正常输出 24V 电压	检查照明灯 EL 回路，如有无断线现象、器件损坏或接触不良；回路为 TC→107 号线→FU4→108 号线→EL→100 号线→TC	FU3 熔断器熔断或开路
2	当按下 SB2 按钮后，M1 运行正常，运转指示灯 HL3 不亮	检查照明回路和信号线圈回路，如有无断线现象、器件损坏或接触不良；回路为 TC→101 号线→KM1（101—106）→HL3→100 号线→TC	106 号连接线断线
3	电动机升降时，主轴和立柱的松开、夹紧工作正常，夹紧指示灯点亮，松开指示灯不亮；变压器输出电压正常	检查松开指示灯信号回路，即 TC→101 号线→SQ4 常闭触点→103 号线→HL1→100 号线→TC	103 号连接线开路

续表

编号	故障运行现象	分析故障可能的原因	实际故障检测点
4	电路各控制机构运行正常，变压器输出正常，所有照明、信号指示灯都不亮	故障的可能点在照明回路和信号指示回路，主要检查100号连接线是否开路	100号连接线开路

1.2.4 典型故障分析查找举例

故障1. 合上电源QS，HL1电源指示灯亮；闭合SA2，EL设备照明灯亮，按下SB2，KM1线圈不吸合，主轴电动机不起动。

（1）故障分析

合上电源QS，HL1电源指示灯亮，闭合SA2，EL设备照明灯亮，说明电源、控制变压器都正常工作；唯独按下SB2，KM1线圈不吸合，导致主轴电动机不起动。所以，控制线路电气故障范围是KM1线圈回路（T→1#→FU4→2#→FR1→3#→SB1→4#→SB2→5#→KM1线圈→0#→T）中的线路或者器件，如图1-19中实线部分所示。

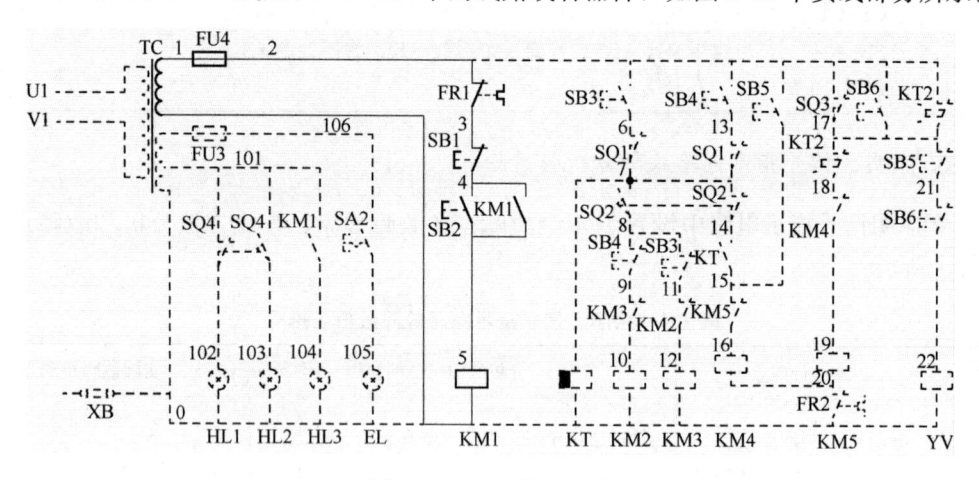

图1-19 KM1线圈回路

（2）故障检查与排除

断开电源，按回路元器件的顺序用万用表电阻挡依次测量1#、2#、3#、4#、5#和0#线以及FU4、FR1、SB1、SB2、KM1线圈，如果测量出现电阻为无穷大，说明该测量点导线或元器件有断路（导线断线、触点接触不良、线圈断路）故障，予以更换或修理，然后通电检测，排除故障，恢复设备正常工作。

故障2. 合上电源QS，闭合SA2，EL设备照明灯亮，按下SB3，KT线圈吸合，压合SQ2，HL1电源指示灯亮；KM2线圈不吸合，电动机摇臂不能上升。

（1）故障分析

合上电源QS，闭合SA2，EL设备照明灯亮，按下SB3，KT线圈吸合，说明电源、控制变压器都正常工作，并且SB3→SQ1→KT线圈的电路完好；唯独压合SQ2，

KM2 线圈不吸合，导致电动机摇臂不能起动上升。所以，控制线路电气故障范围是 KM2 线圈回路（7#→SQ2→8#→SB4→9#→KM3→10#→KM2 线圈→0#）中的线路或者器件，如图 1-20 中实线部分所示。

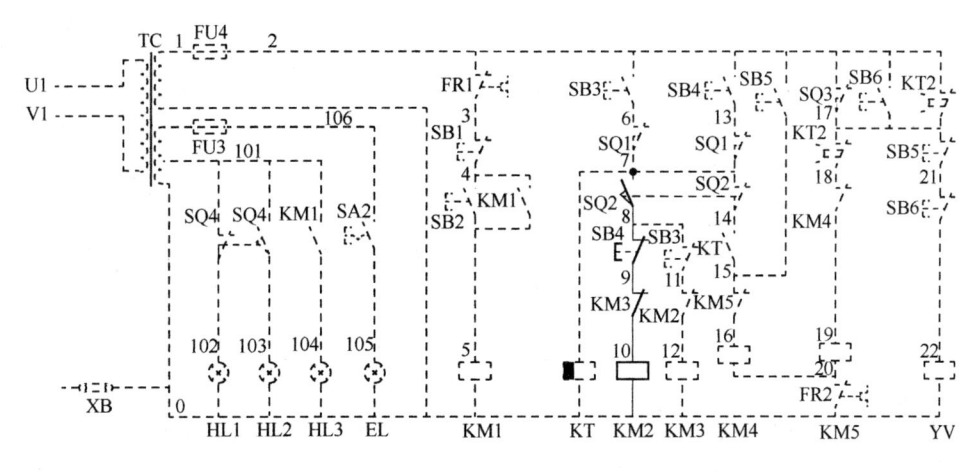

图 1-20　KM2 线圈不吸合电路

（2）故障检查与排除

断开电源，按回路元器件的顺序用万用表电阻挡依次测量 6#、7#、8#、9#、0# 线以及 SQ2 常开触点、SB4 常闭触点、KM3 常闭触点和 KM2 线圈，如果测量出现电阻为无穷大，说明该测量点导线或元器件有断路（导线断线、触点接触不良、线圈断路）故障，予以更换或修理，然后通电检测，排除故障，恢复设备正常工作。

这里要特别指出的是，由于 SQ2 安装位置不当或发生移动，摇臂虽已松开，但活塞杆仍压不上 SQ2，致使 KM2 线圈无法获电，摇臂不能移动，为此应配合机械液压系统重新调整 SQ2 的位置并安装牢固，或更换行程开关 SQ2。

故障 3. 摇臂不能下降。

（1）故障分析

根据电气原理电路分析，按下按钮 SB4 使时间继电器 KT 吸合，电磁阀 YV、KM4 也吸合，电动机 M3 运转，摇臂松开；压上 SQ2 行程开关，使 KM4 断开，M3 停转，接通 KM3，电动机 M2 反向运转，使摇臂下降。如果电动机 M3 工作而电动机 M2 不工作，关键仍在 SQ2 行程开关是否被压上，能否使其闭合（触点 7－8）。

（2）故障检查与排除

基本方法：参照摇臂上升的检查方法。检查 KM3 回路时，测量 7#－11#、11#－12#、12#－KM3 线圈是否断路，明确是触点还是导线断线，并予以更换或修理。电路如图 1-21 中实线部分所示。

故障 4. 摇臂上升或下降后无法夹紧。

（1）故障分析

当摇臂上升或下降到位后，KM2（KM3）和 KT 线圈失电，经 1~3s 的延时后，KM5 线圈吸合，YV 断电，电动机 M3 反转，摇臂开始夹紧；当压下行程开关 SQ3

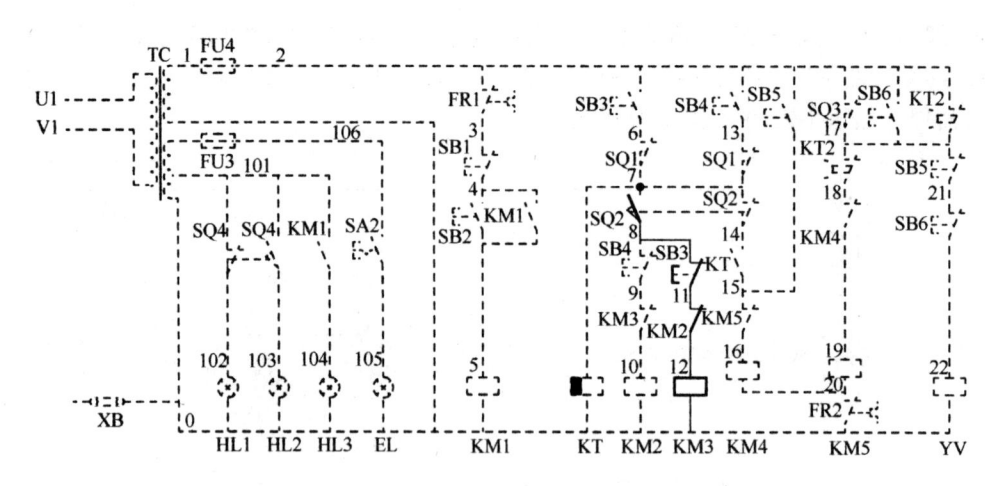

图 1-21　KM3 线圈不吸合电路

（触点断开）后，KM5 断电，完成摇臂夹紧。可见，SQ3 触点的通断是否正常是摇臂完成上升或下降能否进行夹紧操作的关键。

(2) 故障检查与排除

按下 SB3 或 SB4，摇臂上升或下降，松开按钮 1～3s 后，观察 KM5 是否吸合。如果没有吸合，则摇臂无法夹紧。检测 KM5 线圈回路是否存在触点接触不良、导线断路或元器件断路故障，如有断开的点，应予以修理或更换。KM5 线圈回路是 1#→SQ3→17#→KT→18#→KM4→19#→KM5→16#→FR2→0#，如图 1-22 中实线部分所示。

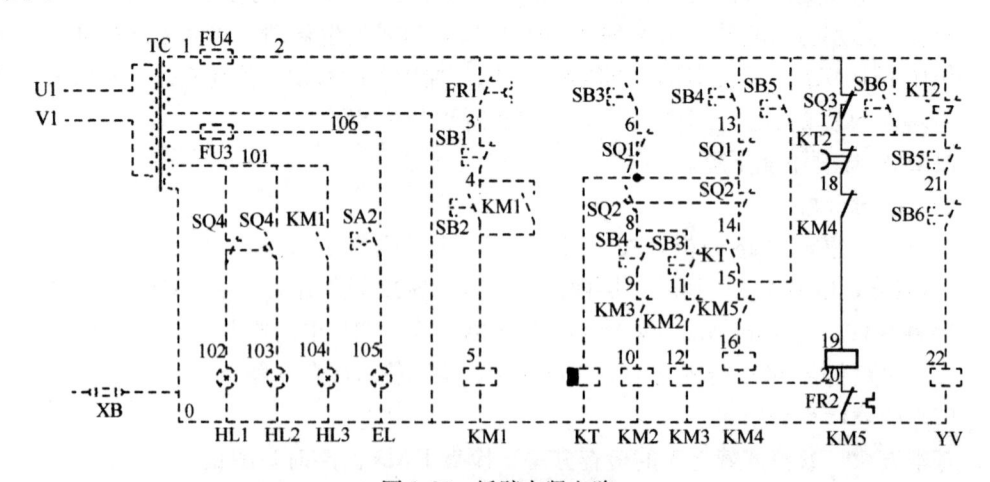

图 1-22　摇臂夹紧电路

故障 5. 液压泵电动机 M3（夹紧与松开）过载。

(1) 故障分析

电动机 M3 是液压泵电动机，是否夹紧到位由 SQ3 行程开关控制。当夹紧机构不能完全夹紧时，无法使 SQ3 触点断开，导致 KM5 始终吸合，从而使 M3 电动机处于长期过载状态。

(2）故障检查与排除

断开电源，测量 SQ3 的电阻值。正常情况下，当处于断电状态时，SQ3 行程开关处于断开状态。如果测量值接近于零，说明 SQ3 未被压下，没有断开，还是处于接通状态。检查 SQ3 安装是否恰当，或者 SQ3 触点本身是否损坏、无法断开，确定具体原因后予以修复或更换。

Z3040 型摇臂钻床由机、电、液联合控制，因此在检修时应正确判断是电气控制系统还是机械液压系统的故障，根据二者之间的相互联系排除故障。

第 2 章　电子线路的安装与调试

2.1　锯齿波发生器

■ 课题分析 ▶▶▶▶

锯齿波发生器的电路如图 2-1 所示。

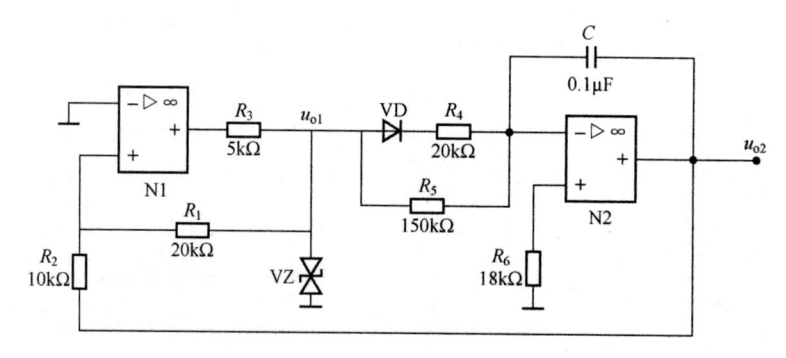

图 2-1　锯齿波发生器电路

课题目的 ➡

1. 掌握集成运算放大器的实际应用电路，其中包括线性和非线性的应用。
2. 理解、分析由集成运算放大器组成的各类电路的原理。
3. 会使用各种仪器仪表，能对电路中的关键点进行测试，并对测试数据进行分析、判断。

课题重点 ➡

1. 能够阅读、分析锯齿波发生器线路图，并进行锯齿波发生器线路的安装接线。
2. 能进行锯齿波发生器线路的通电调试，正确使用示波器测量绘制波形。

课题难点 ➡

1. 完成图 2-1 中运放 N1 部分电路的接线，在运放 N1 的输入端（R_2 前）输入频率为 50Hz、峰值为 6V 的正弦波，用双踪示波器测量并同时显示输入电压及输出电压 u_{o1} 的波形，记录传输特性。
2. 完成全部电路的接线，用双踪示波器测量输出电压 u_{o1} 及 u_{o2} 的波形，并记录波形，在波形图中标出波形的幅度和锯齿波电压上升及下降的时间，计算频率。
3. 锯齿波发生器线路的故障分析与排故。

2.1.1 锯齿波发生器的工作原理

1. 运算放大器

集成运算放大器的输入级有两个输入端,其中一个输入端与输出端的相位相同,称同相输入端,用"+"表示;另一个输入端与输出端的相位相反,称反相输入端,用"-"表示。运算放大器的符号如图2-2所示。

运算放大器均采用集成电路构成集成运算放大器电路品种繁多,型号也很多,在一块集成芯片上可以集成2个、4个或更多个运算放大器。在使用集成运算放大器前,必须先掌握集成芯片引出管脚的功能。例如,型号为 NE5532、4558 的芯片为双运放集成电路,它的引出管脚功能与运放器电路的对应关系如图 2-3 所示,其中图 2-3(a)为管脚分布图,图 2-3(b)为双运算放大器实物图。型号为 LM324 的芯片为四运放集成电路,它的引出管脚功能与运放器电路的对应关系如图 2-4 所示。

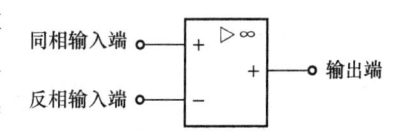

图 2-2 运算放大器符号

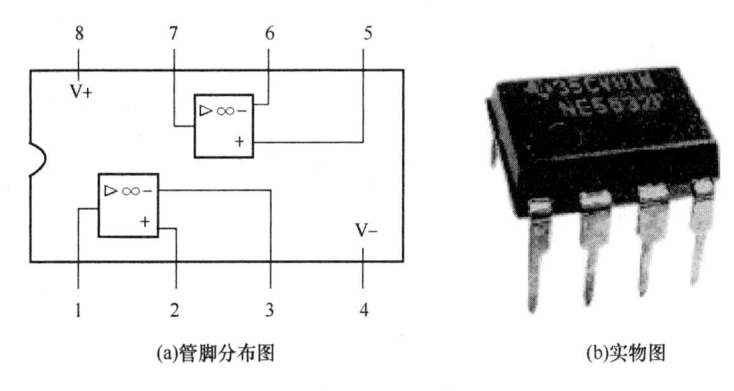

(a)管脚分布图 (b)实物图

图 2-3 双运放

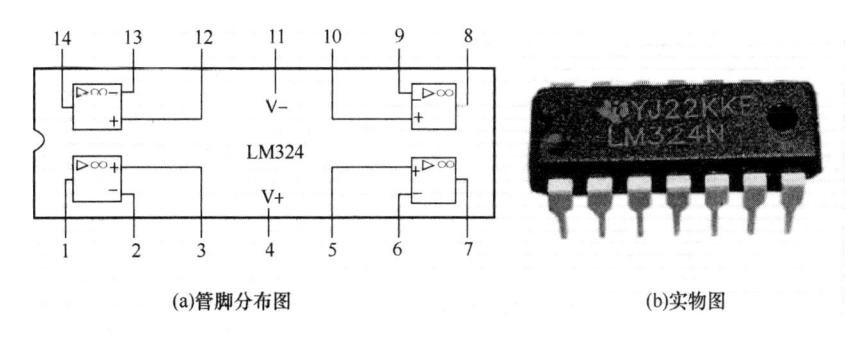

(a)管脚分布图 (b)实物图

图 2-4 四运放

在大多数情况下,将运算放大器视为理想运算放大器,即将运算放大器的各项技术指标理想化。满足下列条件的运算放大器称为理想运算放大器:

开环电压增益 $A_{ud}=0$;输入阻抗 $r_i=\infty$;输出阻抗 $r_o=0$;带宽 $f_{BW}=\infty$;失调与

漂移均为零等。

理想运算放大器在线性应用时有两个重要特性：

1) 输出电压 U_o 与输入电压之间满足

$$U_o = A_{ud}(U_+ - U_-)$$

由于 $A_{ud}=\infty$，而 U_o 为有限值，$U_+ - U_- \approx 0$，即 $U_+ \approx U_-$，称为"虚短"。

2) 由于 $r_i = \infty$，故流进运放两个输入端的电流可视为零，称为"虚断"。这说明运算放大器对其前级吸取的电流极小。

上述两个特性是分析理想运算放大器应用电路的基本原则，可用于简化运算放大器电路的计算。

2. 运算放大器构成的积分电路

运算放大器构成的积分运算电路如图 2-5 所示。

利用"虚短"的概念，由于运算放大器"+"端直接经 R_2 电阻接地，$U_- \approx U_+ = 0$，可知

$$i_1 = \frac{u_i}{R_1}$$

此时输出电压 u_o 为

$$u_o = -u_C = -\frac{1}{C_f}\int i_f dt$$

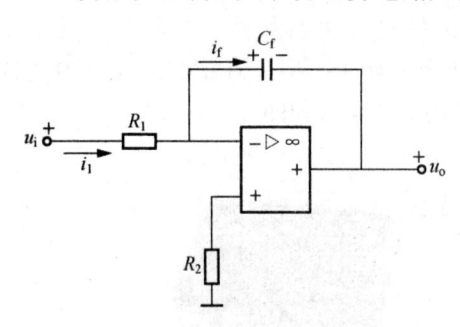

图 2-5 运算放大器构成的积分运算电路

利用"虚断"的概念，可知

$$i_f = i_1$$

由此可得

$$u_o = -\frac{1}{R_1 C_f}\int u_i dt$$

上式表明 u_o 与 u_i 的积分成比例，式中的负号表示两者相反。$R_1 C_f$ 为积分时间常数。

当输入信号 u_i 为阶跃电压时，则

$$u_o = \frac{U_i}{R_1 C_f} t$$

其输入输出波形关系如图 2-6 所示。

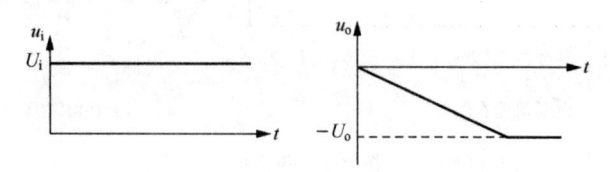

图 2-6 积分运算电路的阶跃响应

3. 运算放大器构成的滞回比较器

如图 2-7 所示为运算放大器构成的滞回比较器。

输入电压 u_i 加到反相输入端,通过电阻 R_f 联到同相输入端,以实现正反馈。当输出电压为 $u_o=+U_o$ 时,有

$$u_+ = U'_+ = \frac{R_2}{R_2+R_f}U_o$$

当输出电压为 $u_o=-U_o$ 时,有

$$u_+ = U''_+ = -\frac{R_2}{R_2+R_f}U_o$$

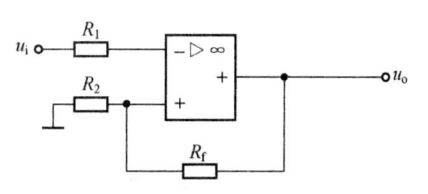

图 2-7 运算放大器构成的滞回比较器

设某一瞬间 $u_o=+U_o$,当输入电压 u_i 增大到 $u_i \geqslant U'_+$ 时,输出电压 u_o 转变为 $-U_o$,发生负向跃变;当输入电压 u_i 减小到 $u_i \leqslant U''_+$ 时,输出电压 u_o 转变为 $+U_o$,发生正向跃变。如此周而复始,随输入电压 u_i 的大小变化,输出电压 u_o 为一矩形电压。滞回比较器的传输特性如图 2-8 所示。

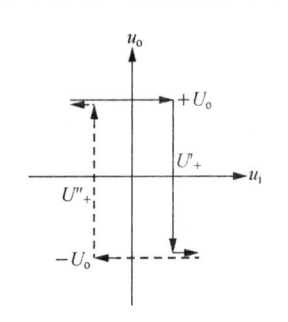

滞回比较器引入电压正反馈后能加速输出电压的转变过程,改善输出波形在跃变时的陡度,同时具有回差,提高了电路的抗干扰能力。

4. 锯齿波发生电路的工作原理

如图 2-1 所示,图中由运算放大器 N1 组成一个滞回特性比较器,输出矩形波。图中 VZ 为双向稳压管,对 u_{o1} 输出的电压进行双向限幅。运算放大器 N2 组成一个积分器,输出锯齿波。比较器输出的矩形波经积分器积分可得

图 2-8 滞回比较器的传输特性

到锯齿波,锯齿波又触发比较器自动翻转形成矩形波,这样即可构成锯齿波、矩形波发生器。图 2-9 所示为锯齿波、矩形波发生器输出波形图的关系。

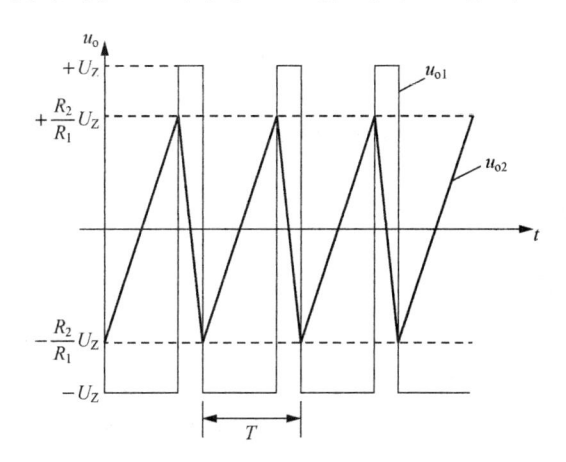

图 2-9 锯齿波、矩形波发生器输出波形图的关系

设比较器在初始时输出电压为正电压 U_Z，这时二极管 VD 处于正向导通，电压通过 R_5 和 R_6 对积分器电容 C 充电，如图 2-10 所示，虚线表示电容 C 的充电电流。积分器的输出为线性下降负电压，积分器输出负电压 u_{o2} 通过电阻 R_2，比较器输出正电压经限幅后的 u_{o1} 为 U_Z 通过电阻 R_1，在比较器的正相输入端进行叠加，叠加后，当比较器的正相输入端口电压小于零时，比较器输出翻转。

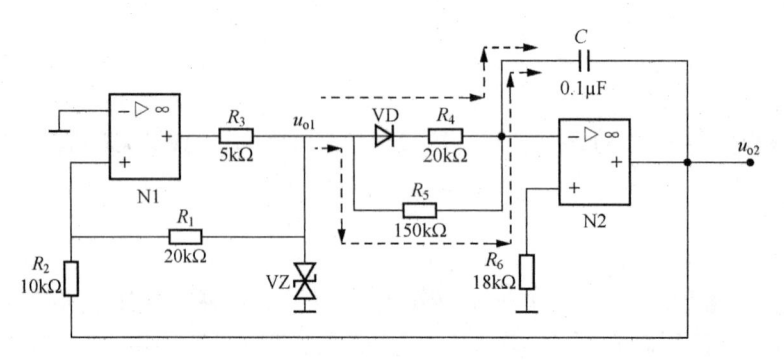

图 2-10 电容 C 的充电电流

这时输出的 u_{o1} 为 $-U_Z$，二极管反向截止，积分器电容通过电阻 R_6 放电，如图 2-11 所示，虚线表示电容 C 的放电电流。此时的积分器输出电压 u_{o2} 上升，当上升到一定数值，使比较器的正相输入端口电压大于零时，比较器输出再次翻转，输出正电压。

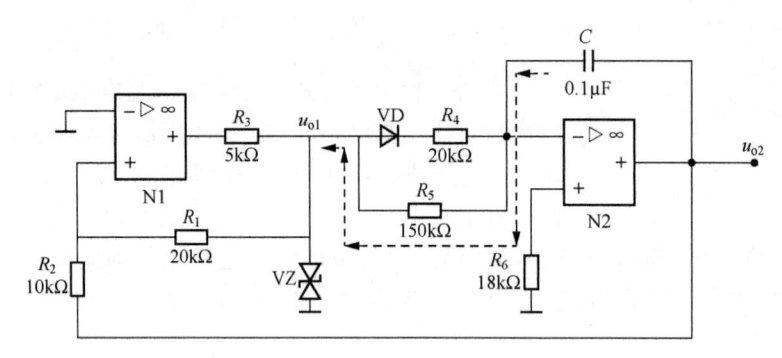

图 2-11 电容 C 的放电电流

由于二极管 VD 的单向导电性，积分电路的充放电回路不同，造成积分电路输出波形为锯齿波。同时，由于采用了运算放大器组成的积分电路，可以实现恒流充电，使三角波线性大大改善。

2.1.2 锯齿波发生器的安装调试步骤及实测波形记录

1）以图 2-12 所示的电路为电压跟随器电路，可利用该电路测试运算放大器的好坏。如果输出能随输入变化，则说明该运放完好，否则说明该运放损坏。对于有运算放大器的电路，在安装之前都需要对运算放大器进行测试，以确定其能否正常使用。

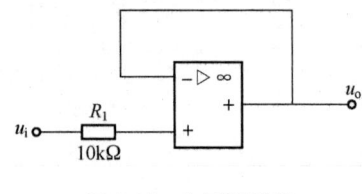

图 2-12 电压跟随器

2) 完成如图 2-13 所示运放 N1 部分电路的接线。

3) 通过函数发生器产生频率为 50Hz、峰值为 6V 的正弦波，在运放 N1 的输入端（R_2 前）输入该波形，用双踪示波器测量并同时显示输入电压及输出电压 u_{o1} 的波形，如图 2-14 所示。

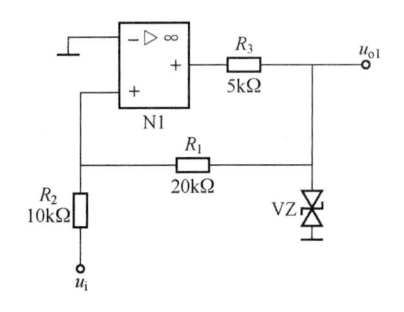

图 2-13　运放 N1 部分电路的接线图

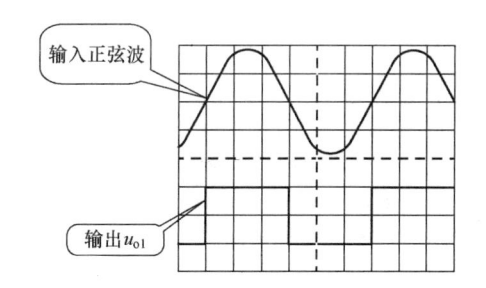

图 2-14　双踪示波器显示的输入电压及输出电压 u_{o1} 的波形

4) 按下双踪示波器"X - Y"键，测量显示传输特性波形，如图 2-15 所示。在图 2-16 中记录传输特性。

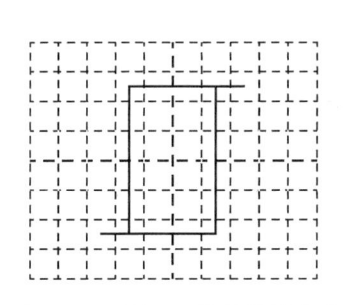

图 2-15　测量显示传输特性波形　图 2-16　记录传输特性

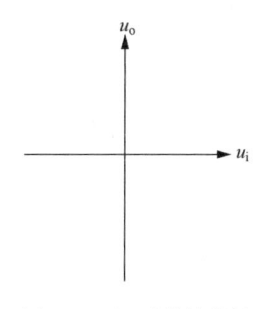

5) 完成全部电路的接线，用双踪示波器测量输出电压 u_{o1} 的波形，如图 2-17 所示，输出电压 u_{o2} 的波形如图 2-18 所示。双踪示波器显示 u_{o1}、u_{o2} 波形的对应关系如图 2-19 所示。

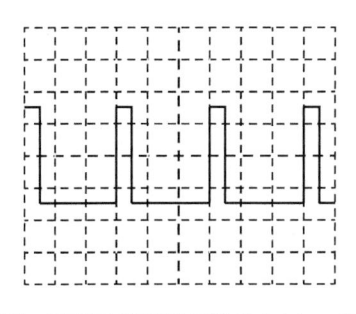

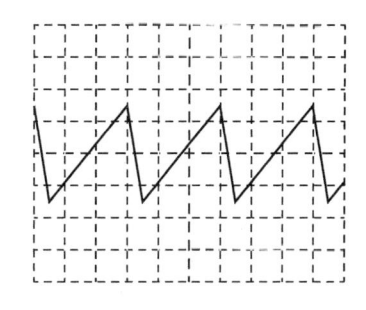

图 2-17　双踪示波器测量输出电压 u_{o1} 的波形　图 2-18　双踪示波器测量输出电压 u_{o2} 的波形

6) 记录输出电压 u_{o1}、u_{o2} 的波形，如图 2-20 所示。在波形图中标出波形的幅度和锯齿波电压上升及下降的时间，计算频率。

图 2-20 中上升时间为 T_1，下降时间为 T_2，波形周期为 $T=T_1+T_2$，其频率 $f=\dfrac{1}{T}$。

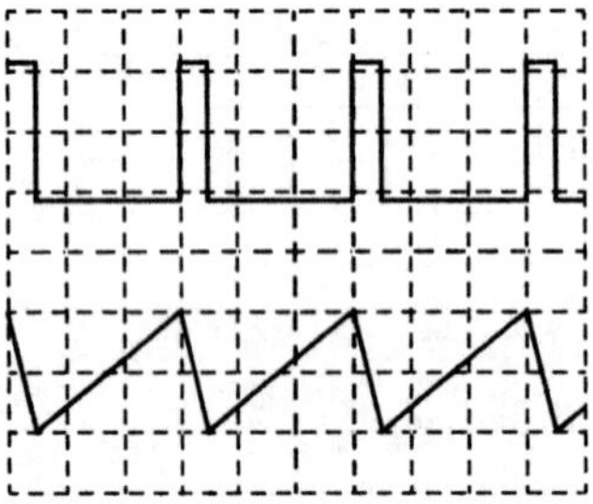

图 2-19 双踪示波器显示 u_{o1}、u_{o2} 波形的对应关系

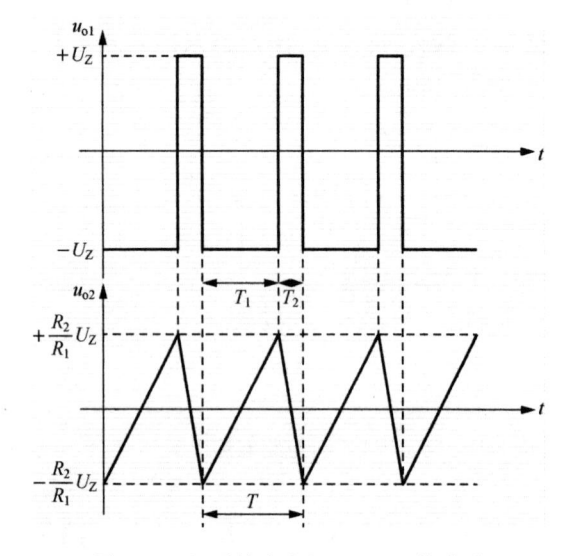

图 2-20 记录输出电压 u_{o1}、u_{o2} 的波形

2.2 移位寄存器控制

■ 课题分析 ▶▶▶▶

单脉冲控制移位寄存器电路如图 2-21 所示，移位寄存器型环形计数器电路如图 2-22 所示。

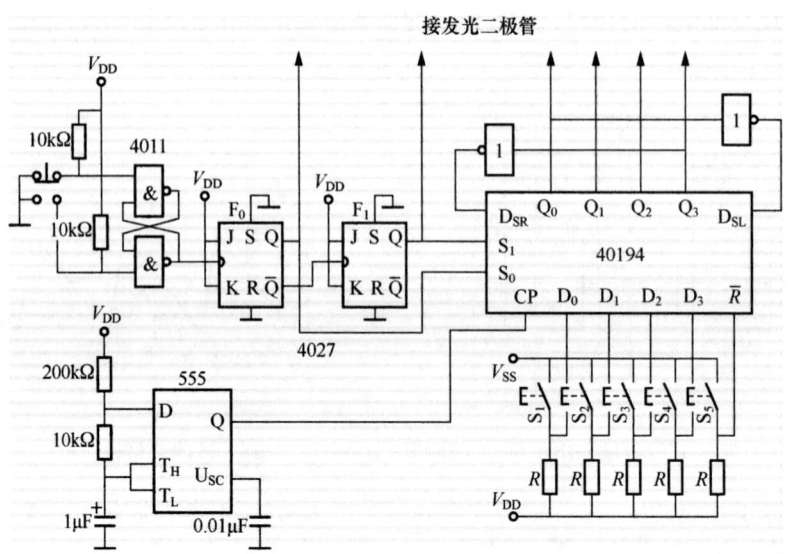

图 2-21 单脉冲控制移位寄存器电路

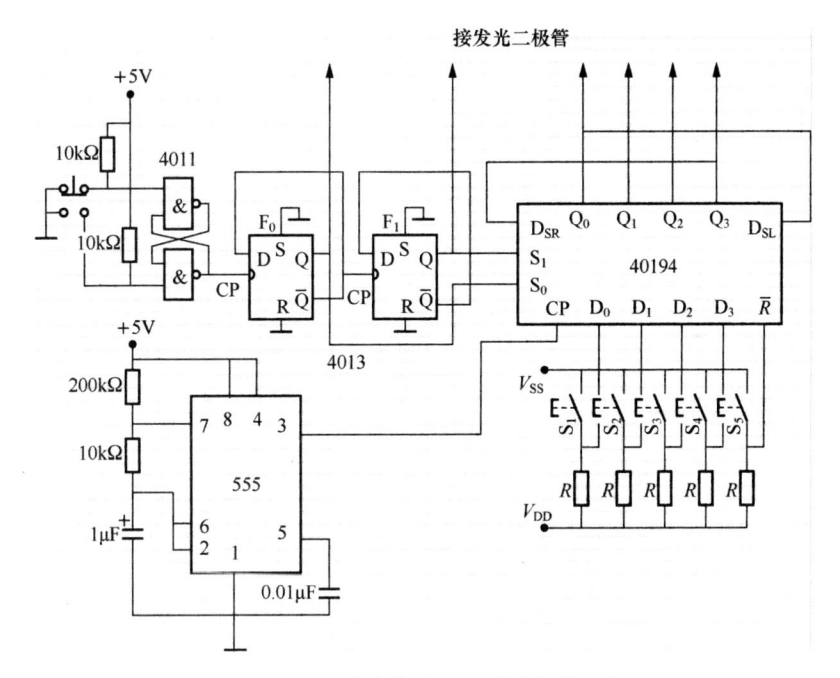

图 2-22 移位寄存器型环形计数器电路

课题目的 ➡

1. 掌握集成电路的实际应用电路。本课题涉及 4011、4013、40194、4027、555 等 CMOS 集成芯片的实际应用。
2. 能分析按钮防抖电路、双向移位电路、JK 触发器组成的计数电路、D 触发器组成的计数器、多谐振荡器各单元电路的原理。
3. 掌握上述单元电路的安装、调试。
4. 掌握各单元电路组合后的系统调试。
5. 能使用各种仪器仪表对电路中的关键点进行测试,对测试的数据进行分析、判断,能分析并排除电路中设置的故障。

课题重点 ➡

1. 能分析按钮防抖电路、双向移位电路、JK 触发器组成的计数电路、D 触发器组成的计数器、多谐振荡器各单元电路的原理。
2. 掌握上述单元电路的安装、调试。

课题难点 ➡

1. 能分析按钮防抖电路、双向移位电路、JK 触发器组成的计数电路、D 触发器组成的计数器、多谐振荡器各单元电路的原理。
2. 掌握各单元电路组合后的系统调试。
3. 能使用各种仪器仪表对电路中的关键点进行测试,对测试的数据进行分析、判断,能分析并排除电路中设置的故障。

2.2.1 各单元电路的工作原理

1. 555 时基集成电路构成的多谐振荡器

555 集成电路内部电路方框图和管脚图如图 2-23 所示。各管脚的功能如表 2-1 所示。

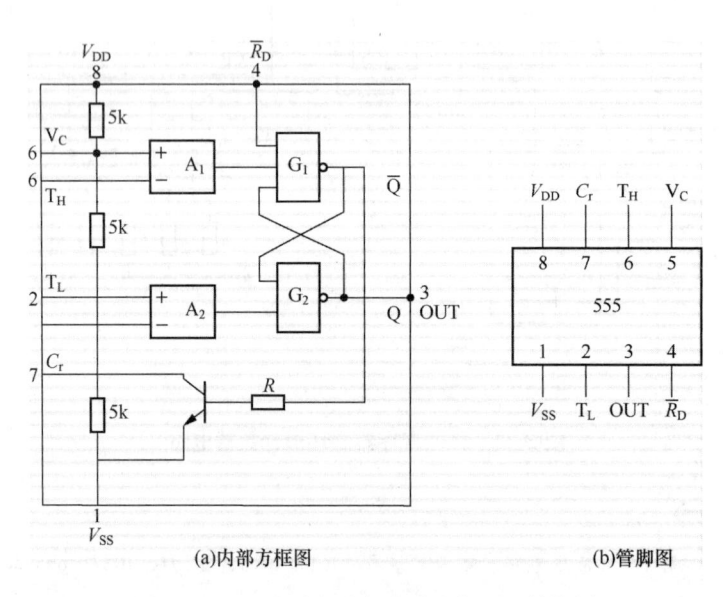

图 2-23 555 电路的内部电路方框图和管脚图

表 2-1 555 时基集成电路引脚功能

引脚号	名称	功 能
1	V_{SS}	接地端
2	T_L	低电平触发输入端
3	OUT	输出端，输出电流 200mA，可直接驱动发光二极管、继电器、扬声器等，输出电压"1"时约为 V_{DD}，输出电压"0"时为零电平
4	$\overline{R}_D$	电压控制复位端，输入负脉冲或其电位低于 0.7V 时直接复位至"0"
5	V_C	抗干扰端，用于改变上、下触发电平值，通常用 $0.01\mu F$ 电容接地，可以防止干扰脉冲引入
6	T_H	高电平触发输入端
7	C_r	放电端
8	V_{DD}	电源端，可在 5~18V 范围内使用

555 内部方框图含有两个电压比较器，一个基本 RS 触发器，一个放电开关管 T，

比较器参考电压由三只 5kΩ 电阻器构成的分压器提供。它们分别使高电平比较器 A_1 的同相输入端和低电平比较器 A_2 的反相输入端的参考电平为 $2V_{DD}/3$ 和 $V_{DD}/3$。A_1 与 A_2 的输出端控制 RS 触发器的状态和放电管开关状态。当信号自 6 脚输入，即高电平触发输入并超过参考电平 $2V_{DD}/3$ 时，触发器复位，输出端 3 脚输出低电平，同时放电开关管导通；当信号自 2 脚输入并低于 $V_{DD}/3$ 时，触发器置位，3 脚输出高电平，同时放电开关管截止。$\overline{R}_D$ 是复位端（4 脚），当 $\overline{R}_D=0$ 输出低电平，平时 $\overline{R}_D$ 端开路或接 V_{DD}。

多谐振荡器是一种无稳态电路，该电路通电后，不需要外加触发信号，能自动产生周期性矩形波信号输出。由于矩形波中含有谐波的成分很多，所以又称为多谐振荡器。多谐振荡器不具有稳态，仅有两个暂态，且两个暂态的时间长短由电路定时元件的数值确定。

图 2-24（a）所示的电路是一个由 555 定时器和外接元件 R_1、R_2、C 构成的多谐振荡器，其 2 脚与 6 脚直接相连，电路没有稳态，仅存在两个暂稳态，电路亦不需要外加触发信号，利用电源通过 R_1、R_2 向 C 充电，以及 C 通过 R_2 向放电端 C_r 放电，使电路产生振荡。电容 C 在 $V_{DD}/3$ 和 $2V_{DD}/3$ 之间充电和放电，其波形如图 2-24（b）所示。输出信号的时间参数为

$$T = T_1 + T_2$$
$$T_1 = 0.7(R_1+R_2)C,\ T_2 = 0.7R_2C$$
则
$$T = 0.7(R_1+2R_2)C$$

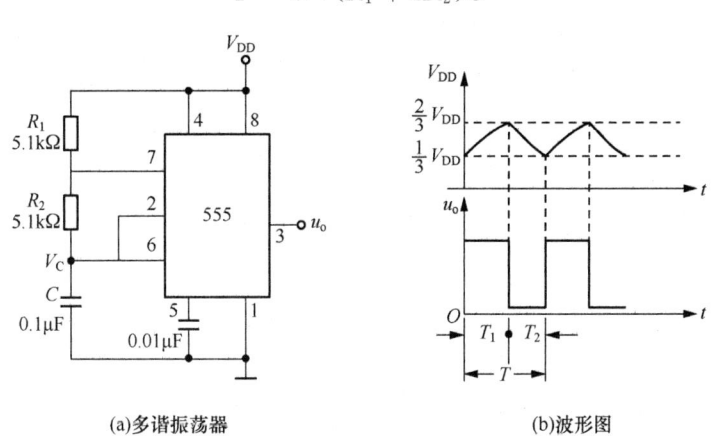

(a) 多谐振荡器　　　　　　　　　(b) 波形图

图 2-24　555 集成电路组成的多谐振荡器及输出的波形图

555 电路要求 R_1 与 R_2 大于或等于 1kΩ，且 R_1+R_2 应小于或等于 3.3MΩ。外部元件的稳定性决定了多谐振荡器的稳定性，其定时器配以少量的元件即可获得较高精度的振荡频率和较强的功率输出能力，因此这种形式的多谐振荡器应用很广。

2. 40194 双向移位寄存集成电路

如图 2-25 所示为 40194 双向移位寄存集成电路的管脚图。其中，D_0、D_1、D_2、D_3 为并行输入端；Q_0、Q_1、Q_2、Q_3 为并行输出端；D_{SR} 为右移串行输入端；D_{SL} 为左移串行输入端；S_1、S_0 为操作模式控制端；$\overline{C}_R$ 为直接无条件清零端；CP 为时钟脉冲输

入端。

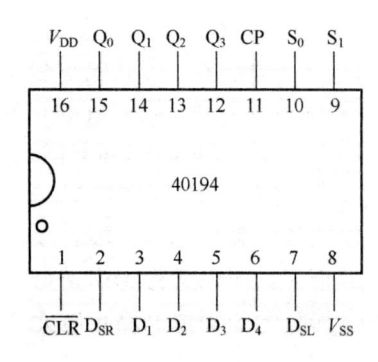

图 2-25 40194 双向移位寄存集成电路的管脚图

移位寄存器是一个具有移位功能的寄存器,即寄存器中所存的代码能够在移位脉冲的作用下依次左移或右移。既能左移又能右移的寄存器称为双向移位寄存器,只需要改变它的左、右移控制信号便可实现双向移位要求。根据移位寄存器存取信息方式的不同,可分为串入串出、串入并出、并入串出、并入并出四种形式。

CC40194 有并行送数寄存、右移(方向为 $Q_0 \to Q_3$)、左移(方向为 $Q_3 \to Q_0$)和保持四种不同操作模式。S_1、S_0 端口的控制作用如表 2-2 所示。

表 2-2 S_1、S_0 端口的控制作用

功能	输入										输出			
	CP	$\overline{C}_R$	S_1	S_0	S_R	S_L	D_0	D_1	D_2	D_3	Q_0	Q_1	Q_2	Q_3
清除	×	0	×	×	×	×	×	×	×	×	0	0	0	0
送数	↑	1	1	1	×	×	a	b	c	d	a	b	c	d
右移	↑	1	0	1	D_{SR}	×	×	×	×	×	D_{SR}	Q_0	Q_1	Q_2
左移	↑	1	1	0	×	D_{SL}	×	×	×	×	Q_1	Q_2	Q_3	D_{SL}
保持	↑	1	0	0	×	×	×	×	×	×	Q_0^n	Q_1^n	Q_2^n	Q_3^n
保持	↓	1	×	×	×	×	×	×	×	×	Q_0^n	Q_1^n	Q_2^n	Q_3^n

移位寄存器应用很广,可构成移位寄存器型计数器、顺序脉冲发生器和串行累加器,可用作数据转换,即把串行数据转换为并行数据,或把并行数据转换为串行数据等。此处研究移位寄存器用作环形计数器和数据的串、并行转换。

把移位寄存器的输出反馈到它的串行输入端,就可以进行循环右移位,如图 2-26 所示。把输出端 Q_3 和右移串行输入端 D_{SR} 相连接,设初始状态 $Q_0Q_1Q_2Q_3=1000$,则在时钟脉冲作用下 $Q_0Q_1Q_2Q_3$ 将依次变为 0100→0010→0001→1000→⋯,如表 2-3 所示,可见它是一个具有 4 个有效状态的计数器,这种类型的计数器通常称为环形计数器。环形计数器电路可以由各个输出端输出在时间上有先后顺序的脉冲,因此也可作为顺序脉冲发生器。由于 CC40194 是双向移位寄存器,如果将输出 Q_0 与左移串行输入端 D_{SL} 相连接,即可达到左移循环移位,所以也可以组成双向环形计数器,如图 2-27 所示。

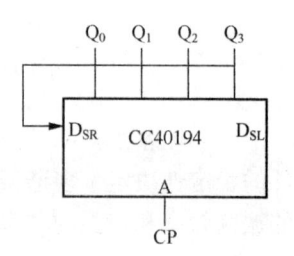

图 2-26 环形计数器

表 2-3　环形计数器的输出状态

CP	Q_0	Q_1	Q_2	Q_3
0	1	0	0	0
1	0	1	0	0
2	0	0	1	0
3	0	0	0	1

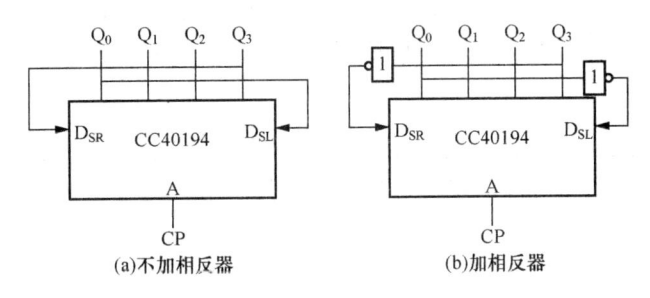

图 2-27　双向环形计数器

如果计数器的初始状态为 $Q_0Q_1Q_2Q_3=0000$，要形成双向环形计数，仅需在图 2-27 (a) 的基础上加两个反相器，如图 2-27（b）所示。当计数器进入循环左移位时，计数器 Q_0 端通过反相器与左移串行输入端 D_{SL} 相连接，设计数器的初始状态 $Q_0Q_1Q_2Q_3=0000$，则在时钟脉冲作用下 $Q_0Q_1Q_2Q_3$ 将依次变为 0001→0011→0111→1111→1110→1100→1000→0000→⋯。

3. 4011 与非门构成的防抖电路

4011 与非门集成电路的管脚图如图 2-28 所示，显然其中含有 4 个两端输入的与非门，它们可以分别使用。如图 2-29 所示的电路是一个键盘防抖电路，其工作原理是：利用与非门的快速翻转抑制按钮在接通、断开瞬间触点似通非通的抖动。按钮没有按下时输出 u_o 为 "0"，按钮按下时输出 u_o 为 "1"，故在输出端只有 "1" "0" 电平信号，防止了杂波的产生。

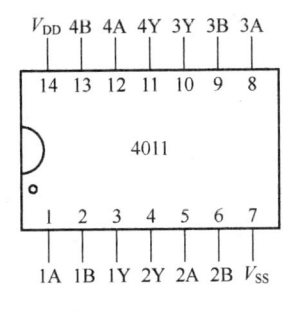

图 2-28　4011 管脚图　　图 2-29　键盘防抖电路

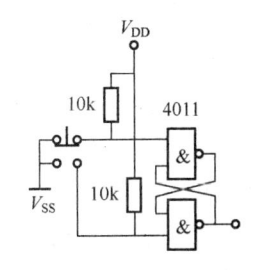

4. 4027 双 JK 触发器构成的计数电路

4027 双 JK 触发器集成电路的管脚图如图 2-30 所示，其中含有两个 JK 触发器。JK 触发器是一种多功能触发器，它不仅具有 RS-FF 的功能，还具有 T-FF 的计数功能，本课题就是将 JK 触发器接成计数器的功能。如后文图 2-31 所示是一个两位的二进制计数器，其线路的特点是将所有的 R 端接"0"，所有的 S 端置"1"，将 JK 触发器接成计数器状态。下沿触发的 JK 触发器的功能如表 2-4 所示。

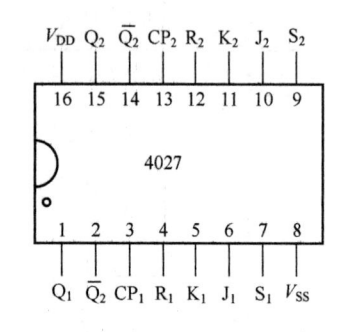

图 2-30 4027 集成电路管脚图

表 2-4 下沿触发的 JK 触发器的功能

输入					输出
S	R	CP	J	K	Q^{n+1}
1	0	×	×	×	1
0	1	×	×	×	0
1	1	×	×	×	φ
0	0	↑	0	0	Q^n
0	0	↑	1	0	1
0	0	↑	0	1	0
0	0	↑	1	1	$\overline{Q^n}$
0	0	↓	×	×	Q^n

注：×为任意状态；↓为高到低电平跳变；↑为低到高电平跳变；Q^n（$\overline{Q}^n$）为现态；Q^{n+1}（$\overline{Q}^{n+1}$）为次态；φ 为不稳定态。

由 JK 触发器的状态图可以看出 JK 触发器的特征方程为

$$Q^{n+1} = J\overline{Q}^n + \overline{K}Q^n$$

如将 $J=1$，$K=1$ 代入特征方程，则当原 Q^n 为"0"时，在 CP 脉冲作用下输出翻转。JK 触发器在输入信号为双端的情况下是功能完善、使用灵活和通用性较强的一种触发器。本课题采用 CC4027 双 JK 触发器，是下降边沿触发的边沿触发器。

J 和 K 是数据输入端，是触发器状态更新的依据，若 J、K 有两个或两个以上输入端时，即组成"与"的关系，Q 与 $\overline{Q}$ 为两个互补输出端。通常把 Q=0，$\overline{Q}$=1 的状态定为触发器"0"状态，而把 Q=1，$\overline{Q}$=0 定为"1"状态。

JK 触发器常用作缓冲存储器、移位寄存器和计数器。

CMOS 触发器的直接置位、复位输入端 S 和 R 是高电平有效，当 S=1（或 R=1）时触发器将不受其他输入端所处状态的影响，使触发器直接置"1"（或置"0"）。但直接置位、复位输入端 S 和 R 必须遵守 RS=0 的约束条件。而 CMOS 触发器在按逻辑功能工作时，S 和 R 必须均置"0"。

图 2-31 所示是由 CC4027JK 触发器组成的两位二进制计数器，JK 触发器作为计数

器时必须将 J=K=1→V_{DD}，R=S=0→V_{SS}。

图 2-31 所示计数器的工作原理是：计数器运行前先清零，则 Q_1Q_2=00；当第一个脉冲送入计数器时，第一级 JK 触发器翻转，Q_1 由原来的"0"变为"1"，则 Q_1Q_2=10；当第二个脉冲送入计数器时，第一级 JK 触发器再次翻转，Q_1 由原来的"1"变为"0"，同时由于第一级 JK 触发器输出 Q_1 是由"1"变为"0"，即是由高电平下跳为低电平，相当于脉冲的下降沿，触发第二级 JK 触发器翻转，Q_2 由原来的"0"变为"1"，则 Q_1Q_2=01；第三个脉冲送入计数器时，第一级 JK 触发器再次翻转，计数器的输出状态为 Q_1Q_2=00→Q_1Q_2=10→Q_1Q_2=11→Q_1Q_2=00，不断循环。

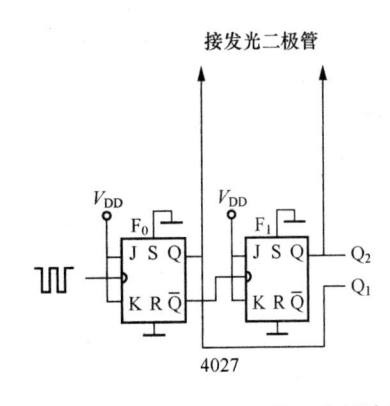

图 2-31 JK 触发器组成的两位二进制计数器

5. 4013 双 D 触发器组成的计数器

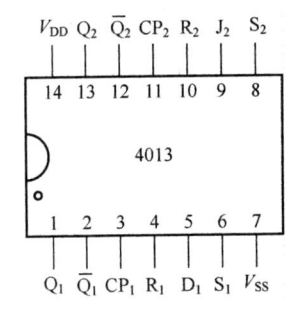

图 2-32 4013 集成电路管脚图

4013 双 D 触发器集成电路的管脚图如图 2-32 所示，其中含有两个 D 触发器。D 触发器的逻辑功能是：在时钟脉冲的上升沿到来时，触发器的状态与时钟脉冲到来前 D 端的状态一致，即 D=1 则 Q^{n+1}=1，D=0 则 Q^{n+1}=0。将 D 触发器接成计数器的功能。如后文图 2-33 所示就是一个两位的二进制计数器，其线路的特点是将所有的 R 端接"0"，所有的 S 端置"1"，将 D 触发器接成计数器状态。上沿触发的 D 触发器的功能如表 2-5 所示。

表 2-5 上沿触发的 D 触发器的功能

输入				输出
S	R	CP	D	Q^{n+1}
0	0	↑	0	0
0	0	↑	1	1
0	0	↓	×	Q^n
0	1	×	×	0
1	0	×	×	1
1	1	×	×	1

注：×为任意状态；↓为高到低电平跳变；↑为低到高电平跳变；Q^n（$\overline{Q^n}$）为现态；Q^{n+1}（$\overline{Q^{n+1}}$）为次态。

由 D 触发器的状态图可以看出 D 触发器的特征方程为

$$Q_{n+1} = D$$

CMOS 触发器的直接置位、复位输入端 S 和 R 是高电平有效，当 S=1（或 R=1）时，触发器将不受其他输入端所处状态的影响，使触发器直接置"1"（或置"0"）。但直接置位、复位输入端 S 和 R 必须遵守 RS=0 的约束条件。而 CMOS 触发器在按逻辑功能工作时，S 和 R 必须均置"0"。如图 2-33 所示是由 CC4013 双 D 触发器组成的两位二进制计数器，D 触发器作为计数器时可使 D=$\bar{Q}$，R=S=0。

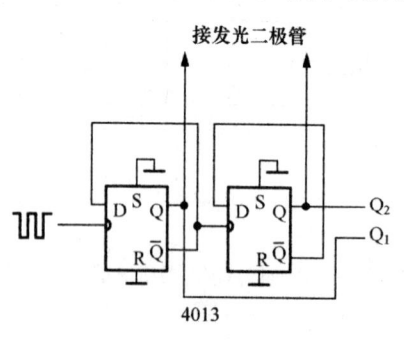

其工作原理是：计数器运行前先清零，则 Q_1Q_2=00；当第一个脉冲送入计数器时，第一级 D 触发器翻转，Q_1 由原来的"0"变为"1"，则 Q_1Q_2=10；当第二个脉冲送入计数器时，第一级 D 触发器再次翻转，Q_1 由原来的"1"变为"0"，同时由于第一级 D 触发器输出 Q_1 是由"1"变为"0"，即是由高电平下跳为低电平，相当于脉冲的下降沿，触发第二级 D 触发器翻转，Q_2 由原来的"0"变为"1"，则 Q_1Q_2=01；第三个脉冲送入计数器时，第一级 D 触发器再次翻转，计数器的输出状态为 Q_1Q_2=00→Q_1Q_2=10→Q_1Q_2=11→Q_1Q_2=00，不断循环。

图 2-33 D 触发器组成的两位二进制计数器

由于 JK 触发器与 D 触发器可以相互转换，JK 触发器和 D 触发器都有上升沿触发和下降沿触发。

2.2.2 移位寄存器控制安装调试步骤及实测波形记录

1) 按电路原理图（图 2-21 或图 2-22）连接实验装置线路，先接振荡器线路。

2) 用示波器调试振荡器。为了便于测试，在调试时可提高频率，将电容器 $1\mu F$ 换成 $0.01\mu F$（调试结束后把电容器再换回来）。

3) 按电路原理图中的按钮防抖电路接线，用万用表进行调试。

4) 按电路原理图中的触发器组成的计数器接线，用按钮防抖电路作为脉冲，对计数器进行调试，观察发光二极管的状态，判断线路运行是否正常。

5) 按电路原理图中的移位寄存器电路进行接线，包括将输出电路接成双相环形计数器，分别送入 D_{SR} 和 D_{SL} 输入端，输入已调好的脉冲即可进行调试。调试时可人为地将 S_1、S_2 置成"1""0"或"0""1"或"1""1"或"0""0"状态，分别调试移位寄存器的左移、右移、保持、并行置数功能。

6) 进行完整线路的总调试。

7) 断开振荡器与移位寄存器之间的电路连接，用示波器测量并记录振荡电路输出波形的幅度及周期的调节范围，并将测得的波形图绘制在图 2-34 中，计算振荡频率（如波形无法稳定，可将振荡电

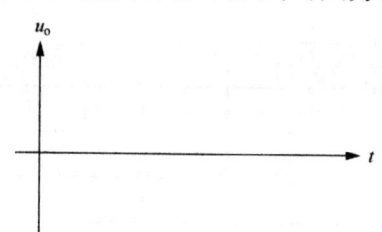

图 2-34 记录波形

容改为 $0.01\mu F$ 测量，测完后再将电容复原）。

振荡频率 $f=$ _____ 。

8）排除故障。由实训教师给学生实训电路设置故障，共两次，每次出一个故障点。学生首先写出故障现象，并根据故障现象分析原因，然后进行排除。

第3章　电力电子技术线路的装调

3.1　带电阻负载的三相半波可控整流电路

■ 课题分析 ▶▶▶▶

带电阻负载的三相半波可控整流电路如图 3-1 所示。

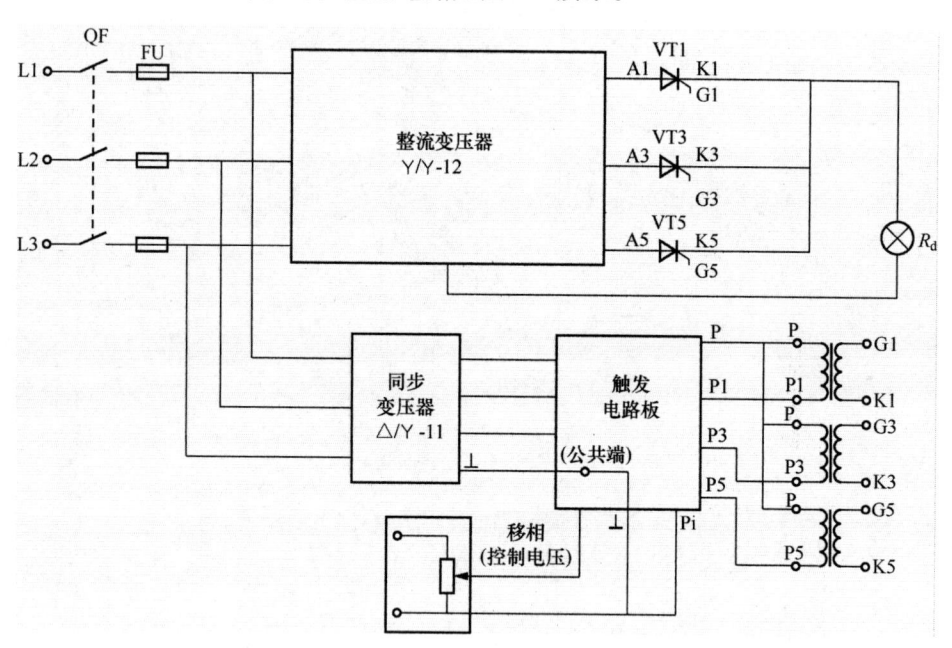

图 3-1　带电阻负载的三相半波可控整流电路

课题目的 ➡

1. 掌握带电阻负载的三相半波可控整流电路的工作原理。
2. 能够运用工作原理完成带电阻负载的三相半波可控整流电路的分析。
3. 会使用各种仪器仪表，能对电路中的关键点进行测试，并对测试波形进行分析、判断，排除电路故障。

课题重点 ➡

1. 能够阅读、分析带电阻负载的三相半波可控整流电路线路图，并进行线路的安装接线。
2. 能进行带电阻负载的三相半波可控整流电路的通电调试，正确使用示波器测量绘制波形。

课题难点 ➡

1. 在独立完成电路接线的基础上进行电路的调试,使电路能够正常、稳定地工作。
2. 用双踪示波器测量并记录输出电压 u_d 和晶闸管 VT1、VT3、VT5 两端的电压 u_{VT1}、u_{VT3} 和 u_{VT5} 的波形,根据测量的波形对电路的工作状态进行分析判断。
3. 能够根据电路的工作情况完成线路的故障分析与排故。

3.1.1 带电阻负载的三相半波可控整流电路的工作原理

图 3-1 所示为三相半波可控整流电阻性电路原理图。三相半波可控整流电路的接法有两种,即共阴极接法和共阳极接法。图 3-2 中三个晶闸管 VT1、VT3、VT5 的阴极接在一起,这种接法叫共阴极接法。由于共阴极接法的晶闸管有公共端,使用、调试方便,所以共阴极接法三相半波电路常被采用。

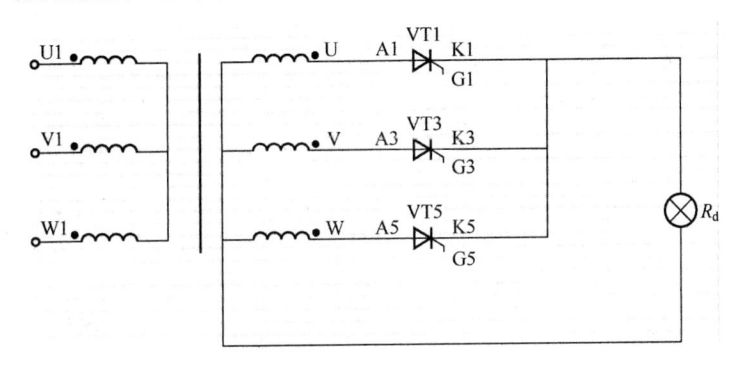

图 3-2 共阴极接法三相半波可控整流电阻性负载原理图

三相半波可控整流电路的电源由三相整流变压器供电,也可直接由三相四线制交流电网供电。二次相电压有效值为 U_2(或 $U_{2\phi}$),其表达式为

U 相 $\qquad u_U = \sqrt{2}U_2 \sin\omega t$

V 相 $\qquad u_V = \sqrt{2}U_2 \sin(\omega t - 2\pi/3)$

W 相 $\qquad u_W = \sqrt{2}U_2 \sin(\omega t + 2\pi/3)$

三相电压的波形图如图 3-3 所示,图中 1、3、5 交点为电源相电压正半波的相邻交点,称为自然换相点,也就是三相半波可控整流各相晶闸管移相控制角 α 的起始点,即 $\alpha=0°$ 点。由于自然换相点距相电压原点为 30°,所以触发脉冲距对应相电压的原点为 30°+α。

图 3-4(a)、(b)所示为 $\alpha=30°$ 的输出电压和晶闸管 VT1 两端的理论波形。

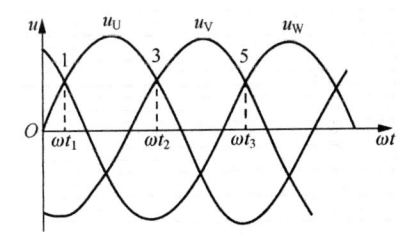

图 3-3 三相电压的波形图

设电路已在工作,W 相 VT5 已导通,经过自然换相点 1 时,虽然 U 相 VT1 开始承受正向电压,但触发脉冲 u_{g1} 尚未送到,VT1 无法导通,于是 VT5 管仍承受 u_W 正向电压继续导通。当过 U 相自然换相点 30°,即 $\alpha=30°$ 时,触发电路送出触发脉冲 u_{g1},VT1 被

触发导通，VT5 则承受反压 u_{WU} 而关断，输出电压 u_d 的波形由 u_W 波形换成 u_U 波形，负载电流回路如图 3-5 中实线部分所示。

经过自然换相点 3 时，V 相的 VT3 开始承受正向电压，但触发脉冲 u_{g3} 尚未送到，则 VT3 无法导通，于是 VT1 管仍承受 u_U 正向电压继续导通。当过 V 相自然换相点 30°，即 $\alpha=30°$ 时，触发电路送出触发脉冲 u_{g3}，VT3 被触发导通，VT1 则承受反压 u_{UV} 而关断，输出电压 u_d 的波形由 u_U 波形换成 u_V 波形，负载电流回路如图 3-6 中实线部分所示。

经过自然换相点 5 时，W 相的 VT5 开始承受正向电压，触发脉冲 u_{g5} 尚未送到，则 VT5 无法导通，于是 VT3 管仍承受 u_V 正向电压继续导通。当过 W 相自然换相点 30°，即 $\alpha=30°$ 时，触发电路送出触发脉冲 u_{g5}，VT5 被触发导通，VT3 则承受反压 u_{VW} 而关断，输出电压 u_d 的波形由 u_V 波形换成 u_W 波形，负载电流回路如图 3-7 中实线部分所示。这样就完成了一个周期的换流过程。

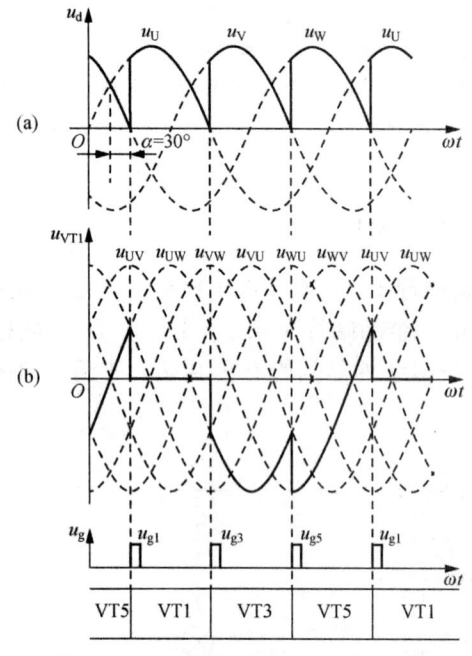

图 3-4　$\alpha=30°$ 时输出电压 u_d 和晶闸管 VT1 两端电压的理论波形

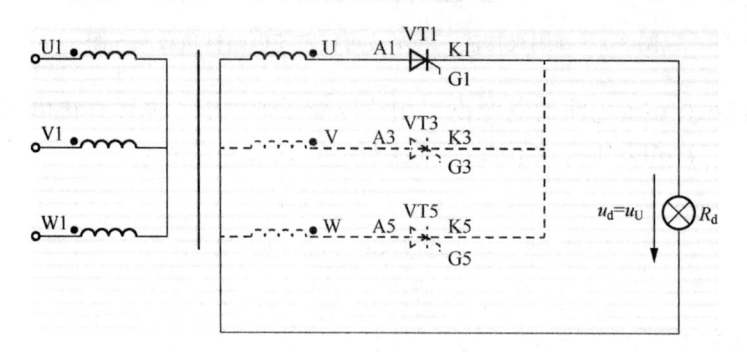

图 3-5　VT1 被触发导通时输出电压与电流

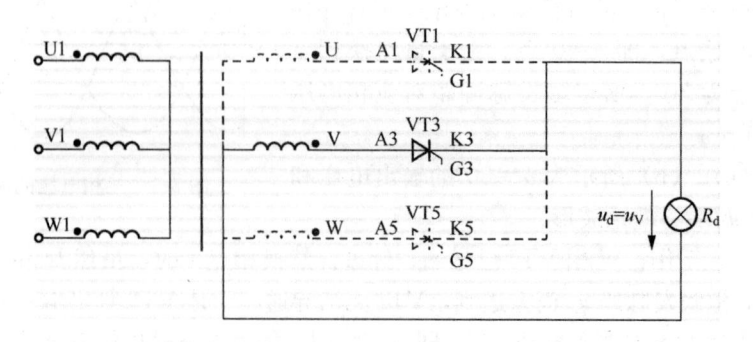

图 3-6　VT3 被触发导通时输出电压与电流

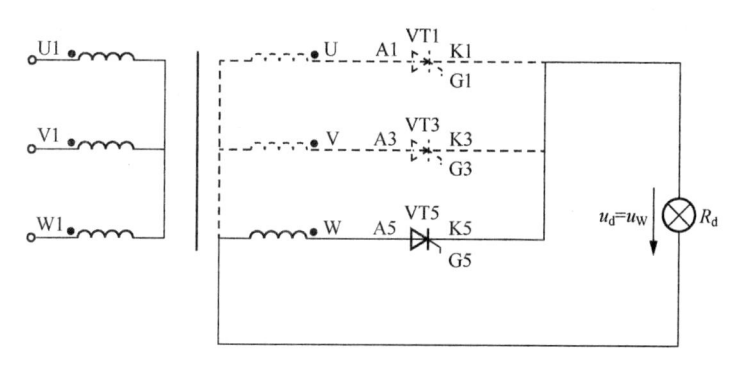

图 3-7　VT5 被触发导通时输出电压与电流

在图 3-4（b）中晶闸管 VT1 两端的理论波形可分为三个部分：在晶闸管 VT1 导通期间，忽略晶闸管的管压降，$u_{VT1} \approx 0$；在晶闸管 VT3 导通期间，$u_{VT1} \approx u_{UV}$；在晶闸管 VT5 导通期间，$u_{VT1} \approx u_{UW}$。

以上三段各为 120°，一个周期后波形重复。u_{VT3} 和 u_{VT5} 的波形与 u_{VT1} 相似，但相应依次互差 120°，如图 3-8 所示。

需要指出的是，当 $\alpha = 30°$ 时，整流电路输出电压 u_d 的波形处于连续和断续的临界状态，各相晶闸管依然导通 120°，一旦 $\alpha > 30°$，电压 u_d 及其波形将会间断，各相晶闸管的导通角将小于 120°。

3.1.2　带电阻负载的三相半波可控整流电路的安装调试步骤

（1）按电路原理图 3-1 在实验装置上进行线路的连接

在接线过程中按要求照图配线。本课题中整流变压器的接法为 Y/Y-12，同步变压器的接法为 △/Y-11，如图 3-9 所示。整流变压器与同步变压器实物如图 3-10 所示。

由变压器的知识可以分析出同步变压器原边相电压与整流变压器原边线电压同相，即 u_{SU} 与 u_{UV} 同相，其相量关系如图 3-11 所示。

在晶闸管整流电路中，必须根据被触发的晶闸管阳极电压相位正确确定各触发电路特定相位的同步电压，才能使触发电路分别在各晶

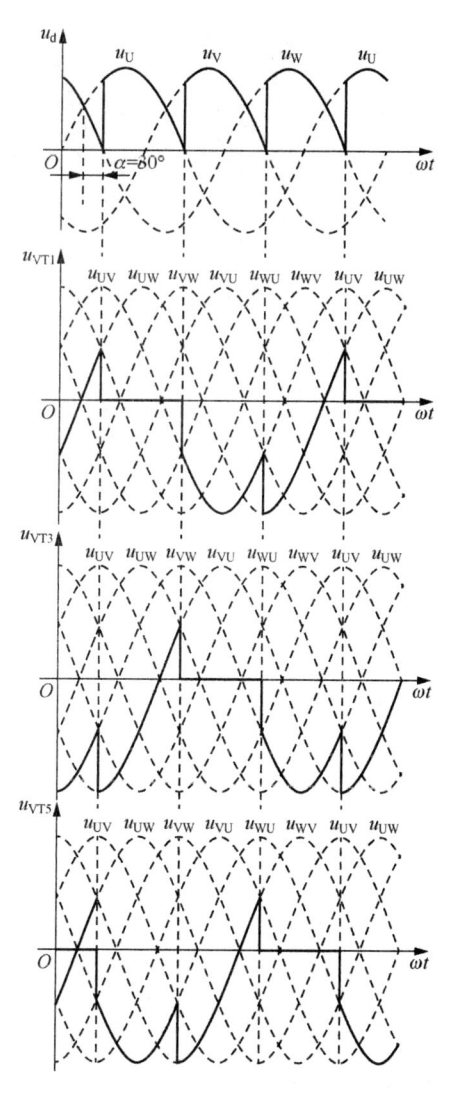

图 3-8　$\alpha = 30°$ 时输出电压和各晶闸管两端电压的理论波形

闸管需要发出脉冲的时刻输出触发脉冲。一般先确定三相整流变压器的界限组别，再通过同步变压器不同接线组别或配合阻容移相得到所要求相位的同步电压。

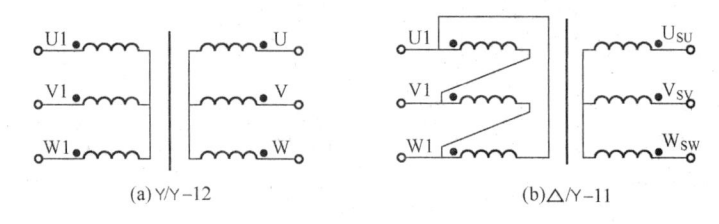

(a) Y/Y-12   (b) △/Y-11

图 3-9　变压器的接法

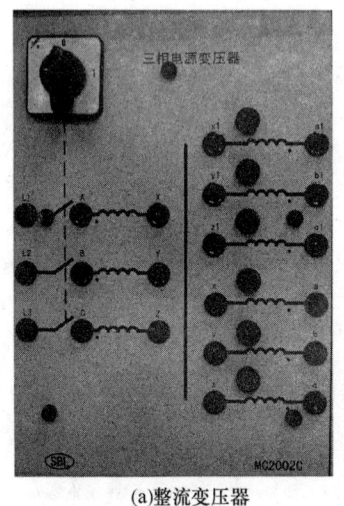

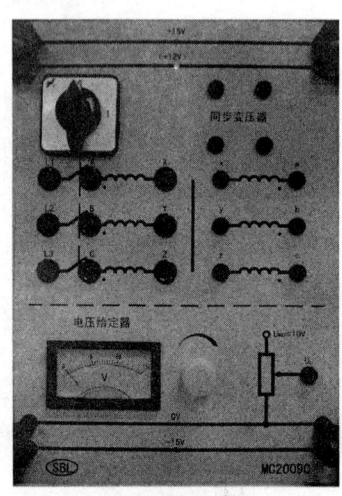

(a)整流变压器　　(b)同步变压器

图 3-10　整流变压器与同步变压器实物

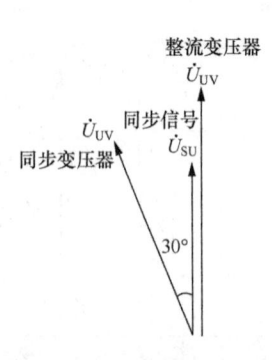

图 3-11　同步变压器原边相电压与整流变压器原边线电压的相量关系

(2) 检查接线正确无误后送电，进行电路的调试

1) 测定电源的相序。

对于三相可控整流电路来说三相交流电的相序是非常重要的，可以用双踪慢扫描示波器进行电源相序的测定。将示波器探头 Y_1 的接地端接在整流变压器次级的中性点上，探头 Y_1 的测试端测出 U 相电压的波形。将探头 Y_2 的测试端接在 V 相上。示波器的显示方式选择双踪显示，调节旋钮"t/div"和"v/div"，使示波器稳定显示至少一个周期的完整波形，调节微调旋钮，使每个周期的宽度在示波器上显示为六个方格（即每个方格对应的电角度为 60°）。如果相序正确，则测出的 U 相将超前于 V 相 120°，示波器显示如图 3-12 所示。同理可测出 V 相和 W 相的相位关系：V 相超前于 W 相 120°。如果测出的相序不正确，将三根进线中的任意两根线调换一下，再进行测量。

2）测定触发电路。

① 断开负载 R_d，使整流输出电路处于开路状态。

② 确定同步电压与主电压的相位关系。将探头的接地端接到同步变压器次级的中性点上，探头的测试端分别接同步变压器次级输出端进行 u_{SU}、u_{SV}、u_{SW} 的测量，确定与主电路的相位关系是否正确。本装置在正常状态下测量出来的同步电压 u_{SU}、u_{SV}、u_{SW} 分别与 u_{UV}、u_{VW}、u_{WU} 同相。

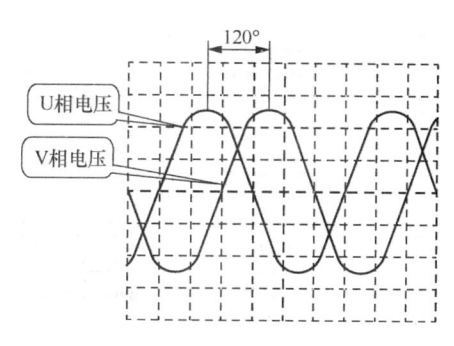

图 3-12 U 相和 V 相的实测相位关系

③ 确定同步电压与锯齿波的相位关系。为了满足移相和同步的要求，同步电压与锯齿波有一定的相位差。用双踪示波器的探头 Y_1 按步骤② 测量同步电压 u_{SU}，将探头 Y_2 的测试端接在面板的锯齿波测试点 A 点，探头 Y_2 的接地端悬空，测得同步电压与锯齿波的相位关系（以 U 相为例）如图 3-13 所示。V 相、W 相依次滞后 120°，请自行分析。

图 3-13 中锯齿波滞后同步电压一个电角度 φ（由触发板中的 RC 移相产生），该角度在不同的设备中取值有所不同，本书采用的实验装置中 φ 约为 60°。需要特别指出的是，在双脉冲触发电路实验板的面板上有三个 RC 移相旋钮，如图 3-14 所示，这三个旋钮是用来调节三相锯齿波斜率的，测量过程中可进行适当调节，使三相锯齿波的斜率基本一致。

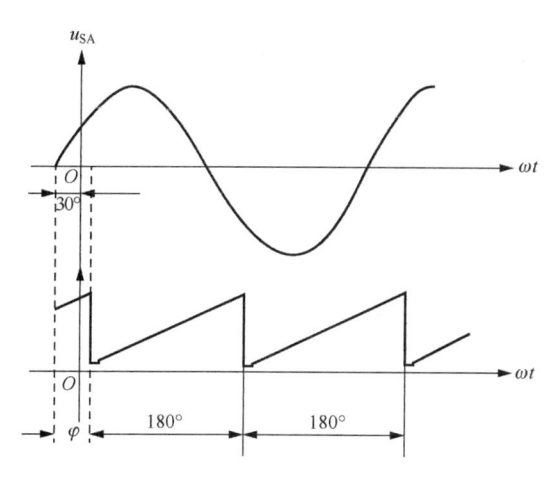

图 3-13 同步电压与锯齿波的相位关系

3）确定初始脉冲的位置。

① 调节电压给定装置调节器控制电压 U_C，如图 3-15 所示，使控制电压 $U_C=0$。

② 将 Y_1 探头的接地端接到触发脉冲电路实验板的公共端点，探头的测试端接在同步变压器次极输出端，进行 u_{SU} 的测量，在荧光屏上确定 u_{SU} 正向过零点的位置。将 Y_2 探头的测试端接到面板上的 P_1 点处，探头的接地端悬空，荧光屏上同时显示出脉冲 u_{P1} 的波形，如图 3-16 所示。

带电阻负载的三相半波可控整流电路要求初始脉冲 $\alpha=150°$，因为 u_{SU} 与 u_{UV} 同相，且电路控制角 α 的起始点（即 $\alpha=0°$）滞后 u_{UV} 正向过零点 60°，所以初始脉冲的位置滞后 u_{SU} 正向过零点的电角度应为 150°+60°=210°，以此在荧光屏上确定脉冲的位置。对应确定的位置标于图 3-16 中。

在三相半波可控整流电路中，只需要用单脉冲就可以使电路正常工作。

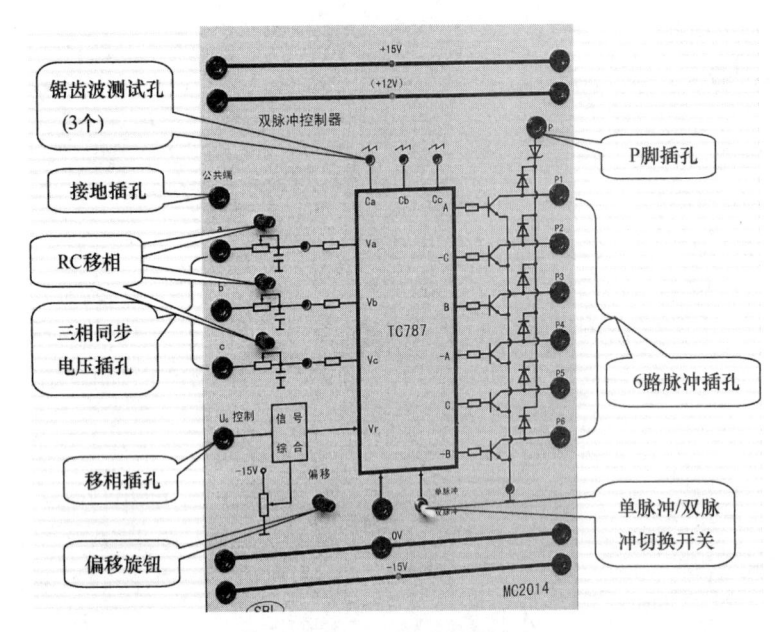

图 3-14 触发装置面板

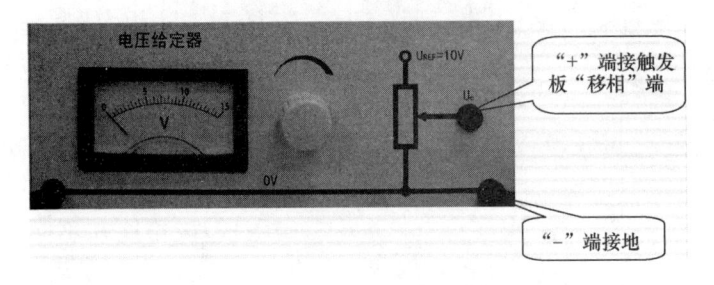

图 3-15 电压给定装置调节器

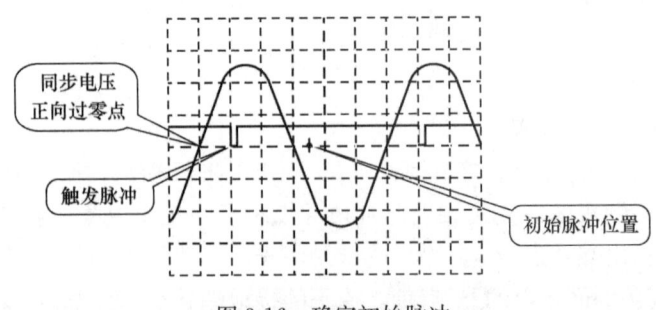

图 3-16 确定初始脉冲

③ 调节面板上的偏移旋钮，改变偏移电压 U_b 的大小，将脉冲 u_{P1} 的主脉冲移至距 u_{SU} 正向过零点 210°处，此时电路所处的状态即为 $\alpha=150°$，输出电压平均值 $U_d=0$。

注意：初始脉冲的位置一旦确定，偏移旋钮就不可以随意调整了。

3.1.3 带电阻负载的三相半波可控整流电路的测试

接入负载，将探头接于负载两端，探头的测试端接高电位，探头的接地端接低电位，荧光屏上显示的应为带电阻负载的三相半波可控整流电路 α＝150°时的输出电压 u_d 的波形。增大控制电压 U_c，观察控制角 α 从 150°～0°变化时输出电压 u_d 及对应的晶闸管两端承受的电压 u_{VT} 的波形。

注意： 在测量 u_{VT} 时，探头的测试端接管子的阳极，接地端接管子的阴极。

测试的 α＝0°时的波形和记录波形如图 3-17 所示，测试的 α＝30°时的波形和记录波形如图 3-18 所示。

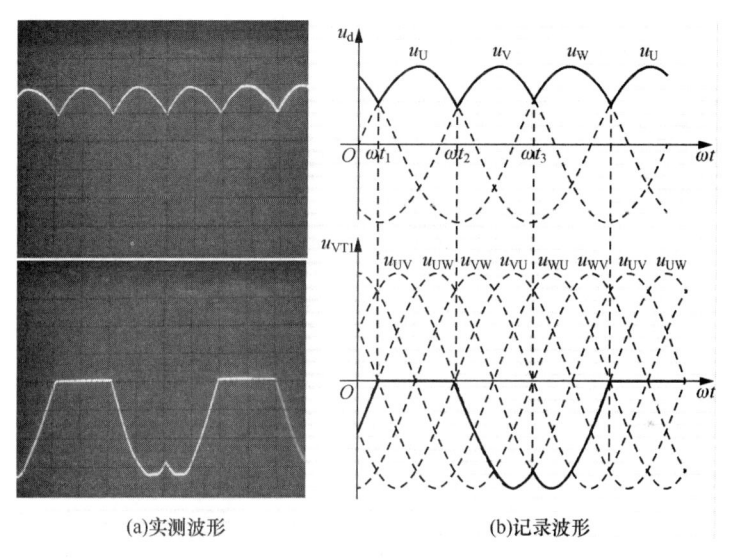

(a)实测波形　　　　　　　　(b)记录波形

图 3-17　α＝0°时的实测波形与记录波形

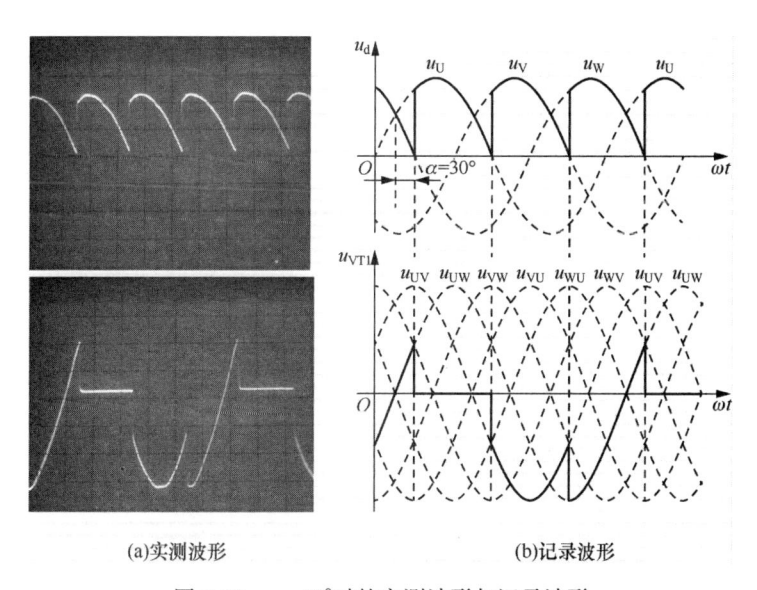

(a)实测波形　　　　　　　　(b)记录波形

图 3-18　α＝30°时的实测波形与记录波形

要求能用示波器测量并在图 3-19 中绘制出 $\alpha=0°$、$15°$、$30°$（由考评员选择其中之一，下同）时的输出直流电压 u_d 的波形、晶闸管触发电路功放管集电极电压 u_P 1、3、5 的波形、晶闸管两端电压 $u_{VT1,3,5}$ 的波形及同步电压 $u_{SU,V,W}$ 的波形。

① 输出直流电压 u_d 的波形

② 晶闸管触发电路功放管集极电压 u_P _____ 的波形

③ 在波形图上标齐电源相序，画出晶闸管两端电压 u_{VT} _____ 的波形

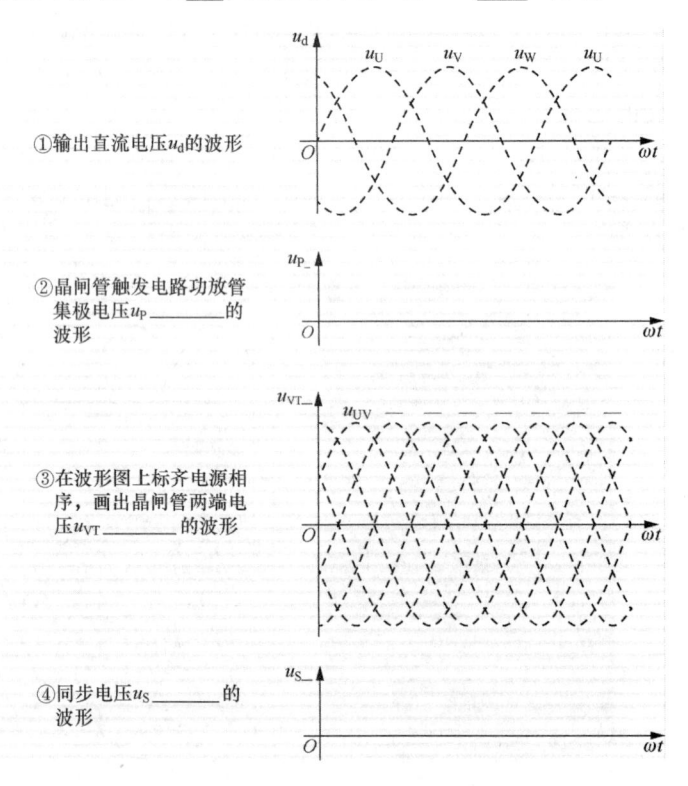

④ 同步电压 u_S _____ 的波形

图 3-19 绘制波形

3.2　带电阻负载的三相全控桥式整流电路

课题分析

带电阻负载的三相全控桥式整流电路如图 3-20 所示。

课题目的

1. 掌握带电阻负载的三相全控桥式整流电路的工作原理。
2. 能够运用工作原理进行带电阻负载的三相全控桥式整流电路的分析。
3. 会使用各种仪器仪表，能对电路中的关键点进行测试，并对测试波形进行分析、判断，排除电路故障。

课题重点

1. 能够阅读、分析带电阻负载的三相全控桥式整流电路线路图，并进行线路的安装接线。
2. 能进行带电阻负载的三相全控桥式整流电路的通电调试，正确使用示波器测量绘制波形。

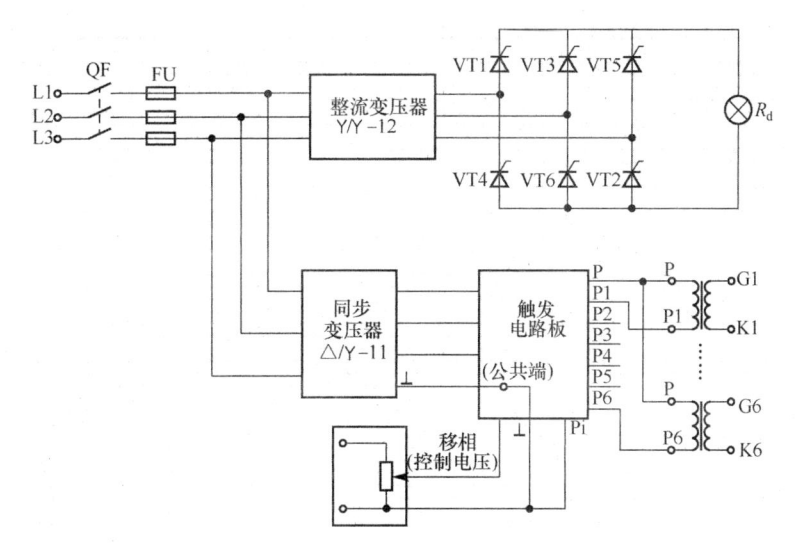

图 3-20 带电阻负载的三相全控桥式整流电路

课题难点

1. 在独立完成电路接线的基础上进行带电阻负载的三相全控桥式整流电路的调试,使电路能够正常、稳定地工作。
2. 用双踪示波器测量并记录输出电压 u_d 和晶闸管 VT1~VT6 两端的电压 u_{VT1}~u_{VT6} 的波形,根据测量的波形对电路的工作状态进行分析判断。
3. 能够根据电路的工作情况完成线路的故障分析与排故。

3.2.1 带电阻负载的三相全控桥式整流电路的工作原理

图 3-21 所示为三相全控桥式整流电阻性负载电路原理图。其中,晶闸管 VT1、VT3、VT5 的阴极接在一起,构成共阴极接法;VT2、VT4、VT6 的阳极接在一起,构成共阳极接法。任何时刻,电路中都必须在共阴和共阳极组中各有一个晶闸管导通,才能使负载端有输出电压。可见,三相全控桥式整流电阻性负载电路实质上是由一组共阴极组与一组共阳极组的三相桥式全控整流电路相串联构成。

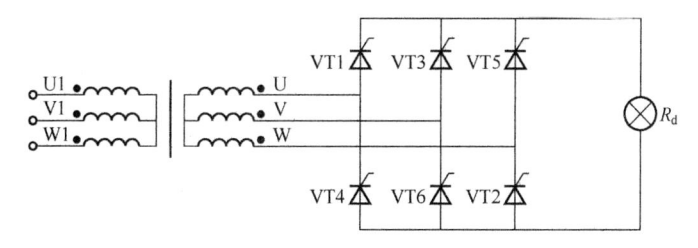

图 3-21 三相全控桥式整流电阻性负载原理图

三相相电压与线电压的对应关系波形如图 3-22 所示,各线电压正半波的交点 1~6 就是三相全控桥式电路 6 只晶闸管(VT1~VT6)$\alpha=0°$ 的点。为了分析方便,将以线电压为主进行介绍。

注意：三相全控桥式整流电路在任何时刻都必须有两只晶闸管同时导通，而且其中一只是在共阴极组，另一只在共阳极组。为了保证电路能起动工作，或在电流断续后再次导通工作，必须对两组中应导通的两只晶闸管同时加触发脉冲，通常采用的触发方式有双窄脉冲触发和单宽脉冲触发两种。

（1）采用双窄脉冲触发

图 3-23 所示为双窄脉冲。触发电路送出的是窄的矩形脉冲（宽度一般为 18°～20°）。在送出某一相晶闸管脉冲的同时，向前一相晶闸管补发一个触发脉冲，称为补脉冲（或辅脉冲）。例如，在送出 u_{g3} 触发 VT3 的同时，触发电路也向 VT2 送出 u'_{g2} 辅脉冲，故 VT3 与 VT2 同时被触发导通，输出电压 u_d 为 u_{VW}。

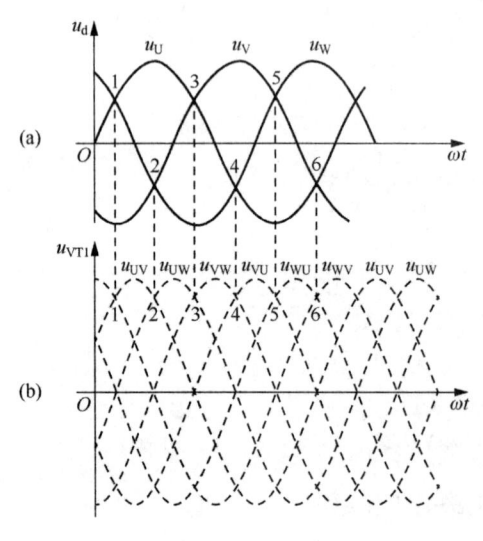

图 3-22 相电压与线电压的对应关系　　图 3-23 双窄脉冲

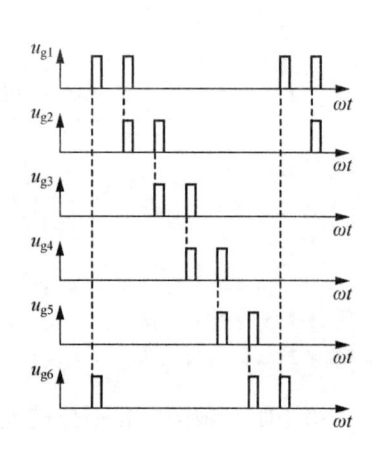

（2）采用单宽脉冲触发

图 3-24 所示为单宽脉冲，每一个触发脉冲的宽度大于 60°而小于 120°（一般取 80°～90°为宜），这样在相隔 60°要触发换相时，在后一个触发脉冲出现的时刻前一个脉冲还未消失，这样就保证在任一换相时刻都有相邻的两个晶闸管有触发脉冲。例如，在送出 u_{g3} 触发 VT3 的同时，由于 u_{g2} 还未消失，VT3 与 VT2 便同时被触发导通，整流输出电压 u_d 为 u_{VW}。

显然，双窄脉冲的作用和单宽脉冲的作用是一样的，但是双窄脉冲触发可减小触发电路的功率和脉冲变压器铁心的体积。

图 3-25（a）、（b）所示为 $\alpha=30°$ 时的输出电压和晶闸管 VT1 两端的理论波形。

图 3-25 所示波形中，设电路已在工作，VT5、VT6 已导通，输出电压 u_{WV}，经过自然换相点 1 时，

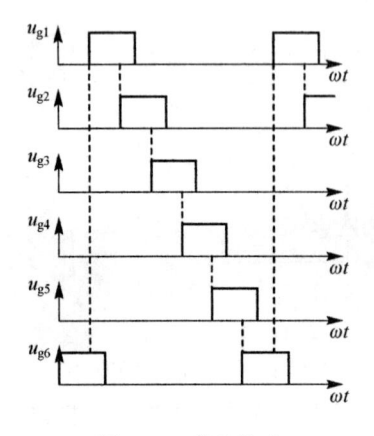

图 3-24 单宽脉冲

虽然 U 相 VT1 开始承受正向电压，但触发脉冲 u_{g1} 尚未送到，VT1 无法导通，于是 VT5 管仍承受正向电压继续导通。当过 U 相（1 号管）自然换相点 30°，即 $\alpha=30°$ 时，触发电路送出触发脉冲 u_{g1}、u'_{g6}，触发 VT1、VT6 导通，VT5 则承受反压而关断，输出电压 u_d 波形由 u_{WV} 波形换成 u_{UV} 波形，负载电流回路如图 3-26 中实线部分所示。

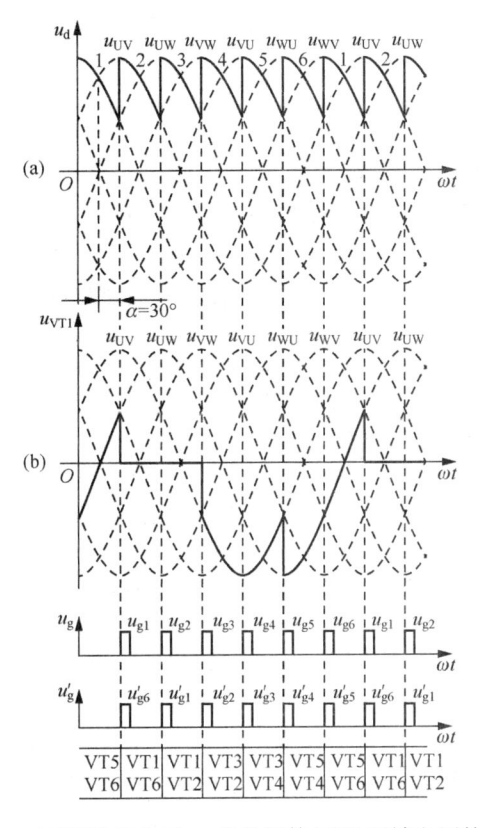

图 3-25　$\alpha=30°$时输出电压 u_d 和晶闸管 VT1 两端电压的理论波形

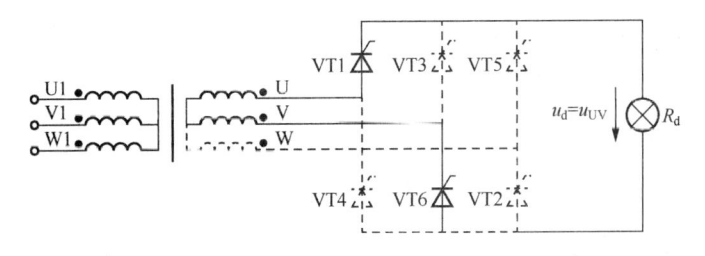

图 3-26　VT1、VT6 触发导通时输出电压与电流回路

经过自然换相点 2 时，虽然 W 相 VT2 开始承受正向电压，但触发脉冲 u_{g2} 尚未送到，VT1 无法导通，于是 VT6 管仍承受正向电压继续导通。当过 2 号管自然换相点 30°时，触发电路送出触发脉冲 u_{g2}、u'_{g1}，触发 VT1、VT2 导通，VT6 则承受反压而关断，输出电压 u_d 波形由 u_{UV} 波形换成 u_{UW} 波形，负载电流回路如图 3-27 中实线部分所示。

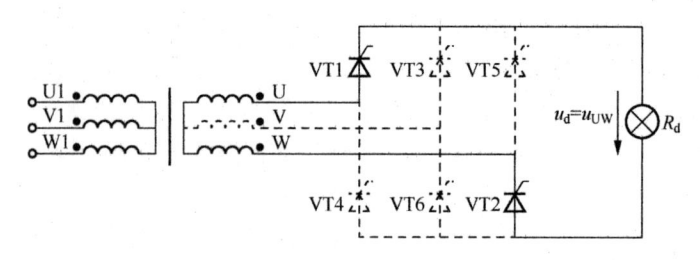

图 3-27　VT1、VT2 触发导通时输出电压与电流回路

经过自然换相点 3 时，V 相的 VT3 开始承受正向电压，但触发脉冲 u_{g3} 尚未送到，VT3 无法导通，于是 VT1 管仍承受正向电压继续导通。当过 3 号管自然换相点 30°时，触发电路送出触发脉冲 u_{g3}、u'_{g2}，触发 VT3、VT2 导通，VT1 则承受反压而关断，输出电压 u_d 波形由 u_{UW} 波形换成 u_{VW} 波形，负载电流回路如图 3-28 中实线部分所示。

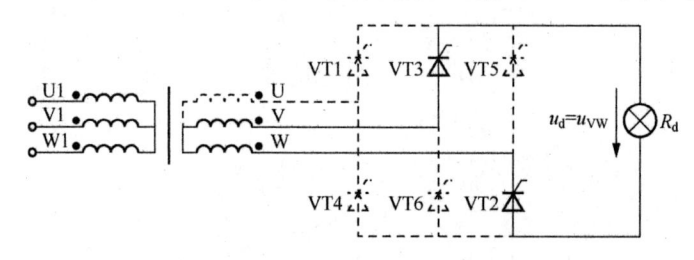

图 3-28　VT3、VT2 触发导通时输出电压与电流回路

经过自然换相点 4 时，U 相的 VT4 开始承受正向电压，但触发脉冲 u_{g4} 尚未送到，VT3 无法导通，于是 VT2 管仍承受正向电压继续导通。当过 4 号管自然换相点 30°时，触发电路送出触发脉冲 u_{g4}、u'_{g3}，触发 VT3、VT4 导通，VT2 则承受反压而关断，输出电压 u_d 波形由 u_{VW} 波形换成 u_{VU} 波形，负载电流回路如图 3-29 中实线部分所示。

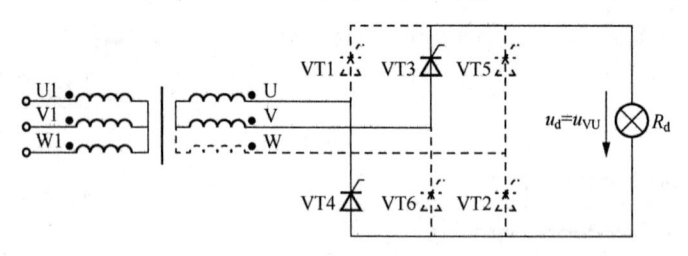

图 3-29　VT3、VT4 被触发导通时输出电压与电流回路

经过自然换相点 5 时，W 相的 VT5 开始承受正向电压，但触发脉冲 u_{g5} 尚未送到，VT5 无法导通，于是 VT3 管仍承受正向电压继续导通。当过 5 号管自然换相点 30°时，触发电路送出触发脉冲 u_{g5}、u'_{g4}，触发 VT5、VT4 导通，VT3 则承受反压而关断，输出电压 u_d 波形由 u_{VU} 波形换成 u_{WU} 波形，负载电流回路如图 3-30 中实线部分所示。

经过自然换相点 6 时，V 相的 VT6 开始承受正向电压，但触发脉冲 u_{g6} 尚未送到，VT6 无法导通，于是 VT4 管仍承受正向电压继续导通。当过 6 号管自然换相点 30°时，触发电路送出触发脉冲 u_{g6}、u'_{g5}，触发 VT5、VT6 导通，VT4 则承受反压而关断，输

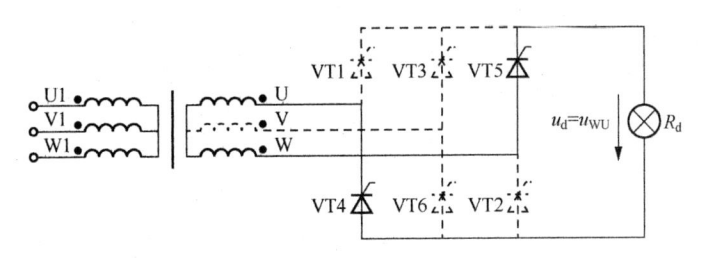

图 3-30 VT5、VT4 被触发导通时输出电压与电流回路

出电压 u_d 波形由 u_{WU} 波形换成 u_{WV} 波形，负载电流回路如图 3-31 中实线部分所示。这样就完成了一个周期的换流过程。电路中 6 只晶闸管导通的顺序与输出电压的对应关系如图 3-32 所示。

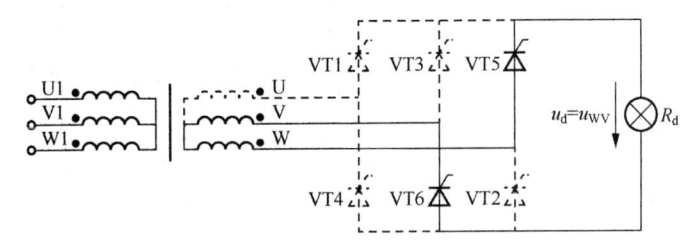

图 3-31 VT5、VT6 被触发导通时输出电压与电流回路

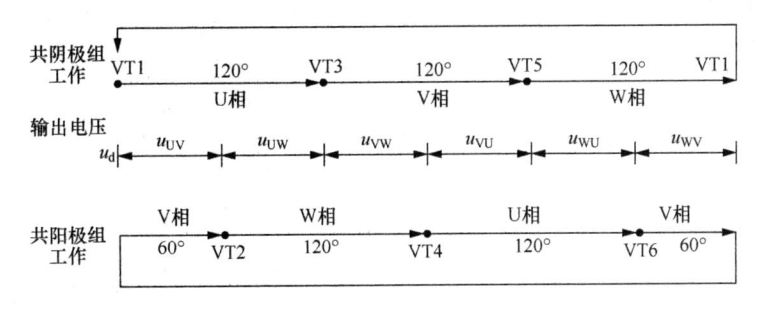

图 3-32 6 只晶闸管导通的顺序与输出电压的对应关系

图 3-25（b）中晶闸管 VT1 两端的理论波形可分为三个部分：在晶闸管 VT1 导通期间，忽略晶闸管的管压降，$u_{VT1} \approx 0$；在晶闸管 VT3 导通期间，$u_{VT1} \approx u_{VU}$；在晶闸管 VT5 导通期间，$u_{VT1} \approx u_{UW}$。以上三段各为 120°，一个周期后波形重复。

$u_{VT2} \sim u_{VT6}$ 的波形与 u_{VT1} 相似，但相应依次互差 60°。如图 3-33 所示，晶闸管 VT2 两端的理论波形同样可分为三个部分：在晶闸管 VT2 导通期间，忽略晶闸管的管压降，$u_{VT2} \approx 0$；在晶闸管 VT4 导通期间，$u_{VT2} \approx u_{UW}$；在晶闸管 VT6 导通期间，$u_{VT2} \approx u_{VW}$。其他管的波形读者可自行分析。

需要指出的是，当 $\alpha = 60°$ 时，整流电路输出电压 u_d 的波形处于连续和断续的临界状态，各相晶闸管依然导通 120°，一旦 $\alpha > 60°$，电压 u_d 及其波形将会间断，各相晶闸管的导通角将小于 120°。

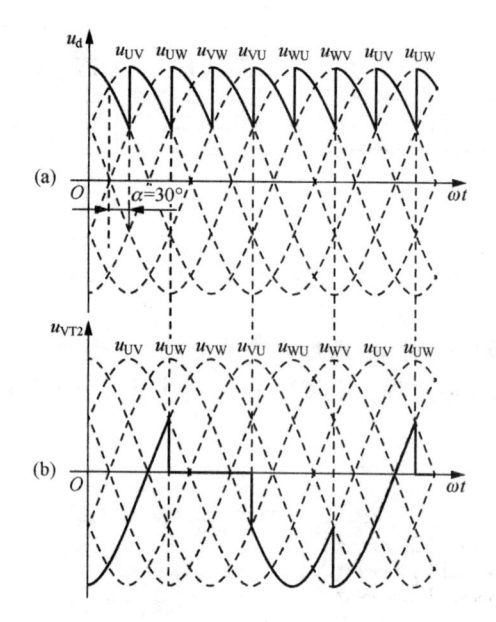

图 3-33　$α=30°$时输出电压 u_d 和晶闸管 VT2 两端电压的理论波形

3.2.2　带电阻负载的三相全控桥式整流电路的安装调试步骤

（1）按电路原理图 3-20 在实验装置上进行线路的连接

在接线过程中按要求照图配线。其中，整流变压器和同步变压器的接法与 3.1 节一致，此处不再赘述。

（2）检查接线正确无误后送电，进行电路的调试

其方法与 3.1 节一致，此处不再赘述。

1）测定电源的相序。

2）测定触发电路。

3）确定初始脉冲的位置。

① 调节控制电压 U_C 调节器，使控制电压 $U_C=0$。

② 将 Y_1 探头的接地端接到触发脉冲电路实验板的"⊥"点上，探头的测试端接在面板的 UR1 测量同步电压 u_{SU}，在荧光屏上确定 u_{SU} 正向过零点的位置。将 Y_2 探头的测试端接到面板上的 P_1 点处，探头的接地端悬空，荧光屏上显示出脉冲 u_{P1} 的波形，如图 3-34 所示。

将三相全控桥式电阻性负载的初始脉冲定在 $α=120°$，因为 u_{SU} 与 u_{UV} 同相位，电路控制角 $α$ 的起始点（即 $α=0°$）滞后 u_{UV} 正向过零点 60°，所以初始脉冲的位置应滞后 u_{SU} 正向过零点的角度为 120°+60°=180°，以此在荧光屏上确定脉冲的位置。对应确定的位置标于图 3-34 中。

③ 调节面板上的偏移旋钮，改变偏移电压 U_b 的大小，将脉冲 u_{P1} 的主脉冲移至距 u_{SU} 正向过零点 180°处，此时电路所处的状态即为 $α=120°$，输出电压平均值 $U_d=0$，如

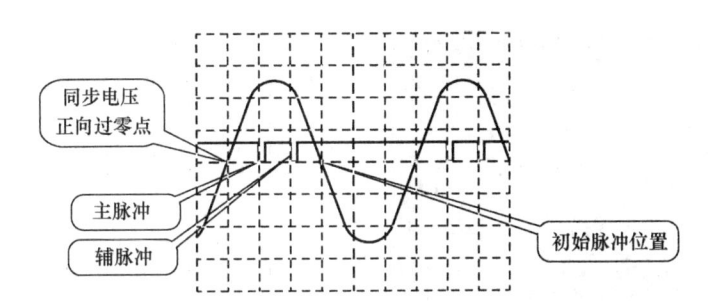

图 3-34 带电阻性负载的三相全控桥式可控整流电路同步电压与脉冲的关系

图 3-35 所示。

注意：初始脉冲的位置一旦确定，"偏移"旋钮就不可以随意调整了。

3.2.3 带电阻负载的三相全控桥式整流电路的测试

接入负载，将探头接于负载两端，探头的测试端接高电位，探头的接地端接低电位，荧光屏上显示的应为带电阻负载的三相全控桥式整流电路 $\alpha=120°$ 时输出电压 u_d 的波形。增大控制电压 U_C，观察控制角 α 从 120°~0°变化时输出电压 u_d 及对应的晶闸管两端承受的电压 u_{VT} 的波形。

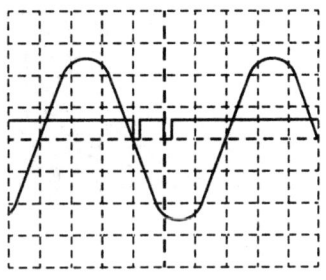

图 3-35 调节完后同步电压与脉冲的位置关系

注意：在测量 u_{VT} 时，探头的测试端接管子的阳极，接地端接管子的阴极。测试的 $\alpha=30°$ 时的波形和记录波形如图 3-36 所示，测试的 $\alpha=60°$ 时的波形和记录波形如图 3-37 所示。

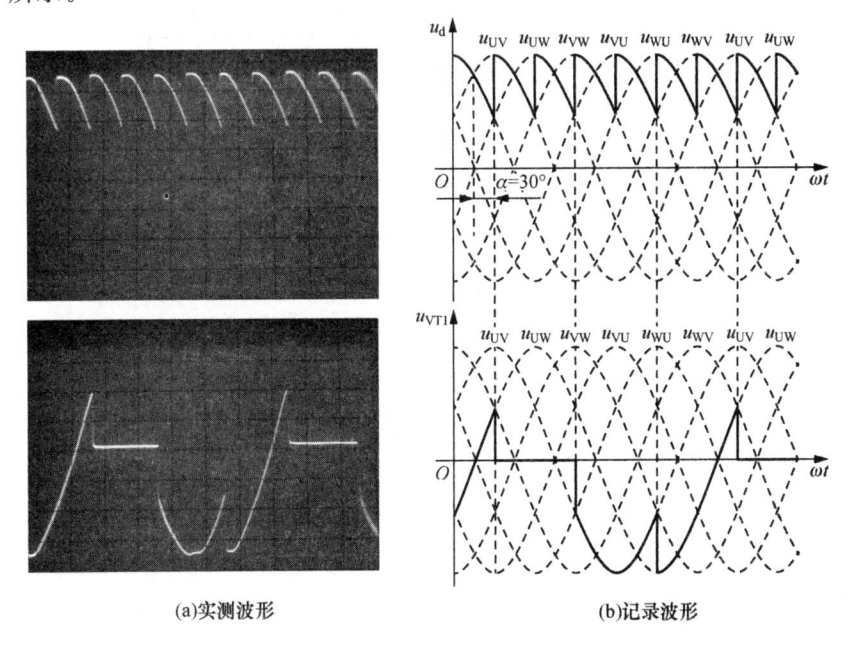

(a)实测波形　　(b)记录波形

图 3-36　$\alpha=30°$ 时的实测波形与记录波形

(a)实测波形　　　　　　　　　　(b)记录波形

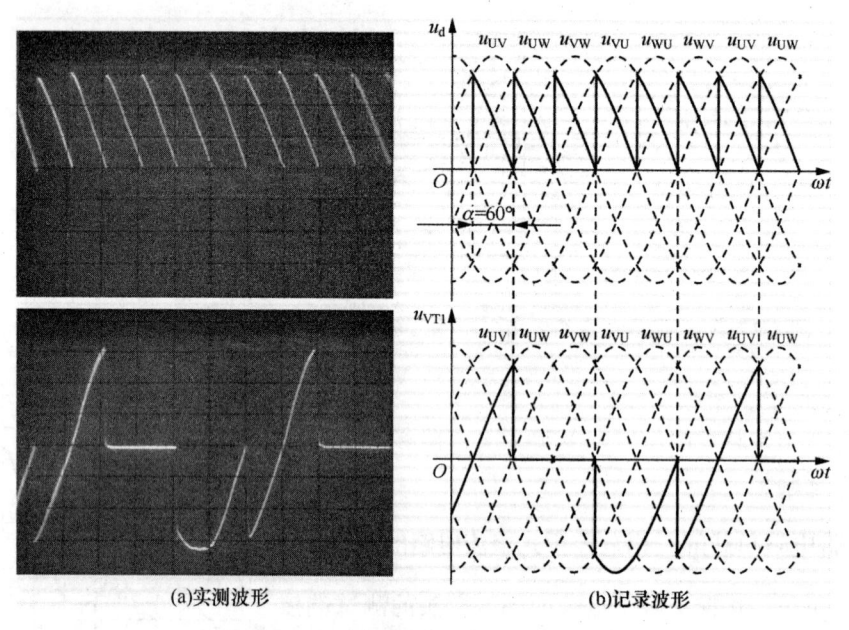

图 3-37　α=60°时的实测波形与记录波形

要求能用示波器测量并在图 3-38 中绘制出 α=＿＿15°、30°、45°、60°＿＿（由考评员选择其中之一，下同）时的输出直流电压 u_d 的波形、晶闸管触发电路功放管集电极电压 $u_{P1,2,3,4,5,6}$ 的波形、晶闸管两端电压 $u_{VT1,2,3,4,5,6}$ 的波形及同步电压 $u_{SU,V,W}$ 的波形。

① 输出直流电压 u_d 的波形

② 晶闸管触发电路功放管集电极 u_P＿＿＿＿的波形

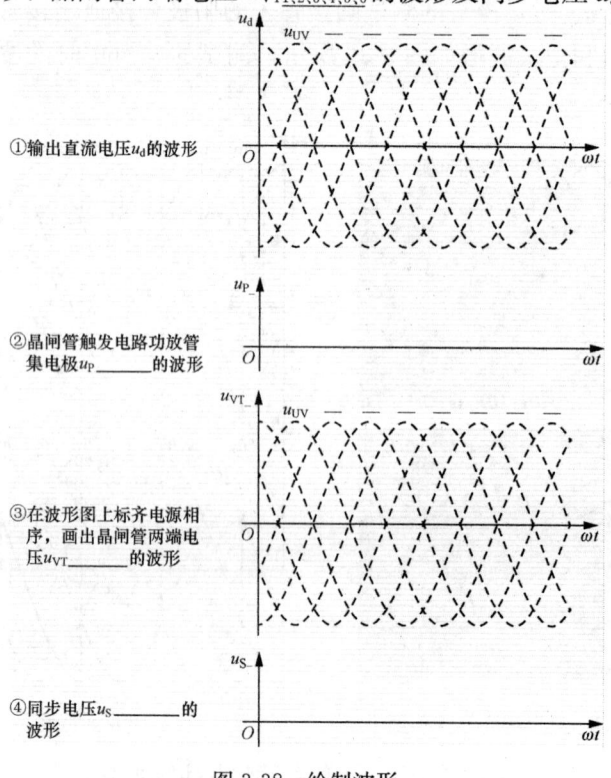

③ 在波形图上标齐电源相序，画出晶闸管两端电压 u_{VT}＿＿＿＿的波形

④ 同步电压 u_S＿＿＿＿的波形

图 3-38　绘制波形

第4章 自动控制装置的安装与调试

4.1 514C双闭环调速控制器的应用

■ 课题分析 ▶▶▶▶

如图4-1所示为欧陆514C系统接线图，按要求接入电枢电流表、转速表、测速发电机两端电压表及给定电压表等。按系统接线图及测试要求完成接线，置象限开关于单象限处，将负载电阻 R 调至最大值，使之全部串入电路，按要求进行电流限幅整定。在技能实训装置上接线，并在确定接线无误的情况下经教师检查后通电。

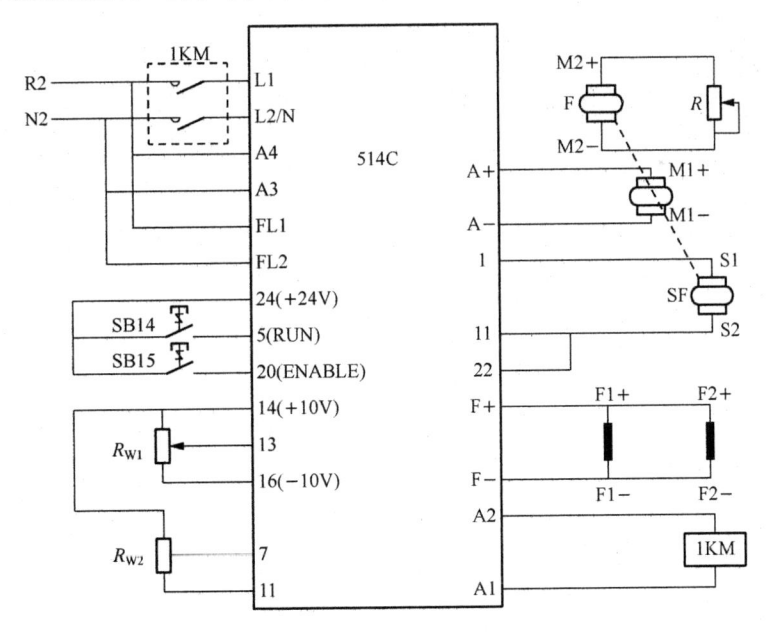

图4-1 欧陆514C接线图

课题目的 ➡

1. 能分析双闭环调速系统的工作原理。
2. 能完成欧陆514C不可逆调速装置的接线。
3. 能完成欧陆514C不可逆调速装置的调试运行，达到控制要求。

课题重点 ➡

1. 能完成欧陆514C不可逆调速装置的接线，按要求接入电枢电流表、转速表、测速发电机两端电压表及给定电压表等。
2. 能完成欧陆 514C 不可逆调速装置的调试运行，达到控制要求。

课题难点 ➡

1. 根据给定的设备和仪器仪表，在规定时间内完成接线、调试、运行及特性测量分析工作，达到规定的要求。调试过程中一般故障自行解决。
2. 测量与绘制调节特性曲线。
3. 画出直流调速装置转速、电流双闭环不可逆调速系统原理图。

4.1.1 514C 双闭环直流调速器的功能

欧陆 514C 调速装置系统是英国欧陆驱动器器件公司生产的一种以运算放大器为调节元件的模拟式直流可逆调速系统。欧陆 514C 主要用于对他励式直流电动机或永磁式直流电动机的速度进行控制，能控制电动机的转速在四象限中运行。它由两组反并联连接的晶闸管模块、驱动电源印刷电路板、控制电路印刷电路板和面板四部分组成。欧陆 514C 调速装置的外观如图 4-2 所示。

欧陆 514C 调速装置控制接线端子的分布如图 4-3 所示，各控制端子的功能如表 4-1 所示。

图 4-2 欧陆 514C 调速装置的外观

图 4-3 欧陆 514C 控制器控制接线端子分布

表 4-1 控制端子功能

端子号	功能	说　明
1	测速反馈信号输入端	接测速发电机输入信号，根据电动机转速要求设置测速发电机反馈信号大小，最大电压为 350V
2	未使用	
3	转速表信号输出端	模拟量输出：0～±10V，对应 0%～100%转速
4	未使用	
5	运行控制端	24V 运行，0V 停止
6	电流信号输出	SW1/5＝OFF，电流值双极性输出； SW1/5＝ON，电流值输出
7	转矩/电流极限输入端	模拟量输入：0～+7.5V，对应 0%～150%标定电流
8	0V 公共端	模拟/数字信号公共地
9	积分给定输出端	0～±10V，对应 0%～±100%积分给定

续表

端子号	功能	说　　明
10	辅助速度给定输入端	模拟量输入：0～±10V，对应0%～±100%速度
11	0V公共端	模拟/数字信号公共地
12	速度总给定输出端	模拟量输出：0～±10V，对应0%～±100%速度
13	积分给定输入端	模拟量输入： 0～−10V，对应0%～100%反转速度； 0～+10V，对应0%～100%正转速度
14	+10V电源输出端	输出+10V电源
15	故障排除输入端	数字量输入：故障检测电路复位，输入+10V为故障排除
16	−10V电源输出端	输出−10V电源
17	负极性速度给定修正输入端	模拟量输入： 0～−10V，对应0%～100%正转速度； 0～+10V，对应0%～100%反转速度
18	电流给定输入/输出端	模拟量输入/输出： SW1/8=OFF，电流给定输入； SW1/8=ON，电流给定输出； 0～±7.5V，对应0%～±150%标定电流
19	正常信号端	数字量输出：+24V为正常无故障
20	始能输入端	控制器始能输入：+10～+24V为允许输入，0V为禁止输入
21	速度总给定反向输出端	模拟量输出：10～0V，对应0%～100%正向速度
22	热敏电阻/低温传感器输入端	热敏电阻或低温传感器：<200Ω正常，>1800Ω过热
23	零速/零给定输出端	数字量输出：+24V为停止/零速给定，0V为运行/零速给定
24	+24V电源输出端	输出+24V电源

欧陆514C调速装置使用单相交流电源，主电源由一个开关进行选择，采用220V，50Hz。直流电动机的速度通过一个带反馈的线性闭环系统控制。反馈信号通过一个开关进行选择，可以使用转速负反馈，也可以使用控制器内部的电枢电压负反馈电流来进行正反馈补偿。

反馈的形式由功能选择开关SW1/3进行选择。如采用电压负反馈，则可使用电位器R_{P8}加上电流正反馈作为速度补偿；如果采用转速负反馈，则电流正反馈电位器R_{P8}应逆时针转到底，关闭电流正反馈补偿功能。速度负反馈系数通过功能选择开关SW1/1进行选择，SW1/2用来设定反馈电压的范围。

欧陆514C调速装置控制回路是一个外环为速度环、内环为电流环的双闭环调速系统，同时采用了无环流控制器对电流调节器的输出进行控制，分别触发正、反组晶闸管单相全控桥式整流电路，以控制电动机正、反转的四象限运行。

欧陆 514C 调速装置主电源端子功能如表 4-2 所示。

表 4-2　电源接线端子功能

端子号	功能说明	端子号	功能说明
L1	接交流主电源输入相线 1	FL1	接励磁整流电源
L2/N	接交流主电源输入相线 2/中线	FL2	接励磁整流电源
A1	接交流电源接触器线圈	A+	接电动机电枢正极
A2	接交流电源接触器线圈	A−	接电动机电枢负极
A3	接辅助交流电源中线	F+	接电动机励磁正极
A4	接辅助交流电源相线	F−	接电动机励磁负极

欧陆 514C 调速装置控制器面板 LED 指示灯实物及含义如图 4-4 所示，作用如表 4-3 所示。

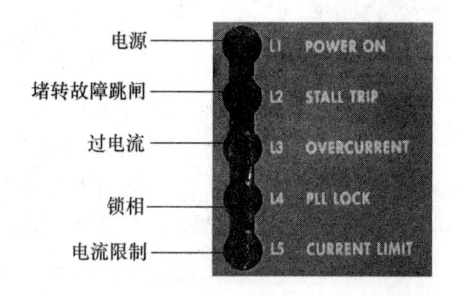

图 4-4　欧陆 514C 控制器面板 LED 指示灯实物及含义

表 4-3　欧陆 514C 控制器面板 LED 指示灯的作用

指示灯	含义	显示方式	说明
L1	电源	正常时灯亮	辅助电源供电
L2	堵转故障跳闸	故障时灯亮	装置为堵转状态，转速环中的速度失控 60s 后跳闸
L3	过电流	故障时灯亮	电枢电流超过 4.5 倍校准电流
L4	锁相	正常时灯亮	故障时闪烁
L5	电流限制	故障时灯亮	装置在电流限制、失速控制、堵转条件下 60s 后跳闸

欧陆 514C 控制器的功能选择开关如图 4-5 所示，其作用如表 4-4 和表 4-5 所示。

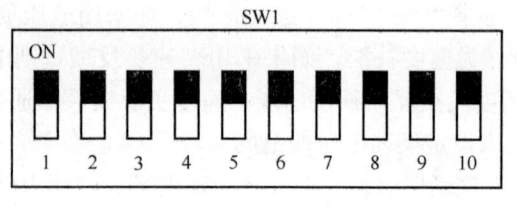

图 4-5　功能选择开关

表 4-4 额定转速下的测速发电机/电枢电压的反馈电压范围设置

SW1/1	SW1/2	反馈电压范围/V	备注
OFF（断开）	ON（接通）	10～25	用电位器 P10 调整，达到最大速度时对应的反馈电压数值
ON（接通）	ON（接通）	25～75	
OFF（断开）	OFF（断开）	75～125	
ON（接通）	OFF（断开）	125～325	

表 4-5 电位器功能开关的作用

开关名称	状态	作用
速度反馈开关 SW1/3	OFF（断开）	速度控制测速发电机反馈方式
	ON（接通）	速度控制电枢电压反馈方式
零输出开关 SW1/4	OFF（断开）	零速度输出
	ON（接通）	零给定输出
电流电位计开关 SW1/5	OFF（断开）	双极性输出
	ON（接通）	单极性输出
积分隔离开关 SW1/6	OFF（断开）	积分输出
	ON（接通）	无积分输出
逻辑停止开关 SW1/7	OFF（断开）	禁止逻辑停止
	ON（接通）	允许逻辑停止
电流给定开关 SW1/8	OFF（断开）	18#控制端电流给定输入
	ON（接通）	电流给定输出
过流接触器跳闸禁止开关 SW1/9	OFF（断开）	过流时接触器跳闸
	ON（接通）	过流时接触器不跳闸
速度给定信号选择开关 SW1/10	OFF（断开）	总给定
	ON（接通）	积分给定输入

欧陆 514C 控制器面板上各电位器的功能如表 4-6 所示，电位器的位置如图 4-6 所示。

表 4-6 面板电位器的功能

电位器名称	功能
上升斜率电位器 P1	调整上升积分时间（线性 1～40s）
下降斜率电位器 P2	调整下降积分时间（线性 1～40s）
速度环比例系数电位器 P3	调整速度环比例系数
速度环积分系数电位器 P4	调整速度环积分系数

续表

电位器名称	功　　能
电流限幅电位器 P5	调整电流限幅值
电流环比例系数电位器 P6	调整电流环比例系数
电流环积分系数电位器 P7	调整电流环积分系数
电流补偿电位器 P8	调节采用电枢电压负反馈时的电流正反馈补偿值
P9	未使用
最高转速电位器 P10	控制电动机最大转速
零速偏移电位器 P11	零给定时，调节零速
零速检测阀值电位器 P12	调整零速的检测门槛电平

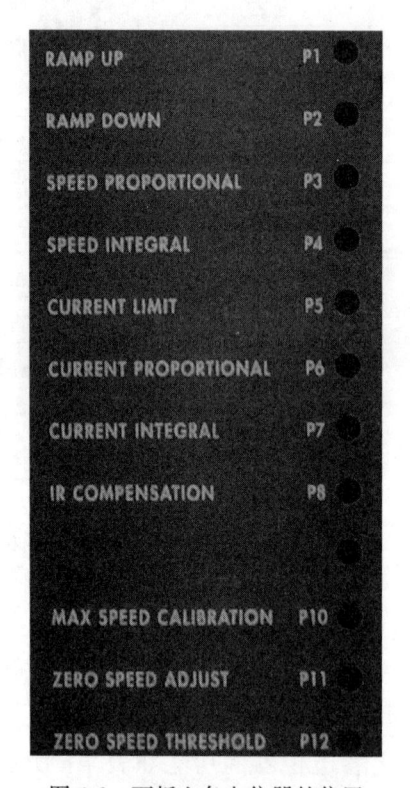

图 4-6　面板上各电位器的位置

特别指出：转速调节器 ASR 的输出电压经 P5 及 7# 接线端子上所接的外部电位器调整限幅后作为电流内环的给定信号，与电流负反馈信号进行比较，加到电流调节器的输入端，以控制电动机电枢电流。电枢电流的大小由 ASR 的限幅值和电流负反馈系数确定。

在 7# 端子上不外接电位器，通过 P5 可得到对应最大电枢电流为 1.1 倍标定电流的限幅值。在 7# 端子上通过外接电位器输入 0～+7.5V 的直流电压时，通过 P5 可得到最大电枢电流为 1.5 倍标定电流值。

4.1.2 514C 双闭环不可逆调速控制器的调试与测试

1. 514C 双闭环不可逆调速控制器的安装调试步骤

1）将象限开关置于"单象限"处。
2）将电阻箱 R 调至最大（轻载起动）。
3）按下 SB14，可听到接触器吸合动作。
4）将 R_{W2} 电流限幅调为 7.5V（150% 标定电流）。
5）按下 SB15，调整 R_{W1} 给定电压，电动机能跟随 R_{W1} 的变化稳定旋转。
6）调整 R_{W1} 给定电压为 0，P11 调零。
7）调整 R_{W1} 给定电压为要求电压，调节 P10，使电动机转速为要求的转速。

2. 514C 双闭环不可逆调速控制器的测试

（1）绘制调节特性曲线

设定给定电压 U_{gn} 为 0～____V（此处由教师填写），使电动机转速 n 为 0～____r/min（此处由教师填写）。实测并标明电压和转速于表 4-7 中，并在图 4-7 中绘制调节特性曲线。

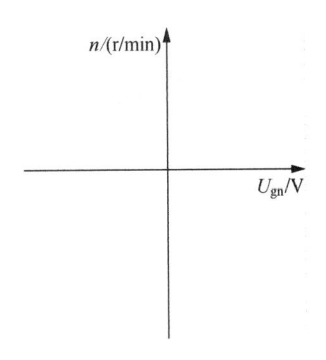

表 4-7 实测数据记录

$n/(\text{r/min})$							
U_{gn}/V	0						
U_{Tn}/V	0						

图 4-7 调节特性曲线

（2）绘制静特性曲线

设定给定电压 U_{gn} 为 0～____V（此处由教师填写），使电动机转速 n 为 0～____r/min（此处由教师填写）。当 $n=$ ____r/min（此处由教师填写），实测并标明电压和转速于表 4-8 中,并在图 4-8 中绘制静特性曲线。

表 4-8 实测数据记录

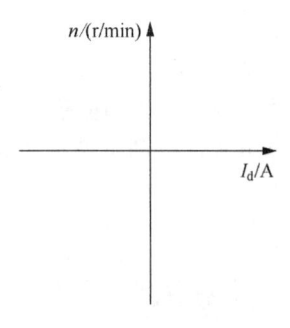

I_d/A	空载						
U_{Tn}/V							
n/(r/min)							

图 4-8 静特性曲线

4.2 西门子 MM440 变频器的安装与调试

课题分析

如图 4-9 所示为 MM440 系统接线图,在技能实训装置上接线,并在确定接线无误的情况下经教师检查后通电。将变频器设置成数字量输入端口操作运行状态,线性 V/F 控制方式,多段转速控制。

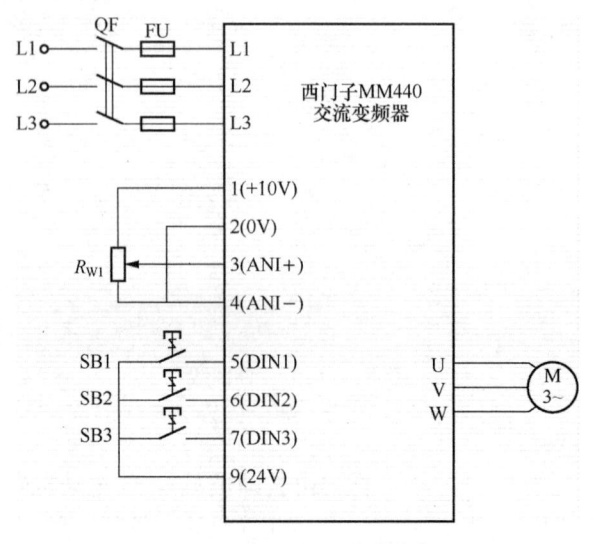

图 4-9 MM440 系统接线图

课题目的 ➡

1. 能对西门子 MM440 变频器进行安装接线。
2. 能对西门子 MM440 变频器进行参数设置。
3. 能完成数字量多段速控制西门子 MM440 变频器。

课题重点 ➡

1. 能对西门子 MM440 变频器进行参数设置。
2. 能完成 MM440 变频器的调试运行,达到控制要求。

课题难点 ➡

1. 能对西门子 MM440 变频器进行参数设置。
2. 能完成数字量多段速控制西门子 MM440 变频器。

4.2.1 MM440 变频器的端子功能与接线

MM440 接线端子如图 4-10 所示。其中,1#、2# 输出控制电压,1# 为+10V 电压,2# 为 0V 电压,3# 为模拟量输入 1 "+" 端,4# 为模拟量输入 1 "—" 端,5#、6#、7#、8#、16#、17# 为开关量输入端,9# 输出开关量控制电压+24V,10# 为模拟量输入 2 "+" 端,11# 为模拟量输入 2 "—" 端,12# 为模拟量输出 1 "|" 端,13# 为模拟量输出 1 "—" 端,14#、15# 为电动机热保护输入端,18#、19#、20# 为输出继电器 1 对外输出的触点,18# 为常闭,19# 为常开,20# 为公共端,21#、22# 为输出继电器 2 对外输出的触点,21# 为常开,22# 为公共端,23#、24#、25# 为输出继电器 3 对外输出的触点,23# 为常闭,24# 为常开,25# 为公共端,26# 为模拟量输出 2 "+" 端,27# 为模拟量输出 2 "—" 端,28# 为开关量外接控制电源的接地端,29#、30# 为 RS485 通信端口。

模拟输入 1 (AIN1) 可以用于 0~10V,0~20mA 和−10~+10V。

模拟输入 2 (AIN2) 可以用于 0~10V 和 0~20mA。

模拟输入回路可以另行配置,用于提供两个附加的数字输入 (DIN7 和 DIN8),如图 4-11 所示。当模拟输入作为数字输入时,电压门限值如下:1.75V,DC=OFF;4.70V,DC=ON。

端子 9 (24V) 在作为数字输入使用时,也可用于驱动模拟输入。端子 2 和 28 (0V) 必须连接在一起。

MM440 变频器模拟输入可作为数字输入使用(通过设定)。图 4-11 所示为模拟输入作为数字输入时外部线路的连接方法。

图 4-12 所示为西门子 MM440 变频器的实际连接端子,打开变频器的盖子后就可以连接电源和电动机的接线端子。电源和电动机的接线必须按照图 4-13 所示的方法连接,且接线时应使主电路接线与控制电路接线分别走线,控制电缆要用屏蔽电缆。

通常变频器的设计允许它在具有很强电磁干扰的工业环境下运行,如果安装的质量良好,就可以确保安全和无故障运行。在运行中遇到问题时可按下面的措施处理:

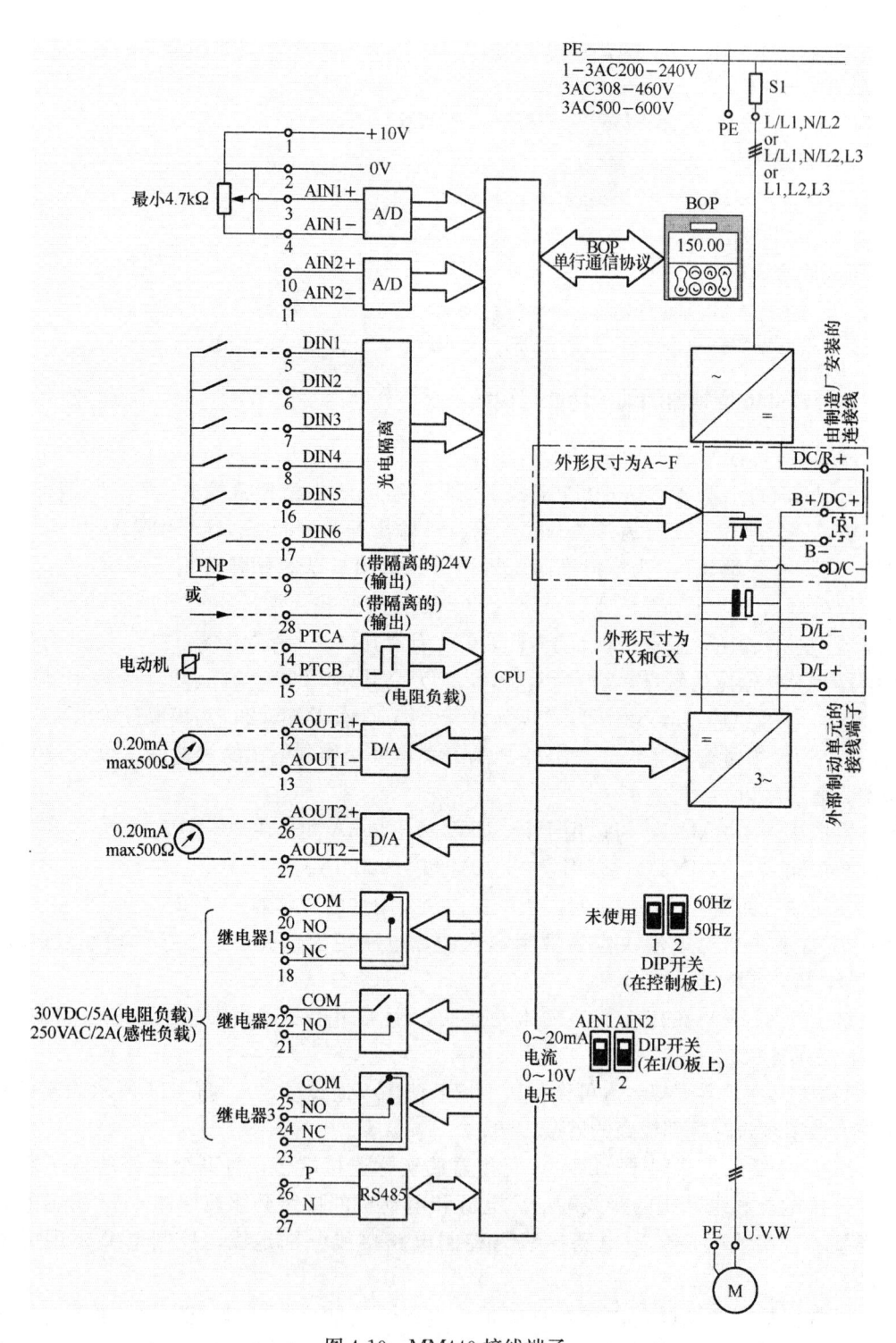

图 4-10　MM440 接线端子

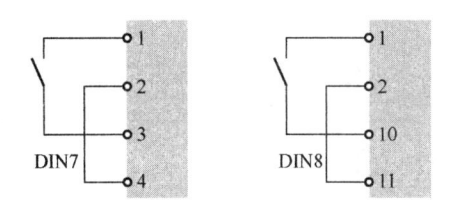

图 4-11 模拟输入作为数字输入时外部线路的连接

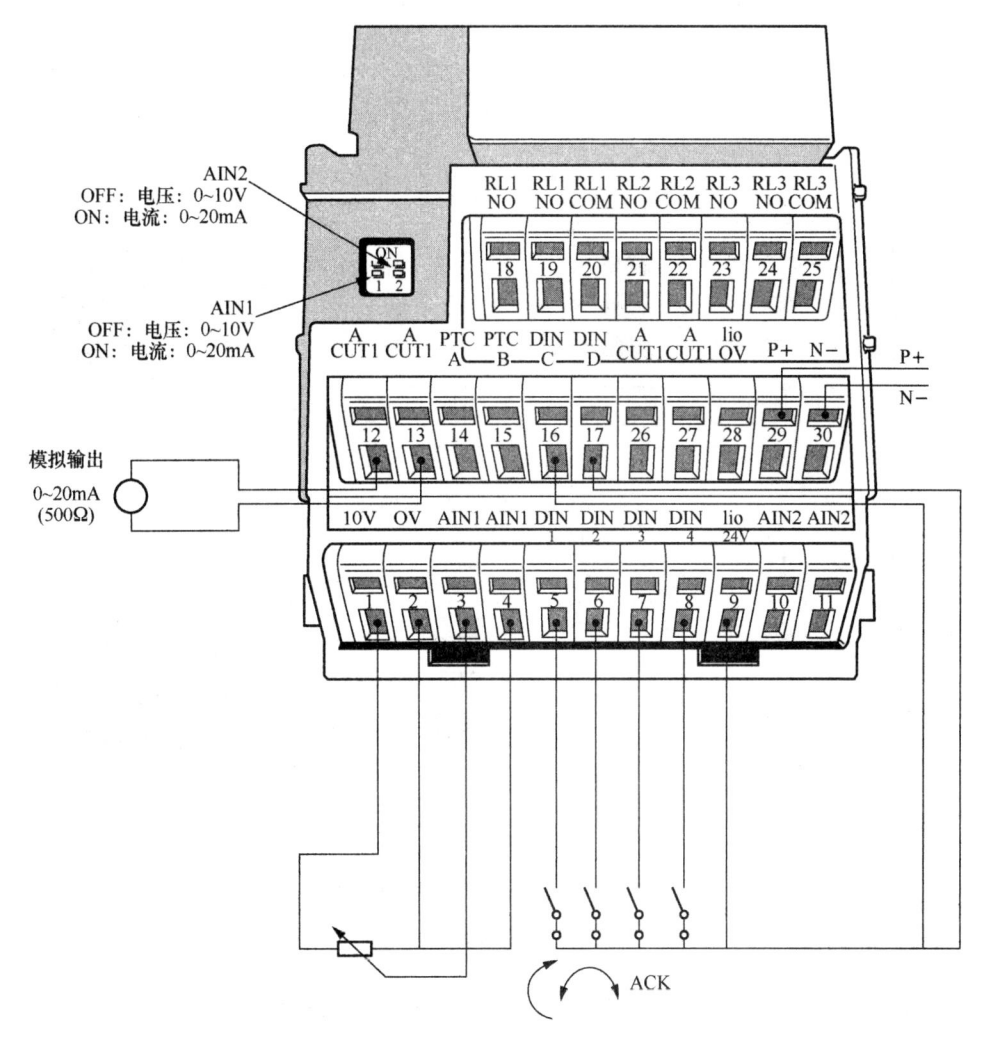

图 4-12 MM440 变频器的连接端子

1) 确保机柜内的所有设备都已用短而粗的接地电缆可靠地连接到公共的星形接地点或公共的接地母线。

2) 确保与变频器连接的任何控制设备如 PLC 也像变频器一样用短而粗的接地电缆连接到同一个接地网或星形接地点。

3) 由电动机返回的接地线直接连接到控制该电动机的变频器的接地端子 PE 上。

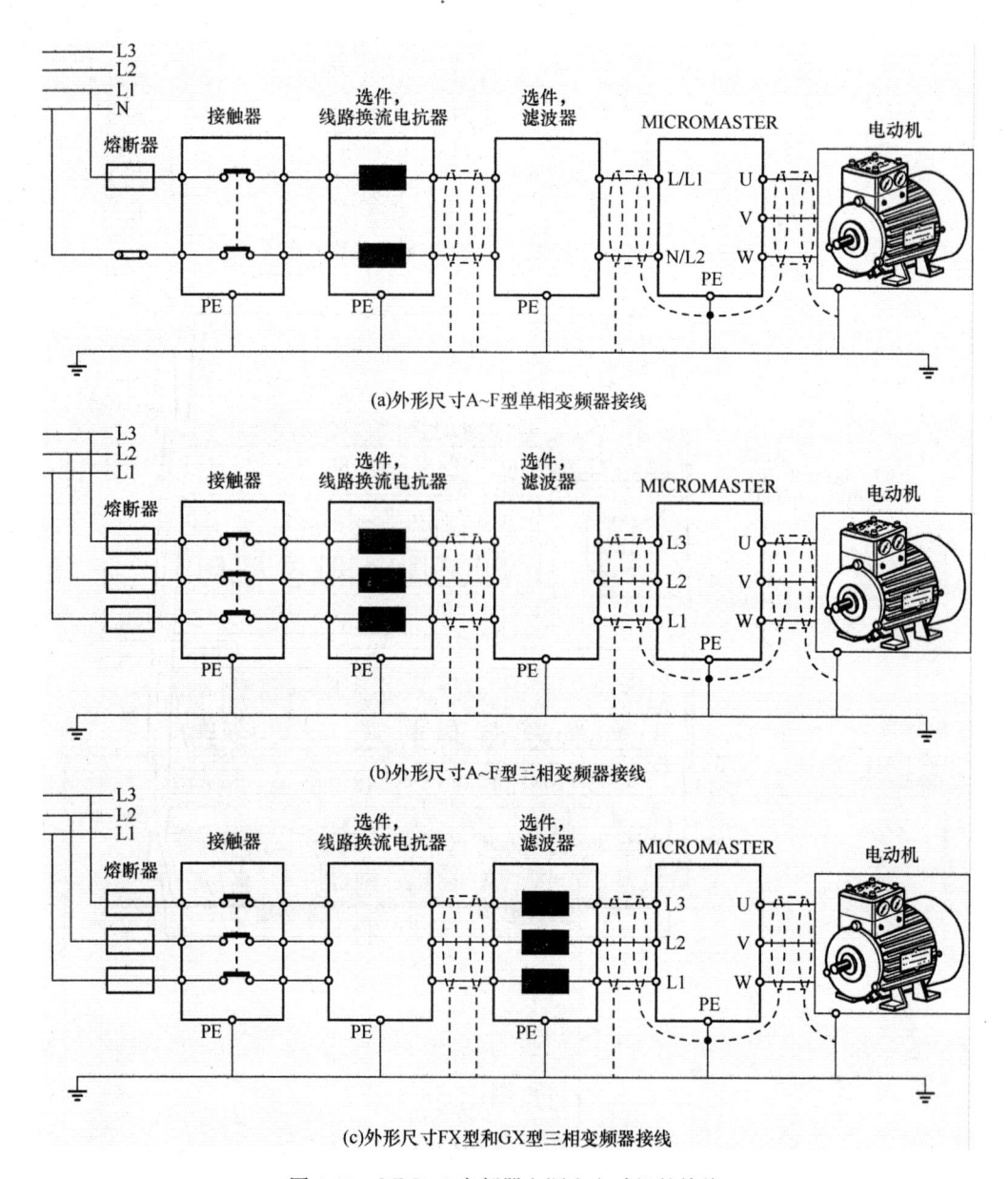

(a) 外形尺寸A~F型单相变频器接线

(b) 外形尺寸A~F型三相变频器接线

(c) 外形尺寸FX型和GX型三相变频器接线

图 4-13　MM440 变频器电源和电动机的接线

4) 接触器的触头最好是扁平的，因为它们在高频时阻抗较低。

5) 截断电缆端头时应尽可能整齐，保证未经屏蔽的线段尽可能短。

6) 控制电缆的布线应尽可能远离供电电源线，使用单独的走线槽，在必须与电源线交叉时相互应采取 90°直角交叉。

7) 无论何时，与控制回路连接的线都应采用屏蔽电缆。

8) 确保机柜内安装的接触器应是带阻尼的，即在交流接触器的线圈上连接有 RC 阻尼回路，在直流接触器的线圈上连接有续流二极管；安装压敏电阻对抑制过电压也是有效的，当接触器由变频器的继电器进行控制时，这一点尤其重要。

9）接到电动机的连接线应采用屏蔽的或带有铠甲的电缆，并用电缆接线卡子将屏蔽层的两端接地。

4.2.2 MM440 变频器参数设置方法

1. MM440 变频器操作面板

MM440 变频器操作面板如图 4-14 所示，各按键的作用如表 4-9 所示。

图 4-14 基本操作面板 BOP 上的按键

表 4-9 基本操作面板 BOP 上各按键的作用

显示/按钮	功能	功能说明
r0000	状态显示 LCD	显示变频器当前设定值
I	起动变频器	**按此键**，起动变频器；缺省值运行时此键是被封锁的，为了使此键的操作有效，应设定 P0700=1
0	停止变频器	**OFF1**：按此键，变频器将按选定的斜坡下降速率减速停车；缺省值运行时此键被封锁，为了允许此键操作，应设定 P0700=1 **OFF2**：按此键两次或一次但时间较长，电动机将在惯性作用下自由停车；此功能总是使能的
↻	改变电动机的转动方向	**按此键**可以改变电动机的转动方向，电动机的反向用负号或闪烁的小数点表示；缺省值运行时此键是被封锁的，为了使此键的操作有效，应设定 P0700=1
Jog	电动机点动	在变频器无输出的情况下，按此键将使电动机起动，并按预设定的点动频率运行，释放此键时变频器停车；如果变频器/电动机正在运行，按此键将不起作用
Fn	功能	此键用于浏览辅助信息，运行过程中，在显示任何一个参数时按下此键 2s 并保持不动，将显示以下参数值，在变频器运行中从任何一个参数开始： (1) 直流回路电压用 d 表示，单位为 V (2) 输出电流 A (3) 输出频率 Hz (4) 输出电压用 o 表示，单位为 V (5) 由 P0005 选定数值 **连续多次按下此键**，将轮流显示以上参数跳转功能 **在显示任何一个参数 rXXXX 或 PXXXX 时**，短时间按下此键，将立即跳转到 r0000；如果需要，可以接着修改其他的参数；跳转到 r0000 后，按此键将返回原来的显示点 **在出现故障或报警的情况下**，按此键可以将操作板上显示的故障或报警信息复位
P	访问参数	按此键即可访问参数

续表

显示/按钮	功能	功能说明
▲	增加数值	按此键即可增加面板上显示的参数数值
▼	减少数值	按此键即可减少面板上显示的参数数值

2. MM440 变频器参数设置方法

此处以将参数 P0010 设置值由默认的 0 改为 30 的操作流程为例说明 MM440 变频器的参数设置方法。

1）按接线图完成接线，检查无误后可送电。送电后的面板显示如图 4-15 所示。

2）按编程键（P 键），LED 显示器显示"r0000"，如图 4-16 所示。

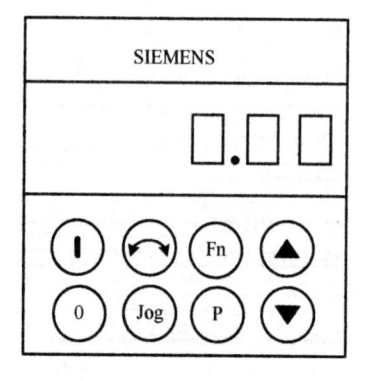

图 4-15 送电后面板显示　　图 4-16 操作步骤 1

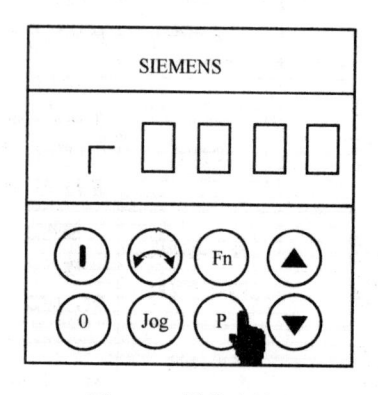

3）按上升键（▲键），直到 LED 显示器显示"P0010"，如图 4-17 所示。

4）按编程键（P 键）两次，LED 显示器显示 P0010 参数默认的数值"0"，如图 4-18 所示。

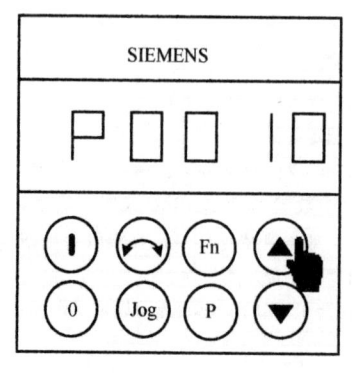

图 4-17 操作步骤 2　　图 4-18 操作步骤 3

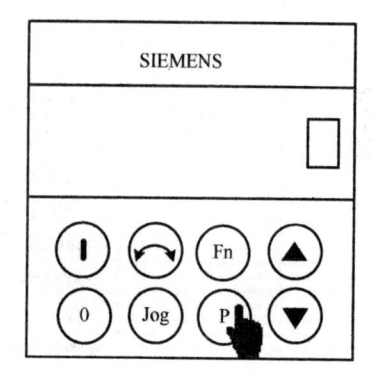

5）按上升键（▲键），直到 LED 显示器显示值增大，并增大到 30，如图 4-19 所示。

6）当达到设置的数值时，按编程键（P键）确认当前设定值，如图4-20所示。

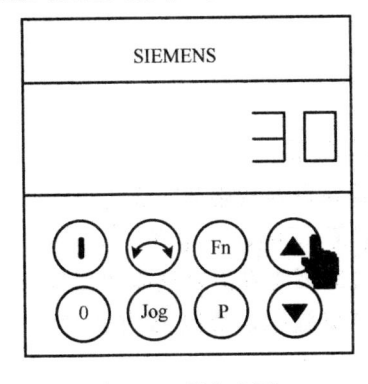

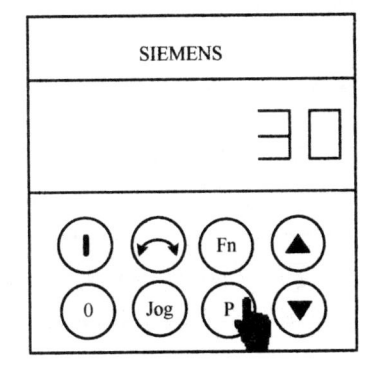

图4-19 操作步骤4　　　　图4-20 操作步骤5

7）按编程键（P键）后，LED显示器显示"P0010"，此时P0010参数的数值被修改成30，如图4-21所示。

8）按照上述步骤可对变频器的其他参数进行设置。

9）当所有参数设置完毕后，可按功能键（Fn键）返回，如图4-22所示。

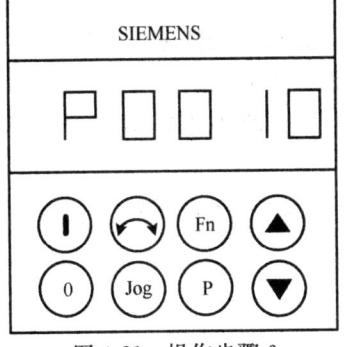

图4-21 操作步骤6　　　　图4-22 操作步骤7

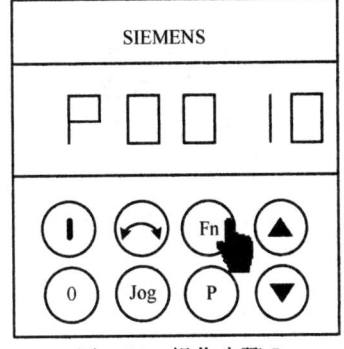

10）按功能键（Fn键）后，面板显示"r0000"，再次按下编程键（P键），可进入r0000的显示状态，如图4-23所示。

11）按编程键（P键），进入r0000的显示状态，显示当前参数，如图4-24所示。

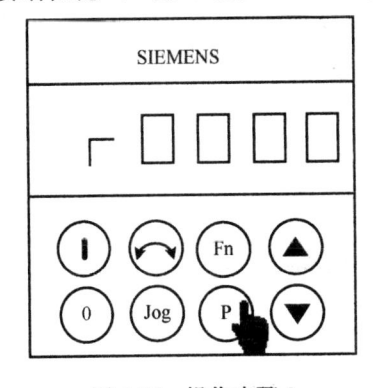

图4-23 操作步骤8　　　　图4-24 操作步骤9

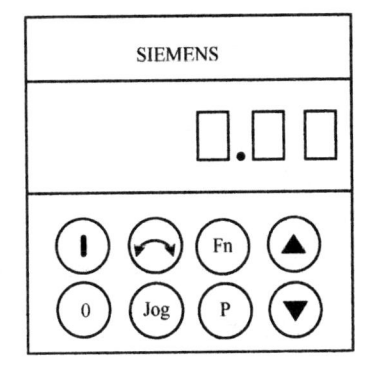

4.2.3 常用参数简介

1. 驱动装置的显示参数 r0000

功能：显示用户选定的由 P0005 定义的**输出数据**。

说明：按下 Fn 键并持续 2s，用户就可以看到**直流回路电压**输出电流和输出频率的数值以及选定的 r0000（设定值在 P0005 中定义）。**电流、电压的大小只能通过设定 r0000 参数显示读取，不能使用万用表测量。这是因为万用表只能测量频率为 50Hz 的正弦交流电，变频器输出的不是 50Hz 的正弦交流电，所以万用表的读数是没有意义的。**

2. 用户访问级参数 P0003

功能：定义用户访问参数组的等级。

说明：对于大多数简单的应用对象，采用缺省**设定值标准模式**就可以满足要求可能的设定值，但若要 P0005 显示转速设定，**必须设定 P0003=3**。

设定范围：0~4。

P0003=0：用户定义的参数表，有关使用方法的详细情况请参看 P0013 的说明。
P0003=1：标准级，可以访问最经常使用的一些参数。
P0003=2：扩展级，允许扩展访问参数的范围，例如变频器的 I/O 功能。
P0003=3：专家级，只供专家使用。
P0003=4：维修级，只供授权的维修人员使用，具有密码保护。

出厂默认值：1。

3. 显示选择参数 P0005

功能：选择参数 r0000（驱动装置的显示）要显示的参量，任何一个只读参数都可以显示。

说明：设定值 21，25，…对应的是只读参数号 r0021，r0025，…。

设定范围：2~2294。

P0005=21：实际频率。
P0005=22：实际转速。
P0005=25：输出电压。
P0005=26：直流回路电压。
P0005=27：输出电流。

出厂默认值：21。

注意：若要 P0005 显示转速设定，必须设定 P0003=3。

4. 调试参数过滤器 P0010

功能：对与调试相关的参数进行过滤，只筛选出那些与特定功能组有关的参数。

设定范围：0～30。
P0010=0：准备。
P0010=1：快速调试。
P0010=2：变频器。
P0010=29：下载。
P0010=30：工厂的设定值。
出厂默认值：0。
注意：在变频器投入运行之前应设 P0010=0。

5. 使用地区参数 P0100

功能：用于确定功率设定值。例如，铭牌的额定功率 P0307 的单位是 kW 还是 hp。

说明：除了基准频率 P2000 以外，铭牌的额定频率缺省值 P0310 和最大电动机频率 P1082 的单位也都在这里自动设定。

设定范围：0～2。
P0100=0：欧洲 [kW] 频率缺省值 50Hz。
P0100=1：北美 [hp] 频率缺省值 60Hz。
P0100=2：北美 [kW] 频率缺省值 60Hz。
出厂默认值：0。
注意：本参数只能在 P0010=1 快速调试时修改。

6. 电动机额定电压参数 P0304

功能：设置电动机铭牌数据中的额定电压。
说明：设定值的单位为 V。
设定范围：10～2000。
出厂默认值：400。

7. 电动机额定电流参数 P0305

功能：设置电动机铭牌数据中的额定电流。
说明：
1) 设定值的单位为 A。
2) 对于异步电动机，电动机电流的最大值定义为变频器的最大电流 r0209。
3) 对于同步电动机，电动机电流的最大值定义为变频器最大电流 r0209 的两倍。
4) 电动机电流的最小值定义为变频器额定电流 r0207 的 1/32。
设定范围：0.01～10000.00。
出厂默认值：4.25。

8. 电动机额定功率参数 P0307

功能：设置电动机铭牌数据中的额定功率。

说明：设定值的单位为 kW。

设定范围：0.01～2000.00。

出厂默认值：0.75。

注意：本参数只能在 P0010＝1 快速调试时修改。

9. 电动机的额定功率因数参数 P0308

功能：设置电动机铭牌数据中的额定功率因数。

说明：

1）只能在 P0010＝1 快速调试时修改。

2）当参数的设定值为 0 时将由变频器内部计算功率因数。

设定范围：0.000～1.000。

出厂默认值：0.000。

10. 电动机的额定频率参数 P0310

功能：设置电动机铭牌数据中的额定频率。

说明：设定值的单位为 Hz。

设定范围：12.00～650.00。

出厂默认值：50。

11. 电动机的额定转速参数 P0311

功能：设置电动机铭牌数据中的额定转速。

说明：

1）设定值的单位为 rpm。

2）参数的设定值为 0 时，将由变频器内部计算电动机的额定转速。

3）带有速度控制器的矢量控制和 V/f 控制方式必须有这一参数值。

4）在 V/f 控制方式下需要进行滑差补偿时，必须要有这一参数才能正常运行。

5）如果修改了这一参数，变频器将自动重新计算电动机的极对数。

设定范围：0～40000。

出厂默认值：1390。

注意：本参数只能在 P0010＝1 快速调试时修改。

12. 选择命令源参数 P0700

功能：选择数字的命令信号源。

设定范围：0～99。

P0700＝0：工厂的缺省设置。

P0700＝1：BOP 键盘设置。

P0700＝2：由端子排输入。

P0700＝4：通过 BOP 链路的 USS 设置。

P0700=5：通过 COM 链路的 USS 设置。
P0700=6：通过 COM 链路的通信板 CB 设置。
出厂默认值：2。
注意：改变 P0700 这一参数时，同时也使所选项目的全部设置值复位为工厂的缺省设置值。

13. 数字输入 1 的功能参数 P0701

功能：选择数字输入 1（5#引脚）的功能。
设定范围：0～99。
P0701=0：禁止数字输入。
P0701=01：接通正转/停车命令 1。
P0701=02：接通反转/停车命令 1。
P0701=010：正向点动。
P0701=011：反向点动。
P0701=012：反转。
P0701=013：MOP（电动电位计）升速（提高频率）。
P0701=014：MOP 降速（降低频率）。
P0701=015：固定频率设置（直接选择）。
P0701=016：固定频率设置（直接选择＋起动命令）。
P0701=017：固定频率设置（二进制编码选择＋起动命令）。
出厂默认值：1。

14. 数字输入 2 的功能参数 P0702

功能：选择数字输入 2（6#引脚）的功能。
设定范围：0～99。
P0702=0：禁止数字输入。
P0702=01：接通正转/停车命令 1。
P0702=02：接通反转/停车命令 1。
P0702=010：正向点动。
P0702=011：反向点动。
P0702=012：反转。
P0702=013：MOP（电动电位计）升速（提高频率）。
P0702=014：MOP 降速（降低频率）。
P0702=015：固定频率设置（直接选择）。
P0702=016：固定频率设置（直接选择＋起动命令）。
P0702=017：固定频率设置（二进制编码选择＋起动命令）。
出厂默认值：12。

15. 数字输入 3 的功能参数 P0703

功能：选择数字输入 3（7#引脚）的功能。
设定范围：0～99。
P0703＝0：禁止数字输入。
P0703＝01：接通正转/停车命令 1。
P0703＝02：接通反转/停车命令 1。
P0703＝09：故障确认。
P0703＝010：正向点动。
P0703＝011：反向点动。
P0703＝012：反转。
P0703＝013：MOP（电动电位计）升速（提高频率）。
P0703＝014：MOP 降速（降低频率）。
P0703＝015：固定频率设置（直接选择）。
P0703＝016：固定频率设置（直接选择＋起动命令）。
P0703＝017：固定频率设置（二进制编码选择＋起动命令）。
出厂默认值：9。

16. 数字输入 4 的功能参数 P0704

功能：选择数字输入 4（8#引脚）的功能。
设定范围：0～99。
P0704＝0：禁止数字输入。
P0704＝01：接通正转/停车命令 1。
P0704＝02：接通反转/停车命令 1。
P0704＝09：故障确认。
P0704＝010：正向点动。
P0704＝011：反向点动。
P0704＝012：反转。
P0704＝013：MOP（电动电位计）升速（提高频率）。
P0704＝014：MOP 降速（降低频率）。
P0704＝015：固定频率设置（直接选择）。
P0704＝016：固定频率设置（直接选择＋起动命令）。
P0704＝017：固定频率设置（二进制编码选择＋起动命令）。
出厂默认值：15。

17. 频率设定值的选择参数 P1000

功能：设置选择频率设定值的信号源。
设定范围：0～66。

P1000=1：MOP 设定值。

P1000=2：模拟设定值。

P1000=3：固定频率。

出厂默认值：2。

18. 最低频率参数 P1080

功能：设定电动机运行的最低频率。

说明：设定值的单位为 Hz。

设定范围：0.00～650.00。

出厂默认值：0.00。

19. 最高频率参数 P1082

功能：设定电动机运行的最高频率。

说明：设定值的单位为 Hz。

设定范围：0.00～650.00。

出厂默认值：50.00。

20. 斜坡上升时间参数 P1120

功能：表示斜坡函数曲线不带平滑圆弧时，电动机从静止状态加速到最高频率 P1082 所用的时间，如图 4-25 所示。

说明：如果设定的斜坡上升时间太短，就有可能导致变频器跳闸过电流。

设定范围：0.00～650.00。

出厂默认值：10.00。

21. 斜坡下降时间参数 P1121

功能：表示斜坡函数曲线不带平滑圆弧时，电动机从最高频率 P1082 减速到静止停车所用的时间，如图 4-26 所示。

说明：如果设定的斜坡下降时间太短，就有可能导致变频器跳闸过电流、过电压。

设定范围：0.00～650.00。

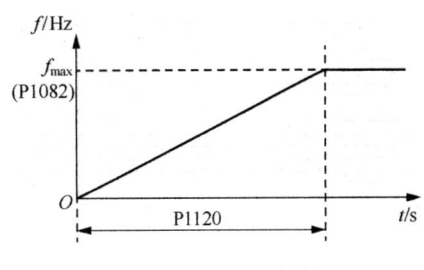

图 4-25　斜坡上升时间

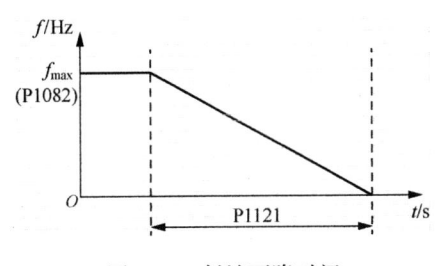

图 4-26　斜坡下降时间

出厂默认值：10.00。

22. 固定频率 1～15 的参数 P1001～P1015

功能：定义固定频率 1～15 的设定值。

说明：设定值的单位为 Hz。

设定范围：-650.00～650.00。

23. 变频器的控制方式参数 P1300

功能：控制电动机的速度和变频器的输出电压之间的相对关系，如图 4-27 所示。

设定范围：

P1300＝0：线性特性的 V/f 控制。

P1300＝1：带磁通电流控制（FCC）的 V/f 控制。

P1300＝2：带抛物线特性（平方特性）的 V/f 控制。

P1300＝3：特性曲线可编程的 V/f 控制。

P1300＝4：ECO（节能运行）方式的 V/f 控制。

P1300＝5：用于纺织机械的 V/f 控制。

P1300＝6：用于纺织机械带 FCC 功能的 V/f 控制。

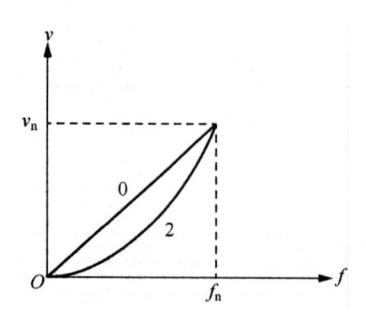

图 4-27 电动机速度和变频器的输出电压之间的相对关系

P1300＝19：具有独立电压设定值的 V/f 控制。

P1300＝20：无传感器的矢量控制。

P1300＝21：带有传感器的矢量控制。

P1300＝22：无传感器的矢量－转矩控制。

P1300＝23：带有传感器的矢量－转矩控制。

4.2.4 MM440 参数设置与调试

1. 将变频器复位为工厂的缺省设定值

1) 设定 P0010＝30。

2) 设定 P0970＝1，恢复出厂设置。

大约需要 10s 才能完成复位的全部过程，将变频器的参数复位为工厂的缺省设置值。

2. 设置电动机的参数

1) P0010＝1：快速调试。

2) P0100＝0：功率用 [kW]，频率默认为 50Hz。

3) P1300＝0：线性特性的 V/f 控制。

4) P0304＝380：电动机额定电压 [V]。

5) P0305＝1.12：电动机额定电流 [A]。

6) P0307＝0.37：电动机额定功率 [kW]。

7) P0310＝50：电动机额定功率 [Hz]。

8) P0311＝1400：电动机额定转速 [rpm]。

3. 模拟量频率的控制方式

1) P1120＝上升时间。

2) P1121=下降时间。

3) P1000=2：选择由模拟量输入设定值。

4) P1080=0：最低频率。

5) P1082=50：最高频率。

6) P0010=0：准备运行。

7) P0003=3：用户访问级选择"专家级"。

8) P2000=50：基准频率设定为50Hz。

9) P0701=1：ON 接通正转，OFF 停止。

10) 按下带锁按钮 SB1（5#引脚）接通，则变频器使电动机的转速由外接电位器 RW1 控制；断开 SB1（5#引脚），则变频器驱动电动机减速至零。

11) 设定 P0005=22，按下带锁按钮 SB1（5#引脚）接通，变频器显示当前 RW1 控制的转速，可通过 Fn 键分别显示，直流环节电压、输出电压、输出电流、频率、转速循环切换。

4. 多段固定频率的控制方式

1) P1120=5：斜坡上升时间。

2) P1121=5：斜坡下降时间。

3) P1000=3：选择由模拟量输入设定值。

4) P1080=0：最低频率。

5) P1082=50：最高频率。

6) P0010=0：准备运行。

7) P0003=3：用户访问级选择"专家级"。

8) P0701=17：固定频率设置（二进制编码选择+起动命令）。

9) P0702=17：固定频率设置（二进制编码选择+起动命令）。

10) P0703=17：固定频率设置（二进制编码选择+起动命令）。

11) P0704=17：固定频率设置（二进制编码选择+起动命令）。

12) P1001：第一段固定频率。

13) P1002：第二段固定频率。

14) P1003：第三段固定频率。

15) P1004：第四段固定频率。

16) P1005：第五段固定频率。

17) 按下不同组合的 SB1（5#引脚）、SB2（6#引脚）、SB3（7#引脚）、SB4（8#引脚），选择 P1001～P10015 设置的频率，如表 4-10 所示。由于系统接线图中只采用了 SB1（5#引脚）、SB2（6#引脚）、SB3（7#引脚），故可选择 7 段频率，读者可根据需要选用，实现考核要求中的三段速、四段速和五段速。

注意：将 P0701～P0704 参数均设置为 17，即二进制编码选择+起动命令。此时，可通过 SB1、SB2、SB3、SB4 分别控制 5#、6#、7#、8#引脚，以二进制编码选择输出的频率，且选择固定频率时既有选定的固定频率又带有起动命令，把它们组合在一起。使用这种方法最多可以选择 15 个固定频率，各个固定频率的数值选择方式如表 4-10 所示。

表 4-10　二进制编码选择固定频率表

引脚	8# (P0704=17)	7# (P0703=17)	6# (P0702=17)	5# (P0701=17)
FF1 (P1001)	0	0	0	1
FF2 (P1001)	0	0	1	0
FF3 (P1003)	0	0	1	1
FF4 (P1004)	0	1	0	0
FF5 (P1005)	0	1	0	1
FF6 (P1006)	0	1	1	0
FF7 (P1007)	0	1	1	1
FF8 (P1008)	1	0	0	0
FF9 (P1009)	1	0	0	1
FF10 (P1010)	1	0	1	0
FF11 (P1011)	1	0	1	1
FF12 (P1012)	1	1	0	0
FF13 (P1013)	1	1	0	1
FF14 (P1014)	1	1	1	0
FF15 (P1015)	1	1	1	1
OFF (停止)	0	0	0	0

18) 断开 SB1 (5#引脚)、SB2 (6#引脚)、SB3 (7#引脚)，则电动机减速为 0，停止运行。

19) 设定 P0005=22，按下不同组合方式的带锁按钮 SB1 (5#引脚)、SB2 (6#引脚)、SB3 (7#引脚)，变频器显示当前控制的转速。可通过 Fn 键分别显示，直流环节电压、输出电压、输出电流、频率、转速循环切换。

第 5 章 传感器与 PLC 应用基础

5.1 传感器的识别与应用基础

■ 课题分析 ▶▶▶▶

在实际的控制电路中经常要用到传感器,常见的传感器有光电传感器、接近式传感器和磁感应传感器等。本课题即要识别不同的传感器类型,通过传感器表面的标志掌握其基本的接线方式。

课题目的 ➡
1. 常见传感器的识别。
2. 常见传感器的使用场合。
3. 常见传感器的接线与测试。

课题重点 ➡
1. 常见传感器的识别。
2. 常见传感器的接线与测试。

课题难点 ➡
1. 常见传感器的识别。
2. 常见传感器的测试。

5.1.1 常见传感器的原理与识别

1. 光电传感器的识别

光电传感器是利用被检测物对光束的遮挡或反射,由同步回路选通电路,从而检测物体的有无。光电传感器可以分为反射式光电传感器、对射式光电传感器和光纤式光电传感器三种,如图 5-1~图 5-3 所示。

图 5-1 反射式光电传感器　　图 5-2 对射式光电传感器　　图 5-3 光纤式光电传感器

2. 接近式传感器的识别

接近式传感器是一种当被测物体接近时可以产生开关量输出的器件，常用的类型有电容式传感器和电感式传感器，如图 5-4 和图 5-5 所示。

图 5-4　电容式传感器　　　图 5-5　电感式传感器

3. 磁感应传感器的识别

磁感应传感器具有将磁学量信号转换为电信号的器件或装置，利用磁学量与其他物理量的关系，以磁场为媒介，可以将其他非电物理量转换为电信号。其常见的形式如图 5-6 所示。

图 5-6　磁感应传感器

4. 传感器的接线方式

传感器主要有三种接线方式，分别为两线制、三线制和四线制。

两线制：两根线既传输电源又传输信号，即传感器输出的负载和电源是串联在一起的，电源从外部引入，和负载串联在一起驱动负载，如图 5-7 所示。

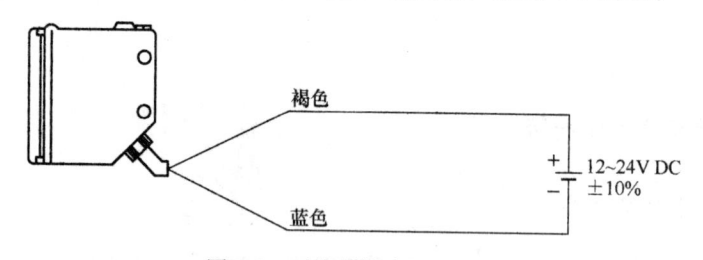

图 5-7　两线制传感器的接线

三线制：电源正端和信号输出的正端分离，但它们共用一个 COM 端，如图 5-8 所示。

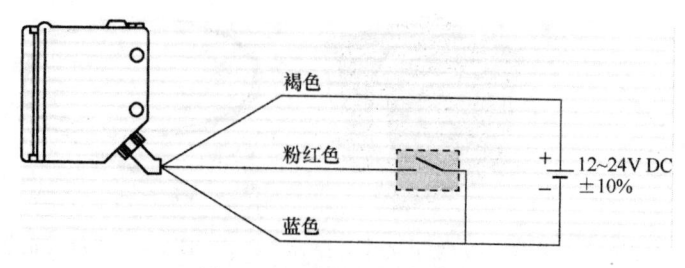

图 5-8　三线制传感器的接线

第 5 章 传感器与 PLC 应用基础

四线制：电源两根线，信号两根线，电源和信号是分开工作的，如图 5-9 所示。

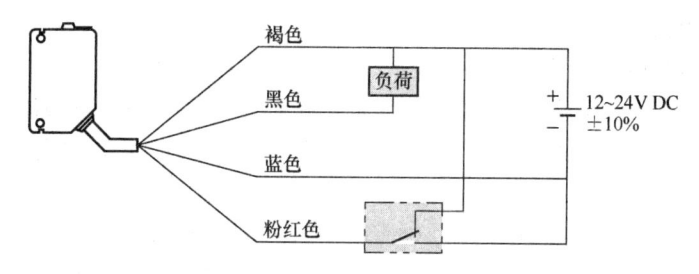

图 5-9　四线制传感器的接线

5.1.2　传感器的应用场合简介

1. 光电传感器

光电传感器是光电接近开关的简称，它利用被检测物对光束的遮挡或反射，由同步回路选通电路，从而检测物体的有无。被检测物体不限于金属，所有能反射光线的物体均可被检测。常见光电传感器的应用如图 5-10 所示。

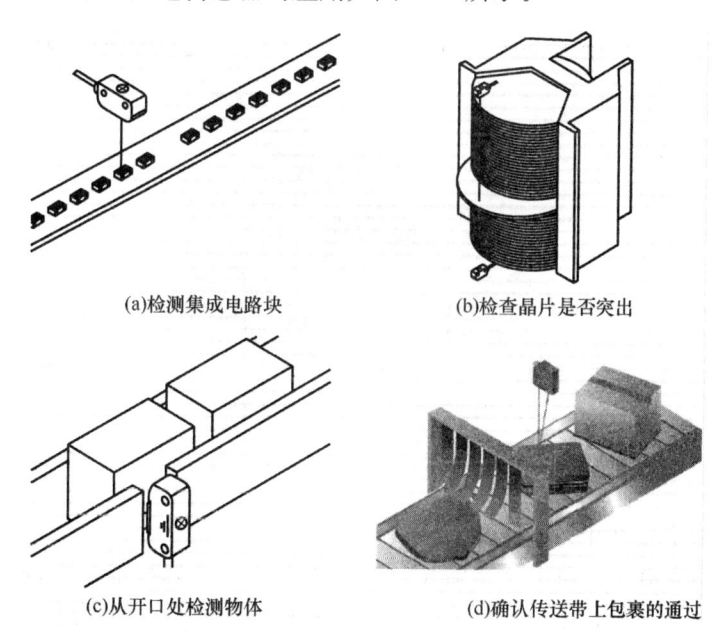

(a) 检测集成电路块　　(b) 检查晶片是否突出

(c) 从开口处检测物体　　(d) 确认传送带上包裹的通过

图 5-10　光电传感器的应用

光电开关将输入电流在发射器上转换为光信号射出，接收器再根据接收到的光线的强弱或有无对目标物体进行探测。多数光电开关选用的是波长接近可见光的红外线光波型。

光电开关按检测方式可分为反射式、对射式和镜面反射式三种类型。对射式检测的距离远，可检测半透明物体的密度（透光度）。反射式的工作距离被限定在光束的交点附近，以避免背景的影响。镜面反射式反射距离较远，适宜作远距离检测，也可检测透明或半透明物体。

(1) 对射型光电开关

对射型光电开关由发射器和接收器组成，结构上两者是相互分离的，在光束被中断的情况下会产生开关信号变化，典型的方式是位于同一轴线上的光电开关可以相互分开达 50m。

特征：辨别不透明的反光物体；有效距离大，因为光束跨越感应距离的时间仅一次；不易受干扰，可以可靠地使用在野外或者有灰尘的环境中；装置的消耗高，两个单元都必须敷设电缆。对射型光电开关的应用如图 5-11 所示。

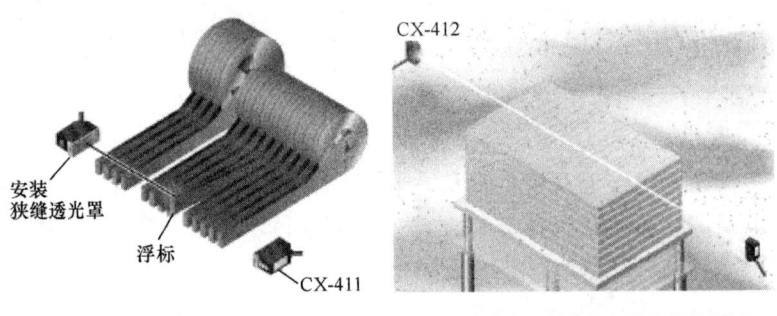

(a) 检测送带机构的浮标

(b) 在灰尘、粉尘较多的场所检测物体

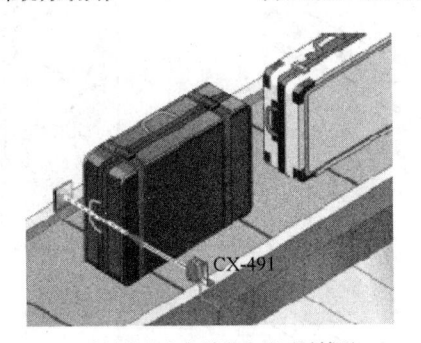

(c) 确认物体在传送带上的通过情况

图 5-11 对射型光电开关的应用

(2) 漫反射型光电开关

当开关发射光束时，目标产生漫反射，发射器和接收器构成单个的标准部件；当有足够的组合光返回接收器时，开关状态发生变化；作用距离的典型值可达 3m。

特征：有效作用距离是由目标的反射能力决定的，取决于目标表面性质和颜色；装配的开支较小，当开关由单个元件组成时，通常可以达到粗定位；采用背景抑制功能调节测量距离；对目标上的灰尘敏感，对目标变化了的反射性能敏感。漫反射型光电开关的应用如图 5-12 所示。

(3) 镜面反射型光电开关

其由发射器和接收器构成的情况是一种标准配置，从发射器发出的光束在对面的反射镜被反射，即返回接收器，当光束被中断时会产生开关信号的变化。光的通过时

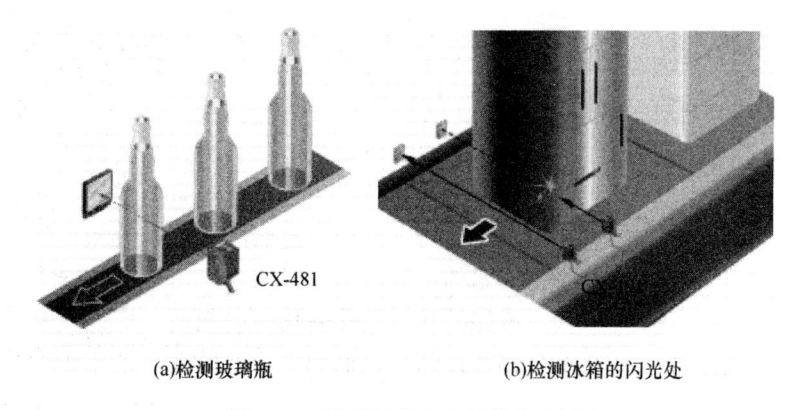

(a)检测玻璃瓶　　　　　　　　　(b)检测冰箱的闪光处

图 5-12　漫反射型光电开关的应用

间是两倍的信号持续时间，有效作用距离为 0.1~20m。

特征：辨别不透明的物体；借助反射镜部件，形成较大的有效距离范围；不易受干扰，可以可靠地使用在野外或者有灰尘的环境中。镜面反射型光电开关的应用如图 5-13 所示。

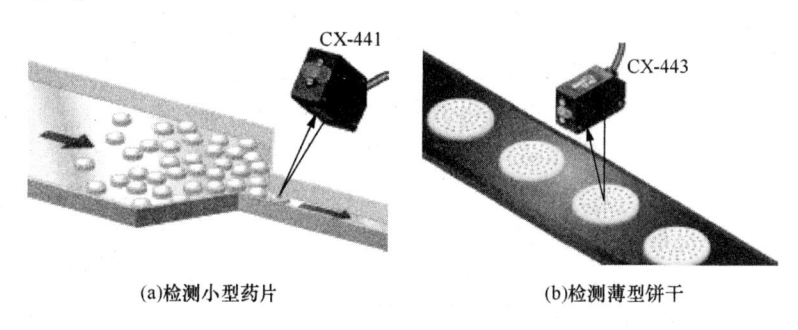

(a)检测小型药片　　　　　　　　(b)检测薄型饼干

图 5-13　镜面反射型光电开关的应用

(4) 光电开关的相关术语解释

检测距离：检测体按一定方式移动，当开关动作时测得的基准位置（光电开关的感应表面）到检测面的空间距离。额定动作距离指接近开关动作距离的标称值。

回差距离：动作距离与复位距离之间的绝对值。

响应频率：在规定的 1s 的时间间隔内，允许光电开关动作循环的次数。

输出状态：分常开和常闭。当无检测物体时，常开型光电开关所接通的负载由于光电开关内部输出晶体管的截止而不工作；当检测到物体时，晶体管导通，负载得电工作。

检测方式：根据光电开关在检测物体时发射器发出的光线被折回到接收器的途径不同，可分为漫反射式、镜反射式、对射式等。

输出形式：分为 NPN 二线、NPN 三线、NPN 四线、PNP 二线、PNP 三线、PNP 四线、AC 二线、AC 五线（自带继电器）及直流 NPN/PNP/常开/常闭多功能等几种常用的输出形式。

2. 电感式传感器

常见电感式传感器的应用如图 5-14 所示。

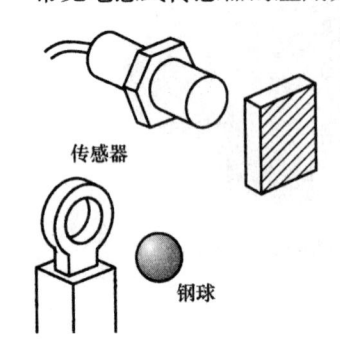

电感式传感器由铁心和线圈构成，可将直线或角位移的变化转换为线圈电感量的变化，又称电感式位移传感器。这种传感器的线圈匝数和材料导磁率都是一定的，其电感量的变化是由于位移输入量导致线圈磁路的几何尺寸变化而引起的。当把线圈接入测量电路并接通激励电源时，就可获得正比于位移输入量的电压或电流输出。电感式传感器的特点是：①无活动触点，可靠度高，寿命长；②分辨率高；③灵敏度高，④线性度高，重复性好；⑤测量范围宽（测量范围大时分辨率低）；⑥无输入时有零位输出电压，引起测量误差；⑦对激励电源的频率和幅值稳定性要求较高；⑧不适用于高频动态测量。电感式传感器主要用于位移测量和可以转换成位移变化的机械量（如张力、压力、压差、加速度、振动、应变、流量、厚度、液位、比重、转矩等）的测量。常用的电感式传感器有变间隙型、变面积型和螺管插铁型。在实际应用中，这三种传感器多制成差动式，以便提高线性度和减小电磁吸力所造成的附加误差。

图 5-14 电感式传感器检测铁质物体

3. 电容式传感器

常见电容式传感器的应用如图 5-15 所示。

电容式传感器的感应面由两个同轴金属电极构成，很像"打开的"电容器电极。这两个电极构成一个电容，串接在 RC 振荡回路内。电源接通时，RC 振荡器不振荡，当一个目标靠近电容器的电极时，电容器的容量增加，振荡器开始振荡。通过后级电路的处理，将不振荡和振荡两种信号转换成开关信号，从而检测有无物体存在。该传感器能检测金属物体，也能检测非金属物体，检测金属物体时可以获得最大的动作距离，对非金属物体的动作距离取决于材料的介电常数，材料的介电常数越大，可获得的动作距离越大。

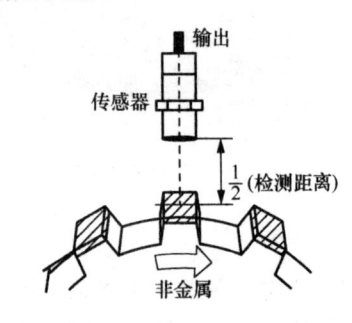

图 5-15 电容式传感器检测非金属物体

5.2 PLC 控制彩灯闪烁运行系统

▶ 课题分析 ▶▶▶▶

PLC 控制彩灯闪烁电路系统示意图如图 5-16 所示。其控制要求如下：

1) 彩灯电路受起动开关 S07 控制，当 S07 接通时彩灯系统 LD1～LD3 开始顺序工作，当 S07 断开时彩灯全熄灭。

2) 彩灯工作循环：LD1 彩灯亮，延时 8s 后，闪烁三次（每一周期为亮 1s 熄 1s），LD2 彩灯亮，延时 2s 后，LD3 彩灯亮；LD2 彩灯继续亮，延时 2s 后熄灭；LD3 彩灯延时 10s 后，进入再循环。

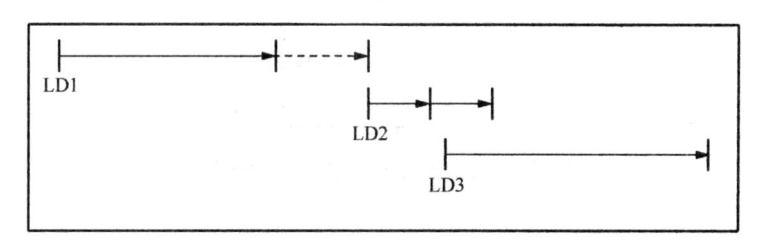

图 5-16　PLC 控制彩灯闪烁电路系统示意图

课题目的 ➡

1. 能根据要求进行 I/O 分配。
2. 能在三菱 FX2N 系列 PLC 上进行安装接线。
3. 能根据工艺要求进行程序设计并调试。

课题重点 ➡

1. 能根据工艺要求，采用不同方法进行程序设计。
2. 调试达到控制要求。

课题难点 ➡

1. 能用经验法编制控制程序。
2. 能用时序法编制控制程序。
3. 能用状态转移方式编制控制程序。

5.2.1　经验法编制控制彩灯闪烁运行系统程序

设定 I/O 分配表，如表 5-1 所示。

表 5-1　PLC 控制彩灯闪烁系统 I/O 分配表

输入		输出	
输入设备	输入编号	输出设备	输出编号
起动开关 S07	X000	彩灯 LD1	Y000
		彩灯 LD2	Y001
		彩灯 LD3	Y002

绘制硬件接线图，如图 5-17 所示。

标准的振荡电路通常如图 5-18 所示。该梯形图中采用了两个定时器 T1 和 T2，当起动 PLC 后，定时器 T1 线圈得电，开始延时 0.5s，时间到后，T1 常开触点接通 T2 定时器线圈得电，定时器 T2 开始延时 0.5s，0.5s 时间到，定时器 T2 常闭触点断开，使得定时器 T1 线圈失电，定时器 T1 常开触点断开。由于 T1 常开触点断开，定时器 T2 线圈失电，则常闭触点重新闭合，振荡电路的定时器 T1 重新开始延时。

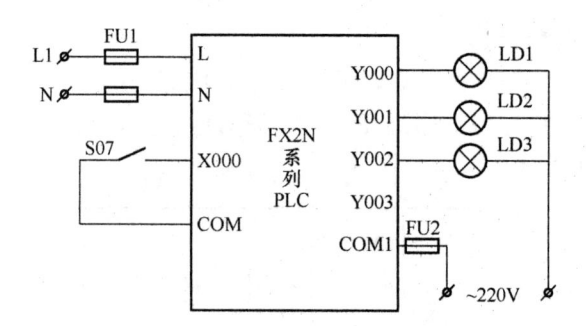

图 5-17 PLC 控制彩灯闪烁运行系统硬件接线图

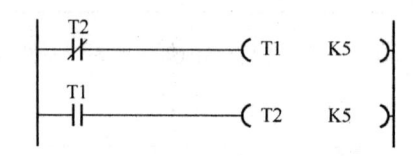

图 5-18 标准的振荡电路

定时器 T1 与 T2 的常开触点动作情况如图 5-19 所示，可见定时器 T1 的常开触点先断开 0.5s，再接通 0.5s，形成标准的 1s 为周期的振荡信号。而定时器 T2 的常开触点仅在 T1 断开的时刻接通一个扫描周期。

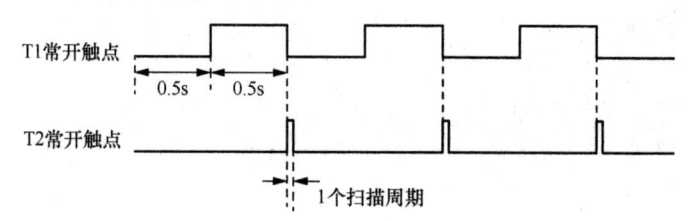

图 5-19 定时器 T1 与 T2 的常开触点动作情况

彩灯 LD1（Y000）的控制程序如图 5-20 所示。由于 LD1（Y000）要求先输出 8s 然后振荡输出，可采用接通起动开关 X000 后采用定时器 T0 延时 8s，同时激活振荡电路，采用 T0 常闭与 T1 常开并联后输出 Y000。由于一开始 T0 常闭接通，T1 通断与否不影响 Y000 的输出。当到达 8s 后，T0 常闭断开，则 Y000 的输出随 T1 的通断而闪烁。

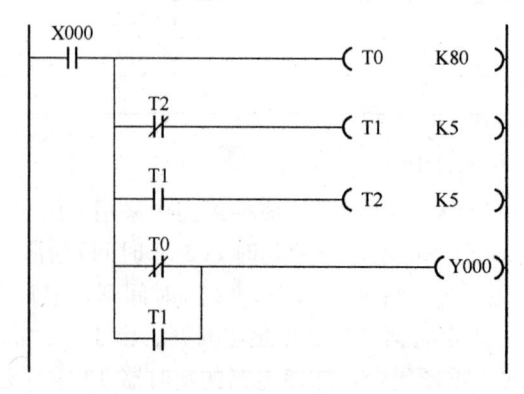

图 5-20 彩灯 LD1（Y000）的控制程序

该程序设计中存在闪烁三次问题。通常可采用计数器来计数控制，实现彩灯的闪烁三次问题。其关键点在于计数信号的选择。由于计数器只是在信号的上升沿计数，不能使用计数器直接对 LD1（Y000）计数。如图 5-21 所示，若直接使用 LD1（Y000）的常开触点作为计数信号，则出现 5 次计数，且存在与 LD2 亮的时刻相差 0.5s 的问题。

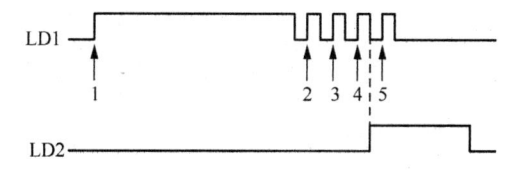

图 5-21 采用 LD1（Y000）的常开触点作为计数信号的问题

由以上分析可知，与 LD2 亮的时刻相差 0.5s 的问题产生的主要原因是，应在 LD1（Y000）的下降沿进行计数，如图 5-22 所示。

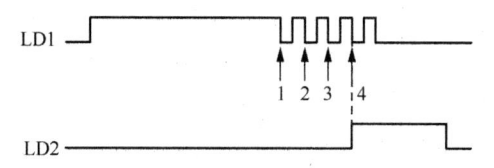

图 5-22 在 LD1（Y000）的下降沿进行计数

但计数器本身默认只对上升沿计数，考虑此问题可采用 LD1（Y000）的常闭触点信号$\overline{LD1}$计数，如图 5-23 所示，对应的梯形图如图 5-24 所示。

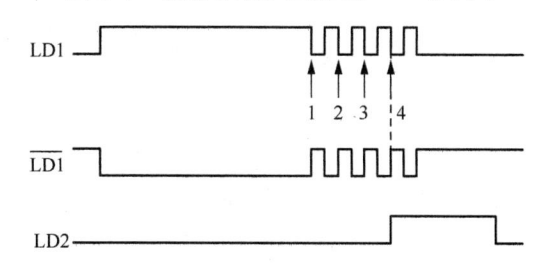

图 5-23 采用 LD1（Y000）的常闭触点信号$\overline{LD1}$计数

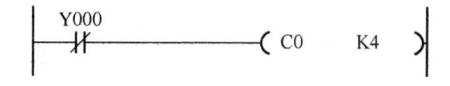

图 5-24 采用 LD1（Y000）的常闭触点信号计数的梯形图

当然，也可使用 PLF 指令取出 LD1（Y000）的下降沿，如图 5-25 所示，然后对其进行计数，对应的梯形图如图 5-26 所示。

若再考虑计数次数应为 3 次，则采用时间配合控制，在满足 LD1 亮完之后再起动计数器即可。将闪烁程序的时序与 LD1（Y000）的时序画在一起，如图 5-27 所示。

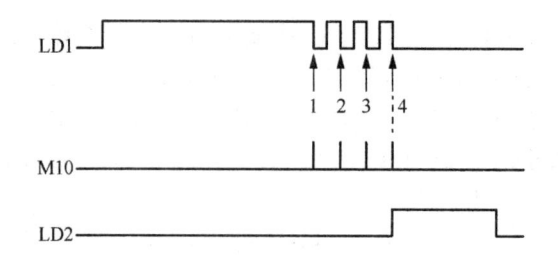

图 5-25 使用 PLF 指令取出 LD1（Y000）的下降沿

图 5-26 用 PLF 指令取出 Y000 的下降沿后进行计数

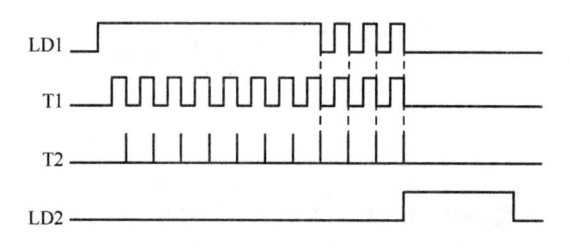

图 5-27 定时器 T2 的常开触点作为计数器计数信号

可见，定时器 T2 的接通瞬间正是 LD1（Y000）的下降沿，因此也可采用定时器 T2 的常开触点作为计数器计数信号，其整个控制程序参考梯形图和指令语句表如图 5-28 所示。

当 T0 延时 8s 后，计数器对闪烁电路计数，计数 3 次到后 C0 常闭断开，使 Y000 停止输出，同时起动 Y001，并起动 T3 延时 2s，2s 后起动 Y002 及 T4、T5 延时，T4 延时 2s 后断开 Y001，T5 延时 10s 后复位计数器 C0 并断开 T0。由于计数器 C0 复位使得 T3、T4、T5 均复位，T5 常闭触点重新接通，电路开始下一次循环。当中途断开开关 X000，则复位计数器为下次起动做好准备。

5.2.2 时序法编制控制彩灯闪烁运行系统程序

根据以上控制要求绘制的彩灯闪烁控制电路的时序图如图 5-29 所示。由时序图可知，程序的控制麻烦主要在于彩灯 LD1 的闪烁问题，而彩灯 LD1 的闪烁可考虑采用标准的振荡电路形式。

在上述程序中采用了计数器进行计数，以实现彩灯 LD1 闪烁三次的问题。但就分析过程可见，程序虽然不复杂，但在细节处理中要考虑的问题较多，同时还必须考虑整个周期完成后的计数器复位问题。此时可换个角度考虑，采用时间进行控制。由于每次闪烁周期为 1s，则闪烁 3 次花去的时间为 3s，只需在 3s 后切换到 LD2（Y001）即可，如图 5-30 所示。

第 5 章　传感器与 PLC 应用基础

0	LD	X000	
1	MPS		
2	ANI	T5	
3	OUT	T0	K80
6	MRD		
7	LDI	T0	
8	OR	T1	
9	ANB		
10	ANI	C0	
11	OUT	Y000	
12	MRD		
13	ANI	T2	
14	OUT	T1	K5
17	MRD		
18	AND	T1	
19	OUT	T2	K5
22	MRD		
23	AND	T0	
24	AND	T2	
25	OUT	C0	K3
28	MRD		
29	AND	C0	
30	OUT	T3	K20
33	ANI	T4	
34	OUT	Y001	
35	MPP		
36	AND	T3	
37	OUT	Y002	
38	OUT	T4	K20
41	OUT	T5	K10
44	LDI	X000	
45	OR	T5	
46	RST	C0	
48	END		

(a) 梯形图　　　　　　　　　　(b) 指令语句表

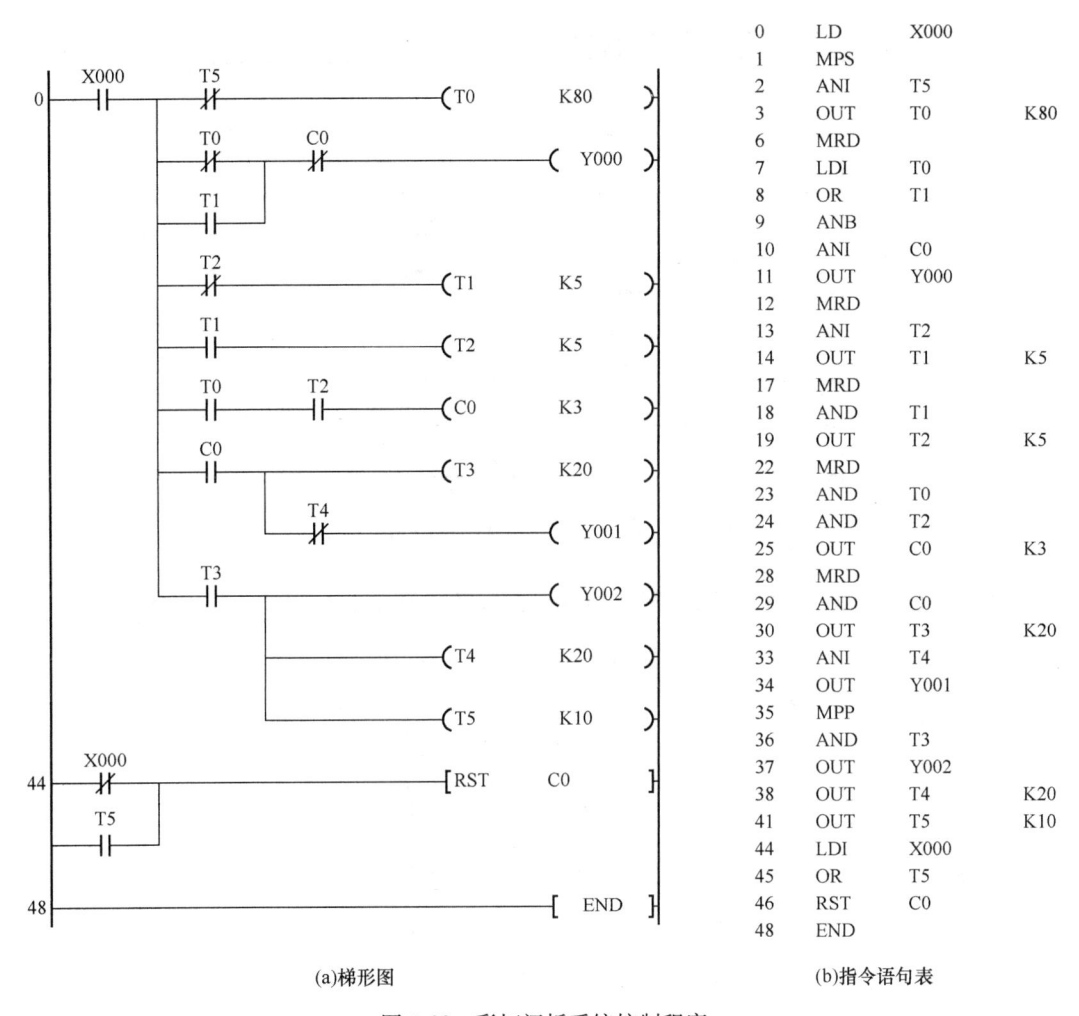

图 5-28　彩灯闪烁系统控制程序

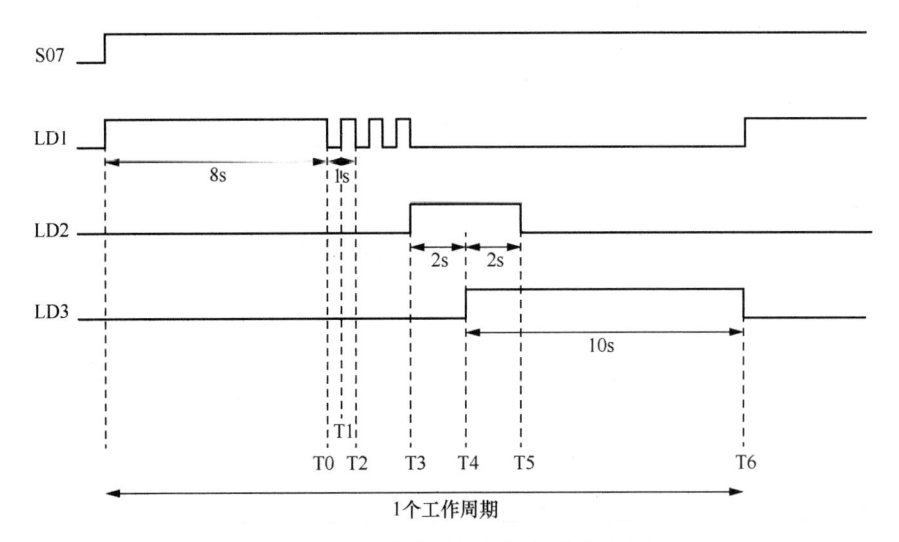

图 5-29　PLC 控制彩灯闪烁电路的时序图

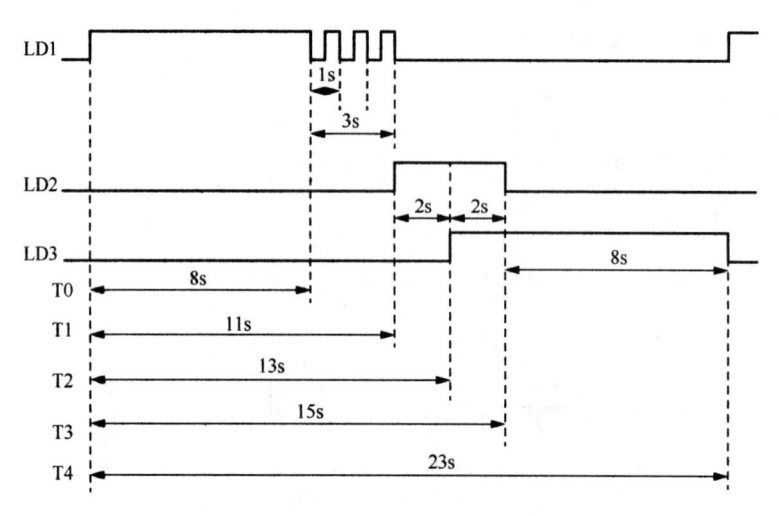

图 5-30　采用定时器处理彩灯闪烁中的闪烁次数

根据图 5-30 所示的时序图绘制采用时间控制的彩灯梯形图，如图 5-31 所示。

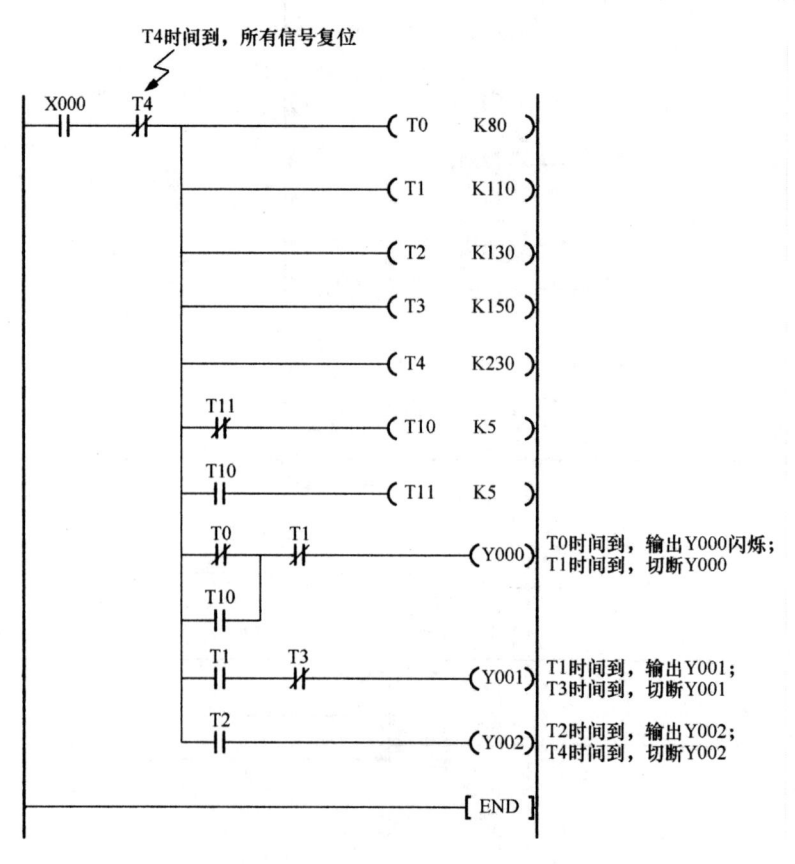

图 5-31　采用时间控制的彩灯梯形图

5.2.3 状态转移方式编制控制彩灯闪烁运行系统程序

采用状态转移方式编制控制彩灯闪烁运行的程序，可以根据工艺要求绘制状态转移图，如图 5-32 所示。

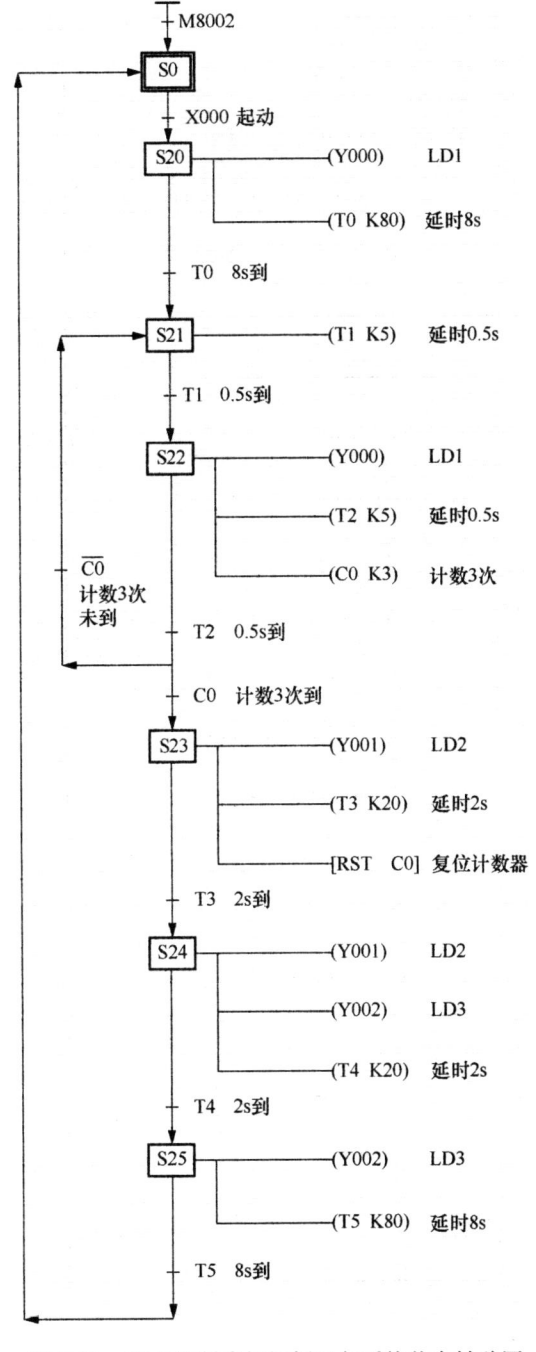

```
                    M8002
                      ↓
                    ┌────┐
              ┌────►│ S0 │
              │     └────┘
              │       ↓ X000 起动
              │     ┌────┐
              │     │S20 │───(Y000)    LD1
              │     └────┘
              │             ───(T0 K80) 延时8s
              │       ↓ T0 8s到
              │     ┌────┐
              │  ┌─►│S21 │───(T1 K5)   延时0.5s
              │  │  └────┘
              │  │    ↓ T1 0.5s到
              │  │  ┌────┐
              │  │  │S22 │───(Y000)    LD1
              │  │  └────┘
              │  │         ───(T2 K5)  延时0.5s
              │  │         ───(C0 K3)  计数3次
              │  │ C̄0
              │  │ 计数3次
              │  │ 未到   ↓ T2 0.5s到
              │  └──────┘
              │       ↓ C0 计数3次到
              │     ┌────┐
              │     │S23 │───(Y001)    LD2
              │     └────┘
              │             ───(T3 K20) 延时2s
              │             ───[RST C0] 复位计数器
              │       ↓ T3 2s到
              │     ┌────┐
              │     │S24 │───(Y001)    LD2
              │     └────┘
              │             ───(Y002)    LD3
              │             ───(T4 K20) 延时2s
              │       ↓ T4 2s到
              │     ┌────┐
              │     │S25 │───(Y002)    LD3
              │     └────┘
              │             ───(T5 K80) 延时8s
              │       ↓ T5 8s到
              └───────┘
```

图 5-32 PLC控制彩灯闪烁运行系统状态转移图

根据状态转移图编制梯形图，如图 5-33 所示。

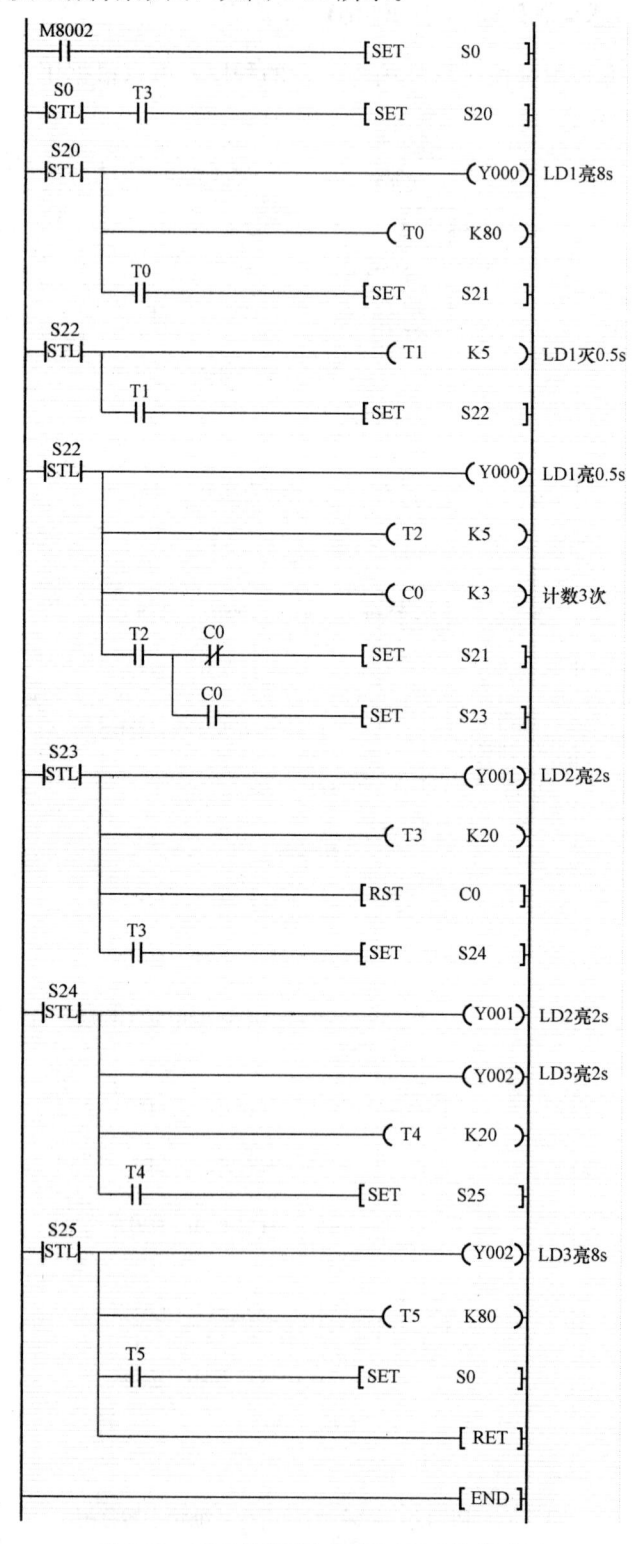

```
   M8002
   ——| |————————————————————————[ SET   S0  ]

    S0    T3
   —|STL|—| |————————————————————[ SET   S20 ]

   S20
   —|STL|——————————————————————————( Y000 )   LD1亮8s
        |
        |———————————————————————( T0    K80 )
        |
        |   T0
        |——| |———————————————————[ SET   S21 ]

   S22
   —|STL|——————————————————————( T1    K5 )   LD1灭0.5s
        |
        |   T1
        |——| |———————————————————[ SET   S22 ]

   S22
   —|STL|——————————————————————————( Y000 )   LD1亮0.5s
        |
        |———————————————————————( T2    K5 )
        |
        |———————————————————————( C0    K3 )   计数3次
        |
        |   T2    C0
        |——| |——|/|——————————————[ SET   S21 ]
        |
        |   C0
        |——| |———————————————————[ SET   S23 ]

   S23
   —|STL|——————————————————————————( Y001 )   LD2亮2s
        |
        |———————————————————————( T3    K20 )
        |
        |————————————————————————[ RST   C0  ]
        |
        |   T3
        |——| |———————————————————[ SET   S24 ]

   S24
   —|STL|——————————————————————————( Y001 )   LD2亮2s
        |
        |———————————————————————————( Y002 )   LD3亮2s
        |
        |———————————————————————( T4    K20 )
        |
        |   T4
        |——| |———————————————————[ SET   S25 ]

   S25
   —|STL|——————————————————————————( Y002 )   LD3亮8s
        |
        |———————————————————————( T5    K80 )
        |
        |   T5
        |——| |———————————————————[ SET   S0  ]
        |
        |————————————————————————————[ RET ]

                                      [ END ]
```

图 5-33　PLC 控制彩灯闪烁运行系统梯形图

第6章　工业触摸屏技术与组态软件操作应用

6.1　基于触摸屏的 PLC 控制运料小车

■ 课题分析 ▶▶▶▶

运料小车示意图如图 6-1 所示，其中起动按钮 SB1 用来开启运料小车，停止按钮 SB2 用来手动停止运料小车。控制工艺要求：按 SB1，小车从原点起动，KM1 接触器吸合，使小车向前运行，直到碰 SQ2 开关停，KM2 接触器吸合，使甲料斗装料 5s，然后小车继续向前运行，直到碰 SQ3 开关停，此时 KM3 接触器吸合，使乙料斗装料 3s，随后 KM4 接触器吸合，小车返回原点，直到碰 SQ1 开关停止，KM5 接触器吸合，使小车卸料 5s 后完成一次循环。按了起动按钮后，小车连续作 3 次循环后自动停止；中途按停止按钮 SB2，则小车完成一次循环后才能停止。

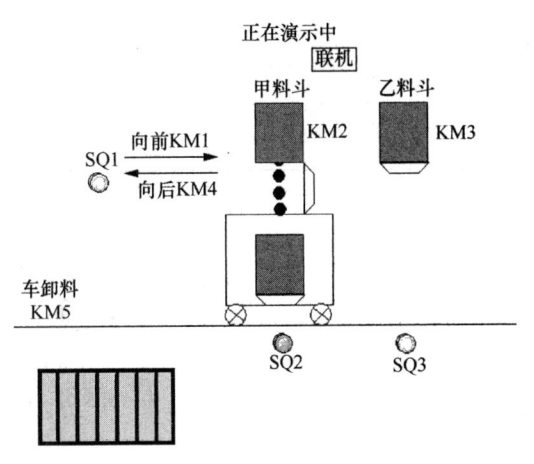

图 6-1　运料小车示意图

课题目的 ➡

1. 能进行 PLC 控制运料小车程序分析，画出 PLC 控制运料小车程序状态转移图。
2. 能根据画出的程序状态转移图编写 PLC 控制运料小车的梯形图及指令语句表。
3. 能使用触摸屏编辑监控界面，监控运料小车工作情况。

课题重点 ➡

1. 能使用触摸屏编辑控制界面。
2. 能使用触摸屏监控运料小车工作情况。
3. 能够根据按工艺要求画出的程序状态转移图编写梯形图和指令表。

课题难点 ➡

1. 能使用触摸屏编辑控制界面，监控运料小车工作情况。
2. 能编写 PLC 控制运料小车的控制程序，并进行程序输入与调试。

6.1.1 编制PLC控制运料小车程序

1）根据课题要求设置输入输出分配表，如表6-1所示。

表6-1 输入、输出端口配置

输入设备	输入端口编号	输出设备	输出端口编号
起动按钮SB1	X000	向前接触器KM1	Y000
停止按钮SB2	X001	甲卸料接触器KM2	Y001
开关SQ1	X002	乙卸料接触器KM3	Y002
开关SQ2	X003	向后接触器KM4	Y003
开关SQ3	X004	车卸料接触器KM5	Y004

2）根据控制工艺要求绘制状态转移图，如图6-2所示。

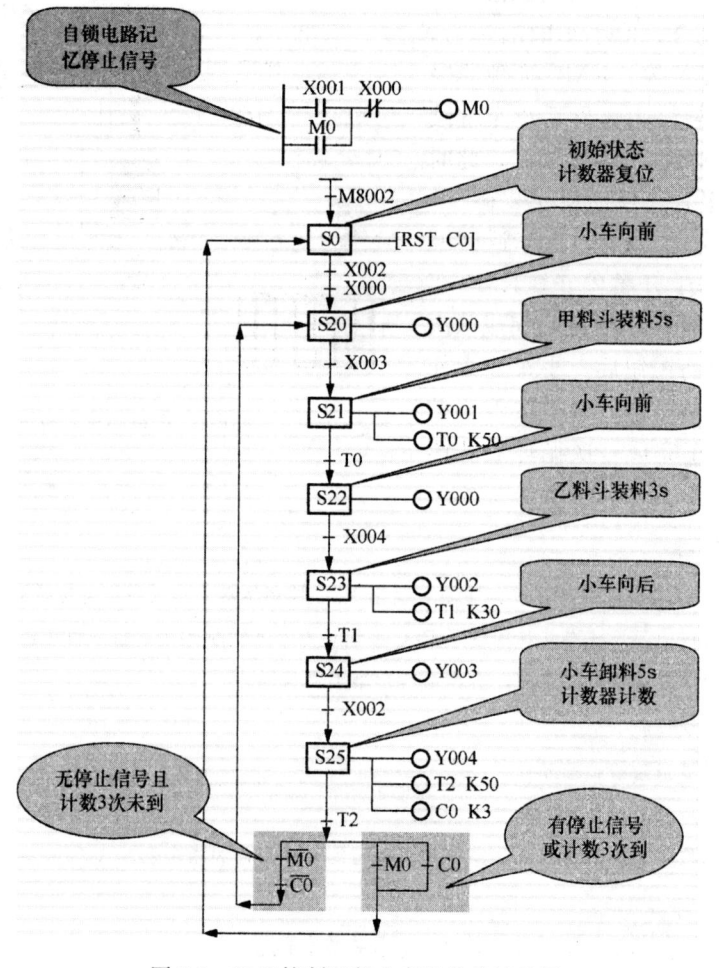

图6-2 PLC控制运料小车的状态转移图

3) 根据图 6-2 所示的状态转移图绘制梯形图, 如图 6-3 所示, 对应的指令语句表如图 6-4 所示。

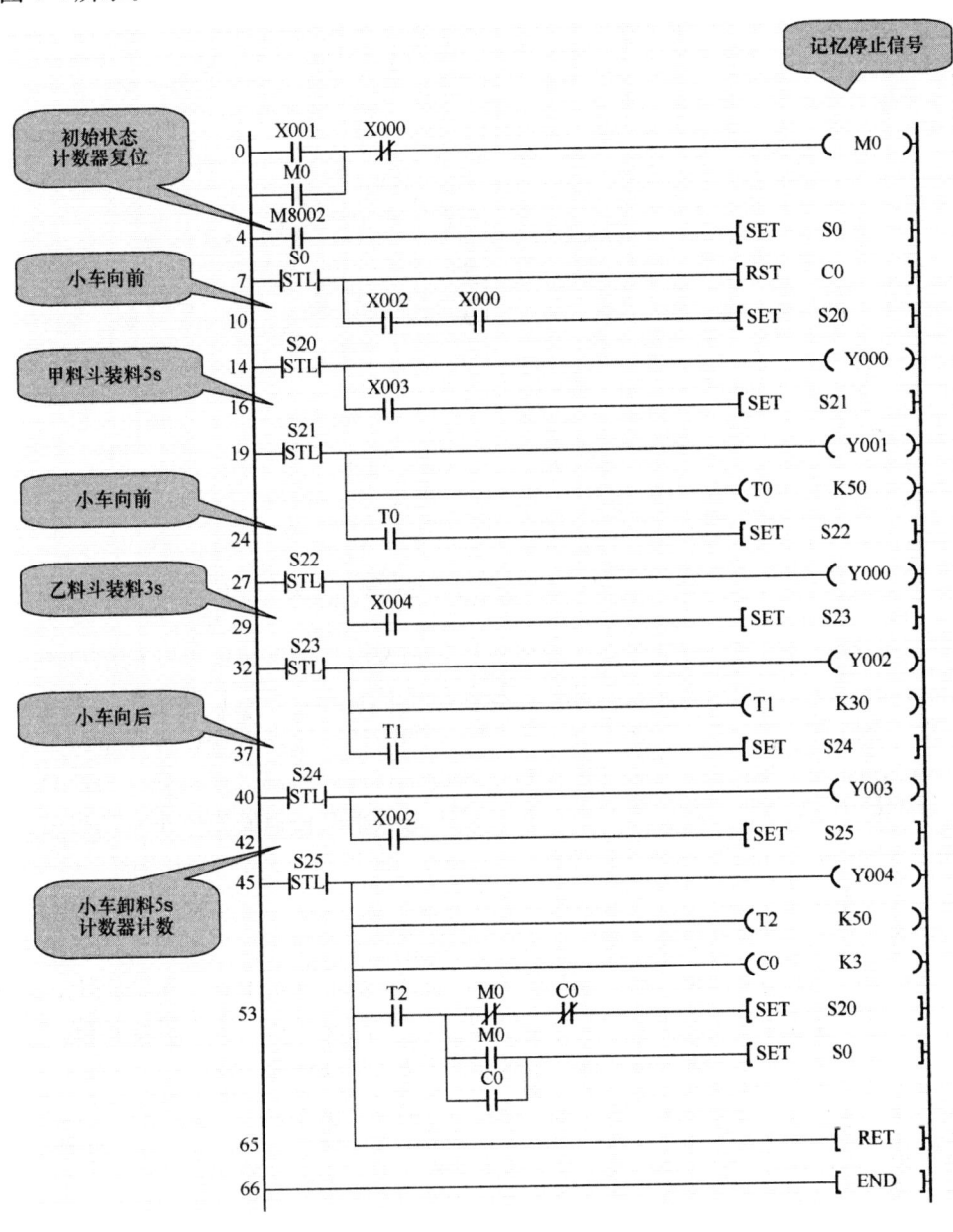

图 6-3 PLC 控制运料小车的梯形图

4) 用 FX2N 系列 PLC 计算机软件进行程序输入, 按输入输出端口分配表接线, 用电脑软件模拟仿真进行调试。

6.1.2 使用触摸屏开发运料小车监控界面

人机界面是在操作人员和机器设备之间双向沟通的桥梁, 通常是用户可以自由组

```
 0  LD   X001              33  OUT  Y002
 1  OR   M0                34  OUT  T1       K30
 2  ANI  X000              37  LD   T1
 3  OUT  M0                38  SET  S24
 4  LD   M8002             40  STL  S24
 5  SET  S0                41  OUT  Y003
 7  STL  S0                42  LD   X002
 8  RST  C0                43  SET  S25
10  LD   X002              45  STL  S25
11  AND  X000              46  OUT  Y004
12  SET  S20               47  OUT  T2       K50
14  STL  S20               50  OUT  C0       K3
15  OUT  Y000              53  LD   T2
16  LD   X003              54  MPS
17  SET  S21               55  ANI  M0
19  STL  S21               56  ANI  C0
20  OUT  Y001              57  SET  S20
21  OUT  T0       K50      59  MPP
24  LD   T0                60  LD   M0
25  SET  S22               61  OR   C0
27  STL  S22               62  ANB
28  OUT  Y000              63  SET  S0
29  LD   X004              65  RET
30  SET  S23               66  END
32  STL  S23
```

图 6-4 PLC 控制运料小车的指令语句表

合的文字、按钮、图形、数字等来处理或监控管理及应付随时可能变化的信息的多功能显示屏幕。以往的操作界面只有熟练的操作员才能操作，而且操作困难，无法提高工作效率。随着机械设备的飞速发展，人机界面的应用越来越普遍，界面也越来越友好。人机界面能够明确指示并告知操作员机器设备目前的状况，使操作变得简单、生动，并且可以减少操作上的失误，即使是新手也可以很轻松地操作整个机器设备。使用人机界面还可以使机器的配线标准化、简单化，减少 PLC 控制器所需的 I/O 点数，降低生产的成本，同时由于面板控制的小型化及高性能，提高了整套设备的附加价值。

触摸屏作为一种新型的人机界面，从一出现就受到广泛关注，简单易用、强大的功能及优异的稳定性使它非常适合用于工业环境，甚至可以用于日常生活之中，应用非常广泛。例如，触摸屏可用于自动化停车设备、自动洗车机、天车升降控制、生产线监控等，甚至可用于智能大厦管理、会议室声光控制、温度调整等。

MT5000，MT4000 是全新一代的工业嵌入式触摸屏人机界面（HMI），全新一代的 HMI 具有以下特点：

1）使用高速低功耗嵌入式 RISCCPU。
2）使用嵌入式操作系统。
3）速度更高，操作更流畅。
4）色彩更丰富，显示更细腻。
5）MT5000 全面支持以太网、USB 等高速接口，MT4000 支持 USB 高速接口。
6）资源更多，价格相对低。
7）简单易用，稳定可靠。

运行 EV5000 软件后，将弹出如图 6-5 所示的画面。

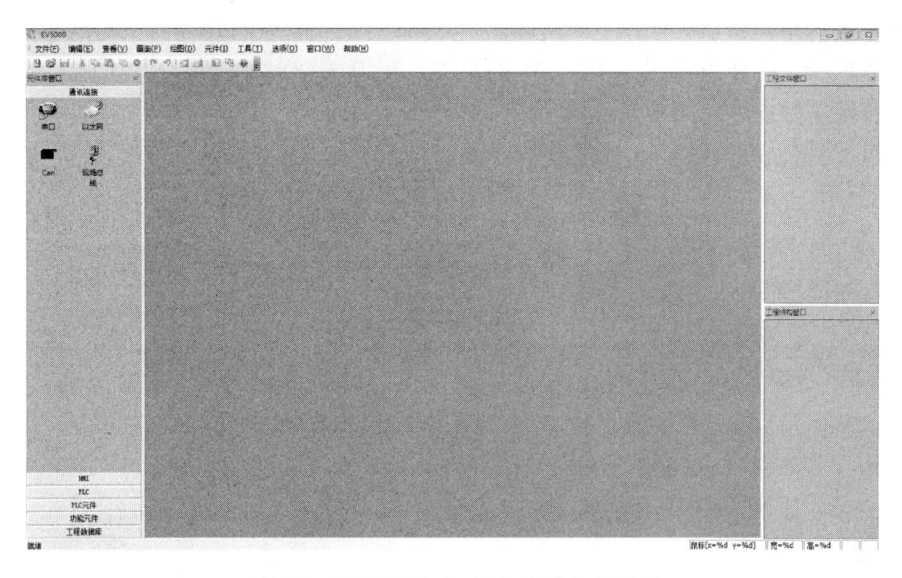

图 6-5 运行 EV5000 软件后弹出的画面

点击菜单"文件"里的"新建工程",弹出的对话框如图 6-6 所示,输入新建工程的名称。也可以点"≫"选择所建文件的存放路径。在这里命名为"运料小车监控",点击【建立】即可。

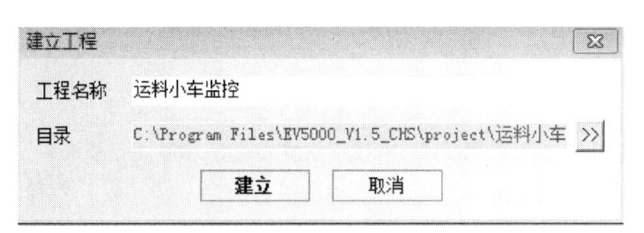

图 6-6 新建工程对话框

选择所需的通讯连接方式。MT5000 支持串口、以太网连接。点击元件库窗口的通讯连接,选中所需的连接方式,拖入工程结构窗口中即可,如图 6-7 所示。此处选择串口通讯连接。

图 6-7 选择通讯连接方式

可通过元件库窗口 HMI 工具栏点出软件支持的触摸屏,选择所需的触摸屏型号,将其拖入工程结构窗口，如图 6-8 所示。

放开鼠标，将弹出如图 6-9 所示的对话框。可以选择水平或垂直方式显示，即水平还是垂直使用触摸屏，然后点击【OK】确认。

通过元件库窗口 PLC 工具栏选择需要连线的 PLC 类型，拖入工程结构窗口，如图 6-10 所示。

图 6-8　通过 HMI 窗口选择触摸屏　　图 6-9　触摸屏放置方式对话框　　图 6-10　通过 PLC 窗口选择 PLC 的型号

此时工程窗口中拖入的触摸屏与 PLC 如图 6-11 所示。

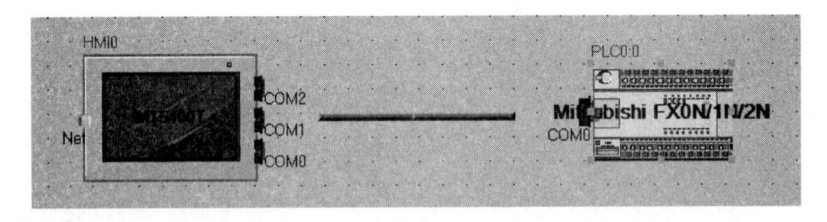

图 6-11　工程窗口中的触摸屏与 PLC

适当移动 HMI 和 PLC 的位置，将连接端口靠近连接线的任意一端，就可以顺利地把它们连接起来，如图 6-12 所示。这样就成功地在 PLC 与 HMI 之间建立了连接。拉动 HMI 或者 PLC，检查连接线是否断开，如果不断开就表示连接成功。

注意： 连接使用的端口号要与实际的物理连接一致。

双击 HMI0 图标，会弹出 HMI 属性对话框，如图 6-13 所示。在此对话框中需要设置触摸屏的 IP 地址和端口号。如果使用的是单机系统，且不使用以太网下载组态和间接在线模拟，则可以不必设置此窗口。如果使用了以太网多机互联或以太网下载组

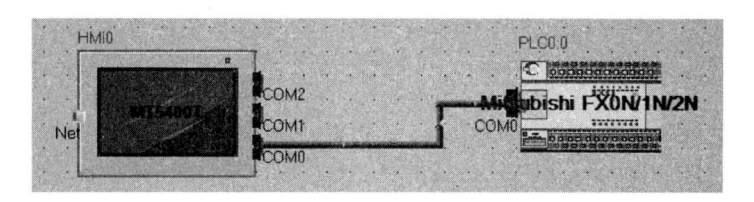

图 6-12 HMI 和 PLC 的连接

态等功能，请根据所在的局域网情况给触摸屏分配唯一的 IP 地址。如果网络内没有冲突，建议不要修改默认的端口号。

双击 PLC 图标，可进入 PLC 属性对话框，如图 6-14 所示。此时可设置站号为相应的 PLC 站号。

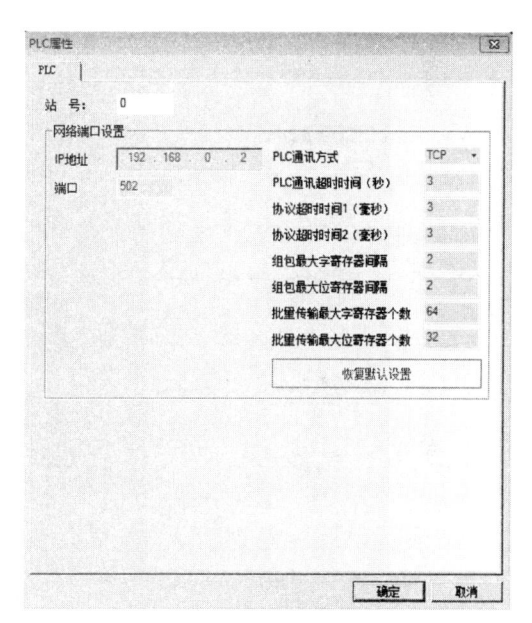

图 6-13　HMI 属性对话框　　　　　　　　图 6-14　PLC 属性对话框

设置连接参数。如图 6-15 所示，双击 HMI0 图标，在弹出的 HMI 属性对话框中切换到"串口 0 设置"，修改串口 0 的参数（如果 PLC 连接在 COM1，请在"串口 0 设置"中修改串口 1 的参数），根据 PLC 的连线情况设置通讯类型为 RS232，RS485-4W 或 RS485-2W，并设置与 PLC 相同的波特率、数据位和校验位、停止位等属性。右面一栏非高级用户一般不必改动。

选择菜单"工具/编译"，或者按下工具条上的编译图标。编译完毕后，在下方的编译信息窗口会出现"编译完成"的提示，如图 6-16 所示。

选择菜单"工具/离线模拟"，或者按下工具条上的离线模拟图标，如图 6-17 所示，按下【模拟】，这时就可以看到刚刚创建的新空白工程的模拟图了，如图 6-18 所示。可以看到，该工程没有任何元件，且不能执行任何操作。在当前屏幕上单击鼠标右键【Close】或者直接按下空格键可以退出模拟程序。

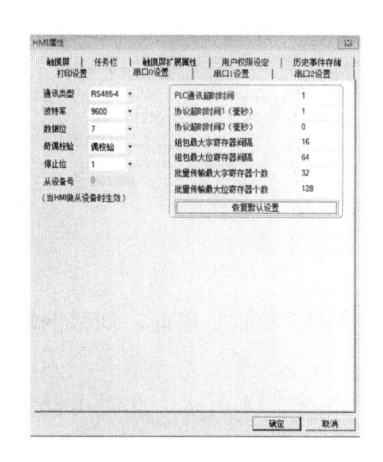

图 6-15 串口 0 设置

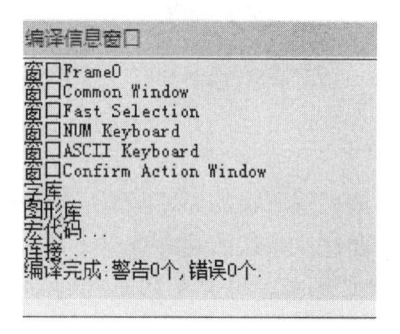

图 6-16 编译信息窗口

图 6-17 离线模拟

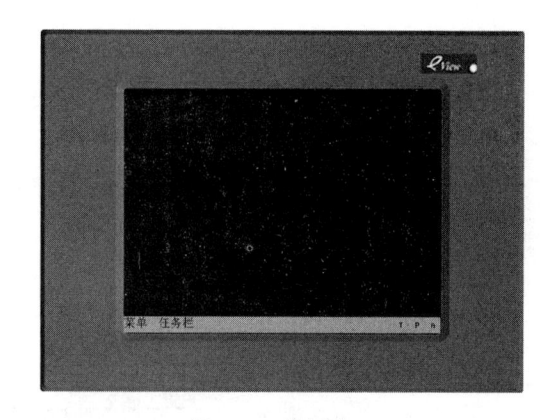

图 6-18 模拟窗口

在工程结构窗口中选中 HMI 图标，点击右键里的"编辑组态"，如图 6-19 所示，就进入了组态窗口，如图 6-20 所示。

在左边的 PLC 元件窗口中轻轻点击图标 位状态切换开关，将其拖入组态窗口中放置，这时将弹出位控制元件基本属性对话框，设置位控制元件的输入/输出地址，如图 6-21 所示。

切换到"开关"页，设定开关类型。这里设定为切换开关，如图 6-22 所示。

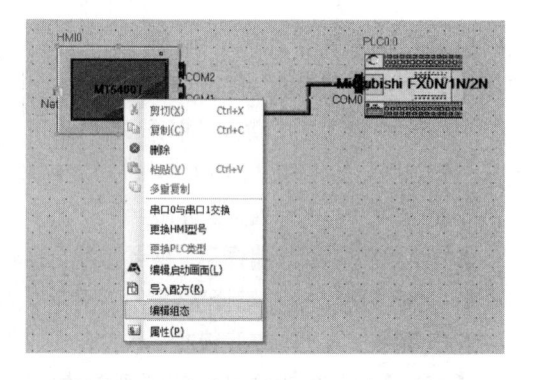

图 6-19 点击右键里的"编辑组态"

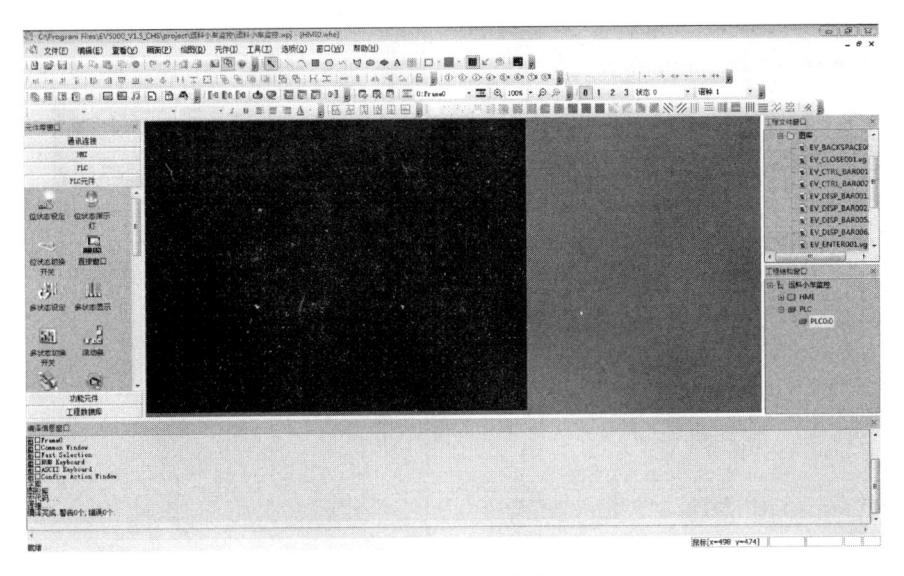

第 6 章　工业触摸屏技术与组态软件操作应用

图 6-20　进入组态窗口

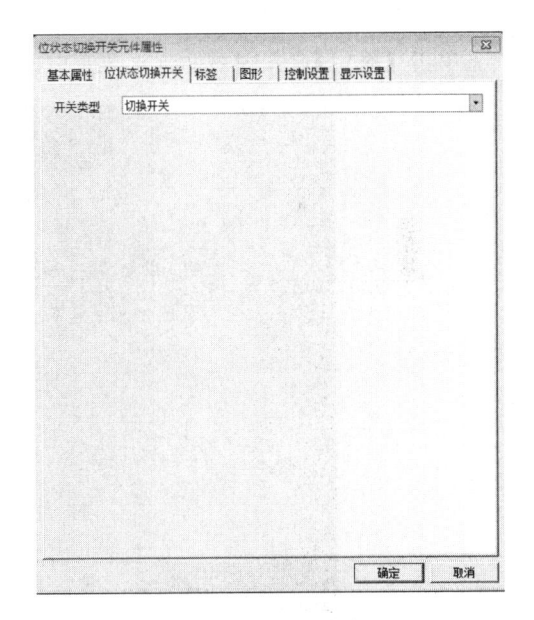

图 6-21　位控制元件基本属性对话框

图 6-22　设定开关类型

切换到"标签"页，选中"使用标签"，分别在"内容"里输入状态 0、状态 1 相应的标签，并选择标签的颜色（可以修改标签的对齐方式、字号、颜色），如图 6-23 所示。

切换到"图形"页，选中"使用向量图"复选框，选择一个想要的图形。这里选择了如图 6-24 所示的开关。

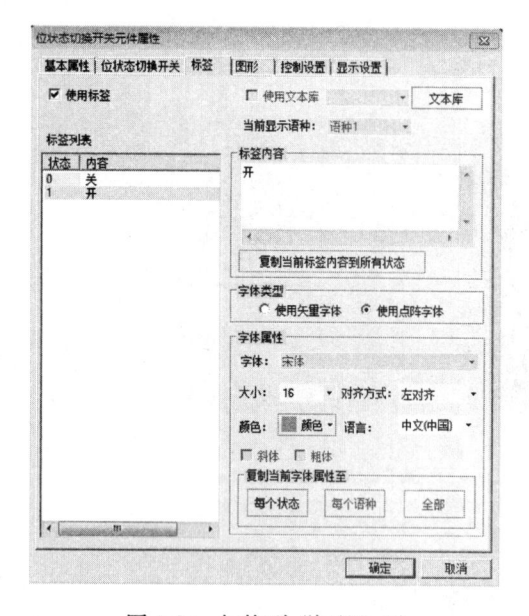

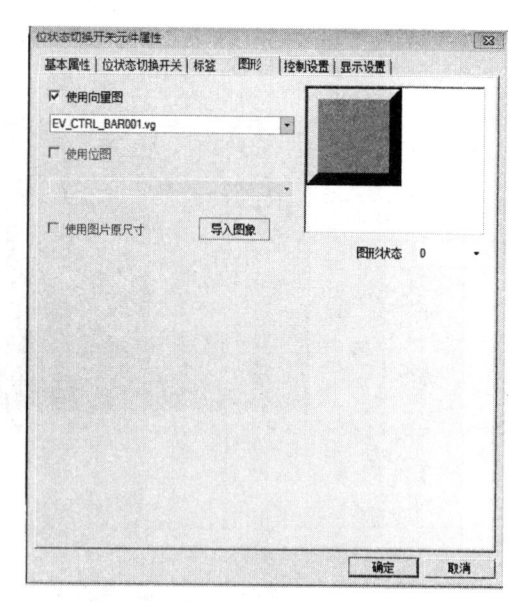

图 6-23　切换到"标签"页　　　　　　图 6-24　切换到"图形"页

单击【确定】，关闭对话框，放置好的元件如图 6-25 所示。

图 6-25　放置好的元件

选择工具条上的"保存"，接着选择菜单"工具/编译"。如果编译没有错误，新建工程就做完了。

选择菜单"工具/离线模拟/仿真"，可以看到设置的开关。点击它，可以来回切换状态，和真正的开关一样，如图 6-26 所示。

选择菜单"工具/下载"，下载完毕，将触摸屏重新复位，这时就可以在触摸屏上通过手指来触控这个开关了。至此，开关的制作就完成了。其他元件的制作方法与此类似，在此不再赘述。制作完的触摸屏监控界面如图 6-27 所示，可下载到触摸屏进行监控。

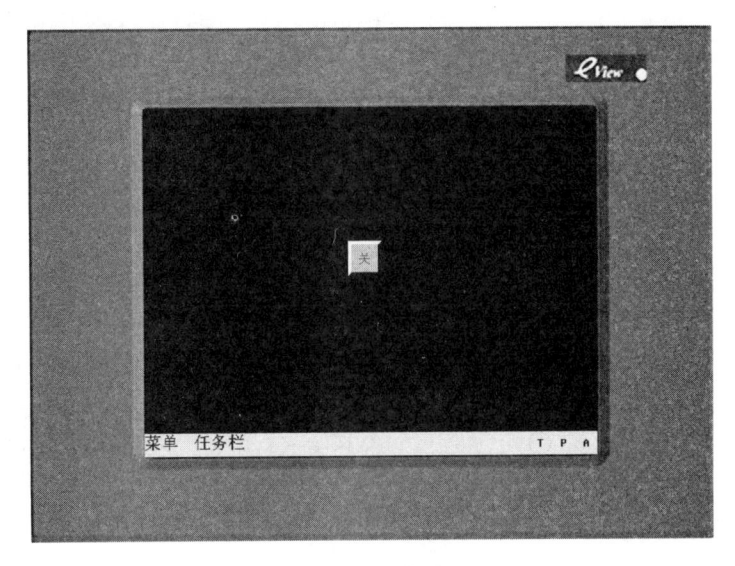

第 6 章　工业触摸屏技术与组态软件操作应用

图 6-26　离线模拟

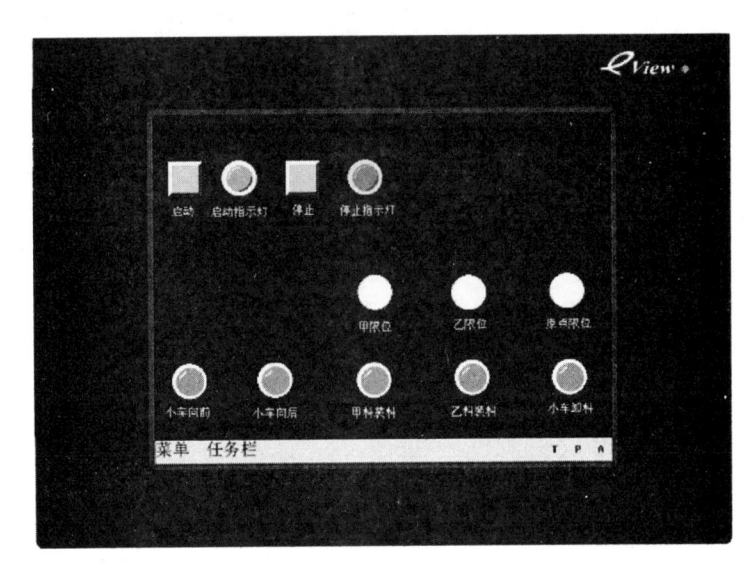

图 6-27　制作完的触摸屏监控界面

6.2　组态软件监控的 PLC 控制自动门系统

■ **课题分析** ▶▶▶▶

图 6-28 所示为 PLC 控制仓库门自动开闭的装置。在库门的上方装设一个超声波探测开关 S01，当来人（车）进入超声波发射范围内，开关便检测出超声回波，从而产生

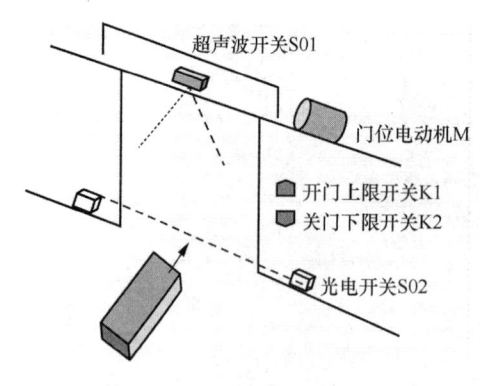

图 6-28　PLC 控制仓库门自动开闭装置

输出电信号（S01＝ON），由该信号起动接触器 KM1，电动机 M 正转，使卷帘上升开门。在库门的下方装设一套光电开关 S02，用于检测是否有物体穿过库门。光电开关由两个部件组成，一个是能连续发光的光源，另一个是能接收光束并能将之转换成电脉冲的接收器。当行人（车）遮断了光束，光电开关 S02 便检测到这一物体，产生电脉冲；当该信号消失后，起动接触器 KM2，使电动机 M 反转，从而使卷帘下降关门。用两个行程开关 K1 和 K2 来检测库门的开门上限和关门下限，以停止电动机的转动。

课题目的

1. 能进行 PLC 控制仓库门自动开闭系统程序分析。
2. 能编写 PLC 控制仓库门自动开闭系统的梯形图及指令语句表。
3. 能使用组态王软件编辑监控界面，监控运料小车的工作情况。

课题重点

1. 能使用组态王软件编辑监控界面。
2. 能使用组态王软件监控运料小车的工作情况。
3. 能够根据工艺要求编写 PLC 的控制梯形图和指令表。

课题难点

1. 能使用组态王软件编辑监控界面，监控运料小车工作情况。
2. 能够根据工艺要求编写 PLC 的控制梯形图和指令表。

6.2.1　PLC 控制自动门系统程序设计

其端口（I/O）分配表如表 6-2 所示。

表 6-2　PLC 控制仓库门自动开闭 I/O 分配表

输入		输出	
输入设备	输入编号	输出设备	输出编号
超声波开关 S01	X000	正转接触器（开门）KM1	Y000
光电开关 S02	X001	反转接触器（关门）KM2	Y001
开门上限开关 K1	X002		
关门下限开关 K2	X003		

图 6-29（a）所示为 PLC 控制仓库门自动开闭程序梯形图。当来人（车）进入超声波发射范围时，超声波开关 A 便检测出超声回波，产生输出电信号后，X000 接通，使 Y000 得电，KM1 工作，卷帘门打开，碰到开门上限开关 K1 时，X002 使 Y000 断电，

开门结束。当行人（车）遮断了光束，光电开关 B 便检测到相应物体，产生电脉冲，则 X001 接通，但此时不能关门，必须在此信号消失后才能关门，因此采用脉冲下降沿微分指令 PLF，保证在信号消失时起动 Y001，进行关门。而关门下限开关 K2 有信号时，X003 切断 Y001，关门结束，等待下一次工作。图 6-29（b）所示为梯形图对应的指令语句表。

```
 0    LD    X000
 1    OR    Y000
 2    ANI   X002
 3    ANI   Y001
 4    OUT   Y000
 5    LD    X001
 6    PLF   M0
 8    LD    M0
 9    OR    Y001
10    ANI   X003
11    ANI   Y000
12    OUT   Y001
```

(a)梯形图　　　　　　　　　　　　(b)指令语句表

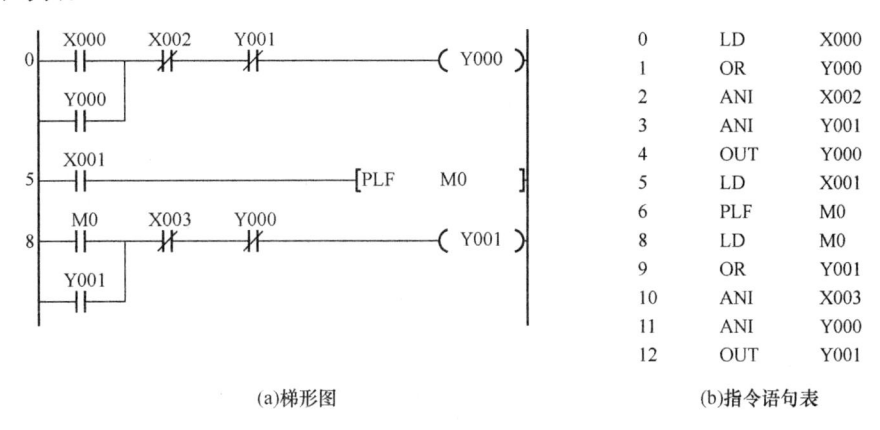

图 6-29　PLC 控制仓库门自动开闭程序

6.2.2　组态王开发自动门系统监控界面

要建立新的组态王工程，首先要为工程指定工作目录（或称工程路径）。组态王软件用工作目录标识工程，不同的工程置于不同的目录。工作目录下的文件由"组态王"自动管理。

1. 建立工程

打开"组态王"工程管理器（ProjManager），选择菜单"文件/新建工程"或单击"新建"按钮，弹出如图 6-30 所示的界面。

单击【下一步】继续，弹出新建工程向导之二对话框，如图 6-31 所示。

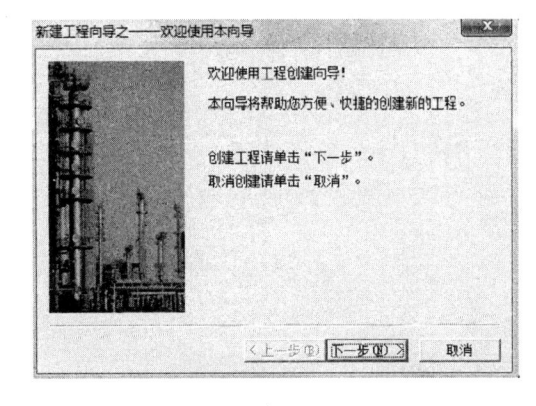

图 6-30　新建工程向导之一　　　　　　图 6-31　新建工程向导之二

在工程路径文本框中输入一个有效的工程路径，或单击"浏览..."按钮，在弹出的路径选择对话框中选择一个有效的路径。单击【下一步】继续，弹出新建工程对话框，如图 6-32 所示。

单击【确定】后继续，弹出新建工程向导之三对话框，如图 6-33 所示。

图 6-32 新建工程对话框   图 6-33 新建工程向导之三

在工程名称文本框中输入工程的名称，该工程名称同时将作为当前工程的路径名称。在工程描述文本框中输入对该工程的描述文字。工程名称长度应小于 32 个字符，工程描述长度应小于 40 个字符。输入完毕单击【完成】，完成工程的新建。系统会弹出对话框，询问用户是否将新建工程设为当前工程，如图 6-34 所示。

单击【否】按钮，则新建工程不是工程管理器的当前工程，如果要将该工程设为新建工程，还要执行"文件/设为当前工程"命令；单击

图 6-34 是否设为当前工程对话框

【是】按钮，则将新建的工程设为组态王的当前工程。定义的工程信息会出现在工程管理器的信息表格中，如图 6-35 所示。

图 6-35 工程管理器

第6章 工业触摸屏技术与组态软件操作应用

双击该信息条或单击"开发"按钮，或选择菜单"工具/切换到开发系统"，进入组态王的开发系统，如图 6-36 所示。

图 6-36 组态王开发系统界面

2. 创建组态画面

进入组态王开发系统后，就可以为每个工程建立数目不限的画面，在每个画面上生成互相关联的静态或动态图形对象。这些画面都是由"组态王"提供的类型丰富的图形对象组成的。系统为用户提供了矩形（圆角矩形）、直线、椭圆（圆）、扇形（圆弧）、点位图、多边形（多边线）、文本等基本图形对象，以及按钮、趋势曲线窗口、报警窗口、报表等复杂的图形对象，提供了将图形对象在窗口内任意移动、缩放、改变形状、复制、删除、对齐等编辑操作，全面支持键盘、鼠标绘图，并可提供对图形对象的颜色、线型、填充属性进行改变的操作工具。

"组态王"采用面向对象的编程技术，使用户可以方便地建立画面的图形界面。用户构图时可以像搭积木那样利用系统提供的图形对象完成画面的生成。同时，系统支持画面之间的图形对象拷贝，可重复使用以前的开发结果。

进入新建的组态王工程，选择工程浏览器左侧大纲项"文件/画面"，在工程浏览器右侧用鼠标左键双击"新建"图标，弹出的对话框如图 6-37 所示。

图 6-37 新建画面

在"画面名称"处输入新的画面名称，其他属性不用更改。单击【确定】按钮，进入内嵌的组态王画面开发系统，如图 6-38 所示。

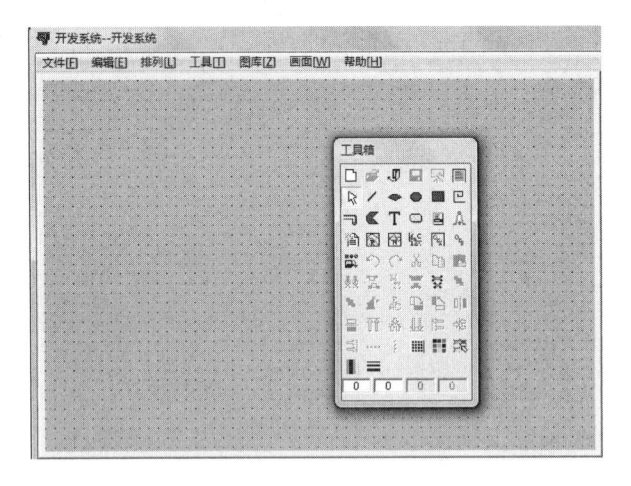

图 6-38　画面开发系统

在组态王画面开发系统中从"工具箱"中分别选择"矩形"和"文本"图标，绘制一个矩形对象和一个文本对象，如图 6-39 所示。

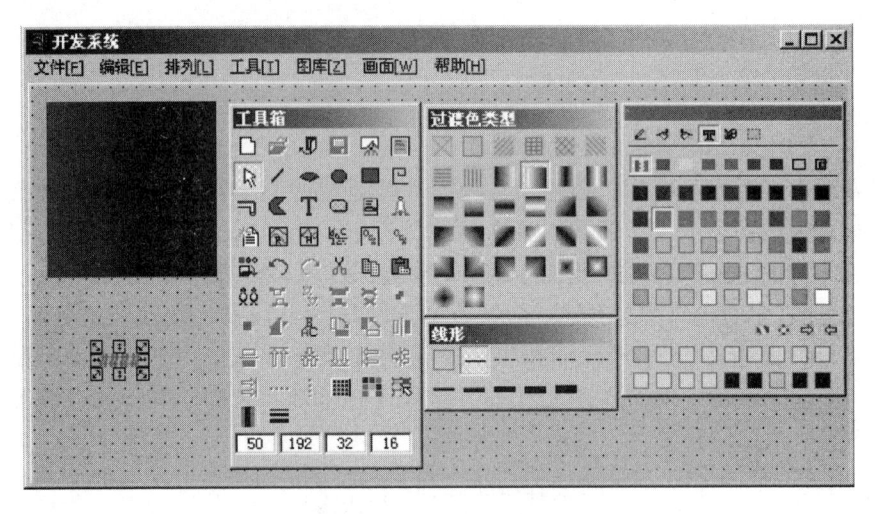

图 6-39　创建图形画面

在工具箱中选中"圆角矩形"，拖动鼠标在画面上画一个矩形。用鼠标在工具箱中点击"显示画刷类型"和"显示调色板"，在弹出的"过渡色类型"窗口点击第二行第四个过渡色类型，在"调色板"窗口点击第一行第二个"填充色"按钮，从下面的色块中选取红色作为填充色，然后点击第一行第三个"背景色"按钮，从下面的色块中选取黑色作为背景色。此时就构造好了一个使用过渡色填充的矩形图形对象。

按照上述方式可制作 PLC 控制的自动门系统组态画面，如图 6-40 所示。

选择"文件/全部存"命令，保存现有的画面。

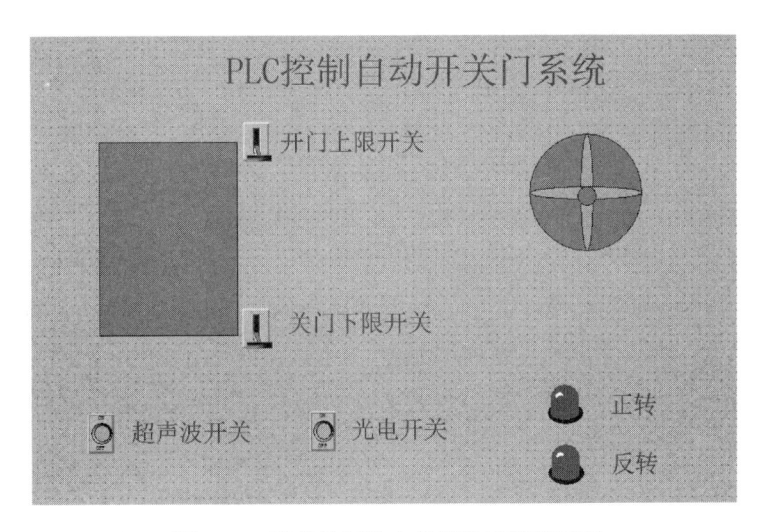

第6章 工业触摸屏技术与组态软件操作应用

图 6-40 PLC 控制的自动门系统组态画面

3. 定义 I/O 设备

组态王把那些需要与之交换数据的设备或程序都作为外部设备。外部设备包括：下位机（PLC、仪表、模块、板卡、变频器等），它们一般通过串行口和上位机交换数据；其他 Windows 应用程序，它们之间一般通过 DDE 交换数据；网络上的其他计算机等。

只有在定义了外部设备之后，组态王才能通过 I/O 变量和它们交换数据。为方便定义外部设备，组态王设计了"设备配置向导"，引导用户一步步完成设备的连接。

选择工程浏览器左侧大纲项"设备/COM1"，在工程浏览器右侧用鼠标左键双击"新建"图标，运行设备配置向导，如图 6-41 所示。

选择"PLC/三菱/FX2/编程口"项，单击【下一步】，弹出如图 6-42 所示的对话框。

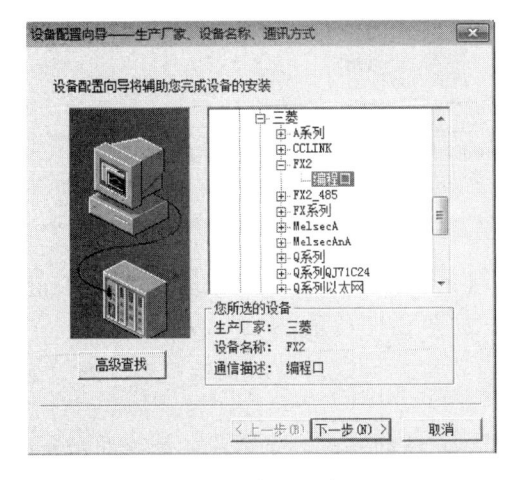

图 6-41 设备配置向导一   图 6-42 设备配置向导二

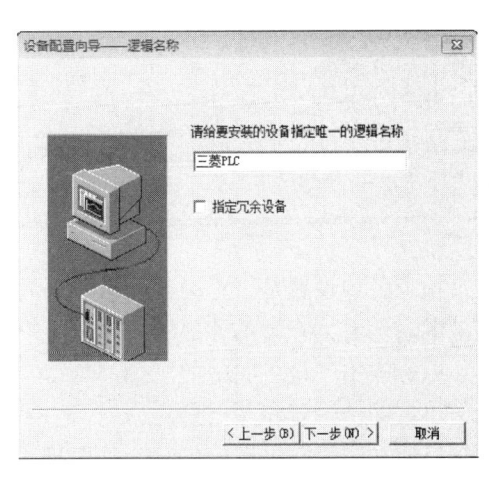

为外部设备取一个名称，输入"三菱 PLC"，单击【下一步】，弹出如图 6-43 所示的对话框。

为设备选择连接串口，假设为 COM1，单击【下一步】，弹出如图 6-44 所示的对话框。

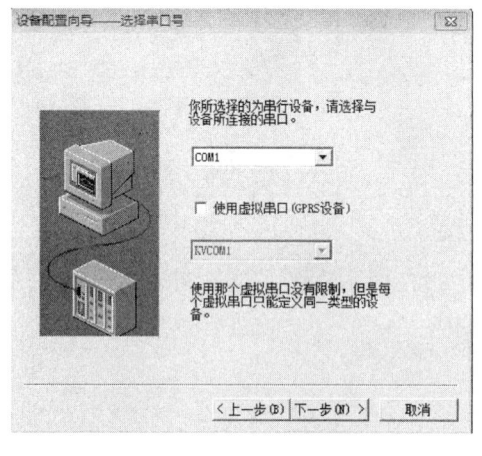

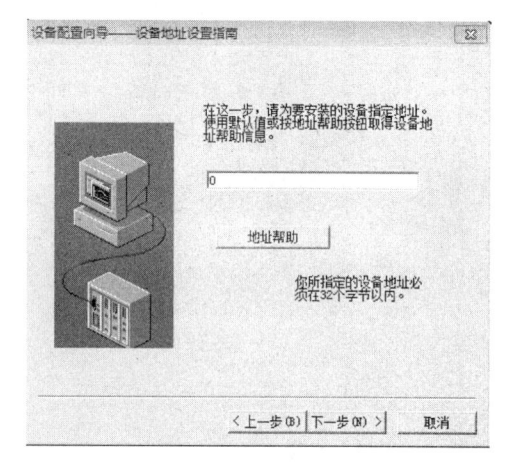

图 6-43　设备配置向导三

图 6-44　设备配置向导四

填写设备地址，假设为 0，单击【下一步】，弹出如图 6-45 所示的对话框。

设置通信故障恢复参数（一般情况下使用系统默认的设置即可），单击【下一步】，弹出如图 6-46 所示的对话框。

图 6-45　设备配置向导五

图 6-46　设备配置向导六

检查各项设置是否正确，确认无误后单击【完成】。设备定义完成后可以在工程浏览器的右侧看到新建的外部设备"三菱 PLC"，如图 6-47 所示。

鼠标双击"设备"中的"COM1"，出现设置串口－COM1 对话框，如图 6-48 所示，可按图中设置相关信息。

以后在定义数据库变量时，只要把 I/O 变量连接到这台设备上，就可以和组态王交换数据了。

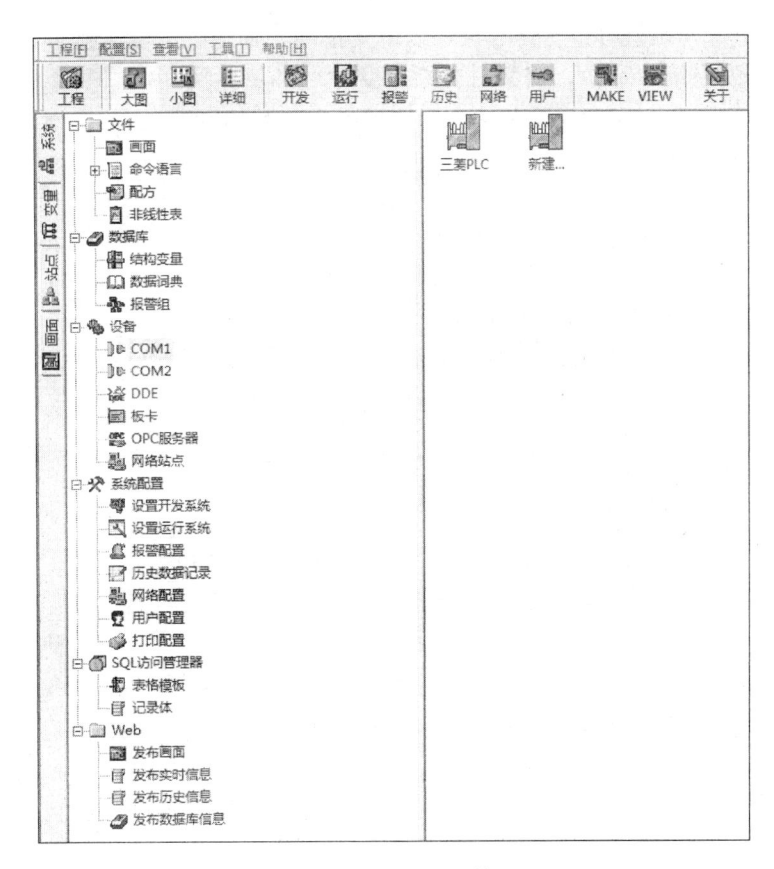

图 6-47 外部设备"三菱 PLC"

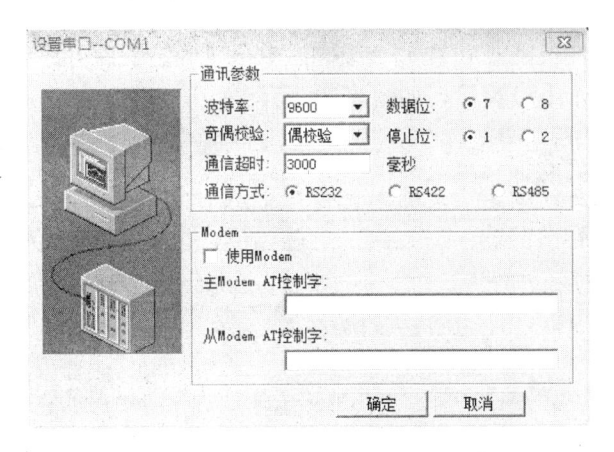

图 6-48 设置串口—COM1 对话框

4. 构造数据库

数据库是组态王软件的核心部分，工业现场的生产状况要以动画的形式反映在屏幕上，操作者在计算机前发布的指令也要迅速送达生产现场，所有这一切都是以实时数据库为中介环节，可以说数据库是联系上位机和下位机的桥梁。

在 TouchView 运行时，它含有全部数据变量的当前值。变量在画面制作系统——组态王画面开发系统中定义，定义时要指定变量名和变量类型，某些类型的变量还需要一些附加信息。数据库中变量的集合形象地称为"数据词典"，数据词典记录了所有用户可使用的数据变量的详细信息。

选择工程浏览器左侧大纲项"数据库/数据词典"，在工程浏览器右侧用鼠标左键双击"新建"图标，弹出定义变量对话框，如图 6-49 所示。

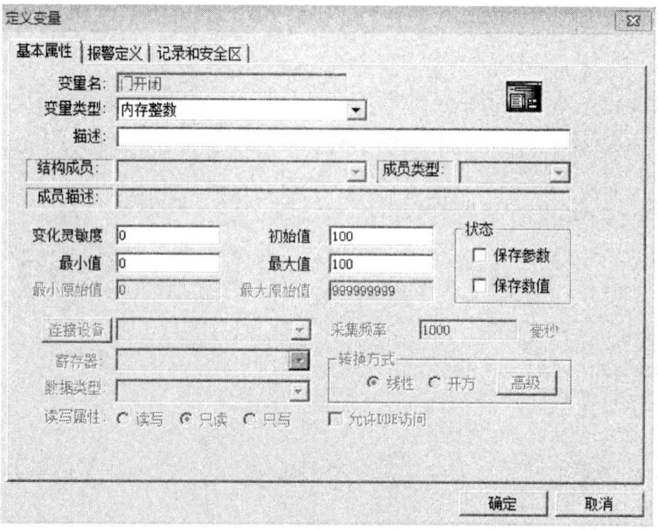

图 6-49 创建内存变量

在此对话框中可以对数据变量完成定义、修改等操作，以及进行数据库的管理工作。在"变量名"处输入变量名，如"门开闭"；在"变量类型"处选择变量类型，如"内存整数"。其他属性按图 6-49 更改，改完后单击【确定】即可。

下面继续定义一个 I/O 变量，如图 6-50 所示。

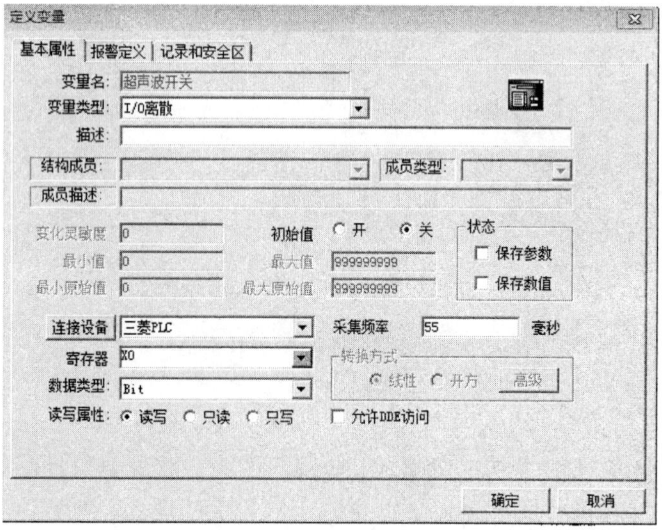

图 6-50 创建 I/O 变量

在"变量名"处输入变量名,如"超声波开关";在"变量类型"处选择变量类型,如"I/O 离散";在"连接设备"中选择先前定义好的 I/O 设备"三菱 PLC";将"寄存器"定义为"X0";将"数据类型"定义为"Bit"。其他属性按图 6-50 更改,改完后单击【确定】即可。

按照上述方式可定义数据词典,如图 6-51 所示。

超声波开关		I/O 离散	21	三菱PLC	X0
光电开关		I/O 离散	22	三菱PLC	X1
开门上限		I/O 离散	23	三菱PLC	X2
关门下限		I/O 离散	24	三菱PLC	X3
门开关		内存整型	25		
正转接触器		I/O 离散	28	三菱PLC	Y0
反转接触器		I/O 离散	29	三菱PLC	Y1
旋转		内存整型	30		
门开闭		内存整型	31		

图 6-51　定义数据词典

5. 建立动画连接

定义动画连接是指在画面的图形对象与数据库的数据变量之间建立一种关系,当变量的值改变时,在画面上以图形对象的动画效果表示出来,或者由软件使用者通过图形对象改变数据变量的值。

"组态王"提供了 21 种动画连接方式,如图 6-52 所示。

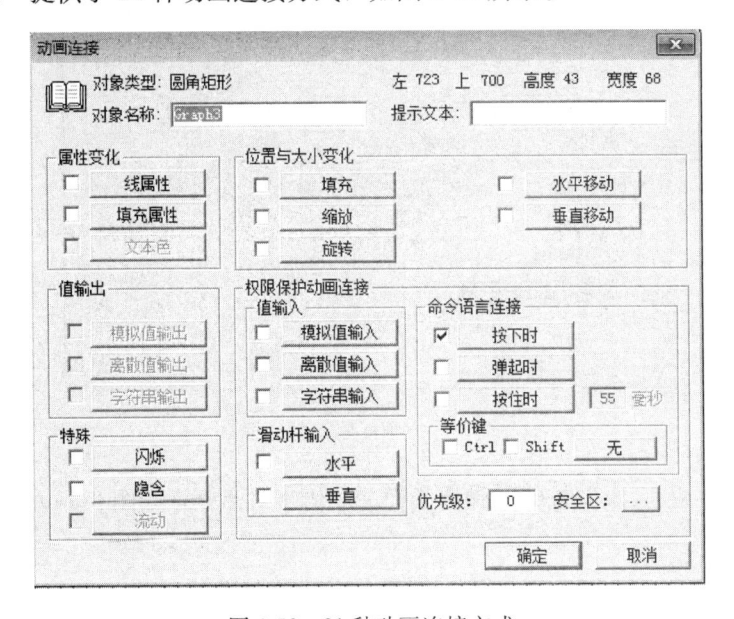

图 6-52　21 种动画连接方式

用鼠标单击"填充"按钮,弹出如图 6-53 所示的对话框。单击【确定】,再单击【确定】返回组态王开发系统。为了让矩形动起来,需要使变量即门开闭能够动态变化。选择"编辑/画面属性"菜单命令,弹出如图 6-54 所示的对话框。

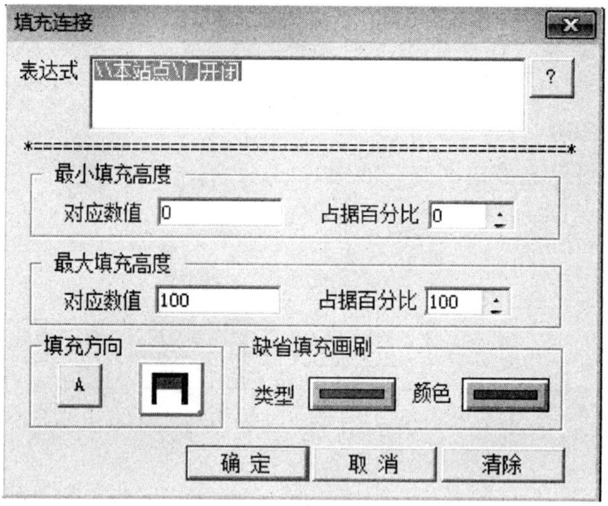

图 6-53 填充属性

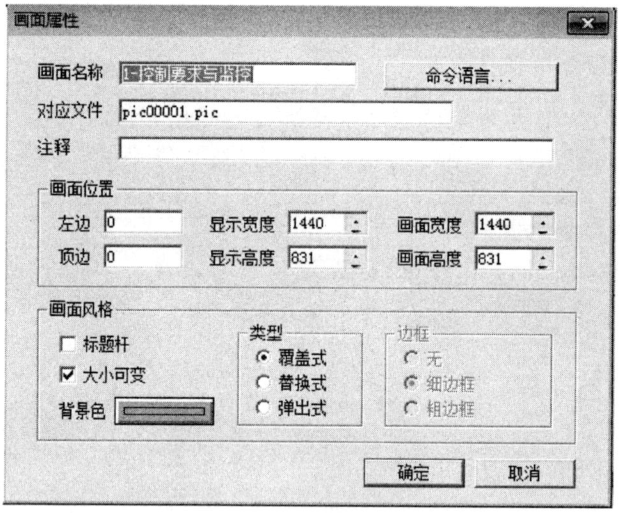

图 6-54 画面属性对话框

单击"命令语言…"按钮,弹出画面命令语言对话框,如图 6-55 所示,在编辑框处输入命令语言。

6. 运行和调试

通过以上操作,组态王工程已经初步建立起来,进入到运行和调试阶段。在组态王开发系统中选择"文件/切换到 View"菜单命令,进入组态王运行系统。在运行系统中选择"画面/打开"命令,从"打开画面"窗口选择"1-控制要求与监控"画面,显示出组态王运行系统画面,如图 6-56 所示。

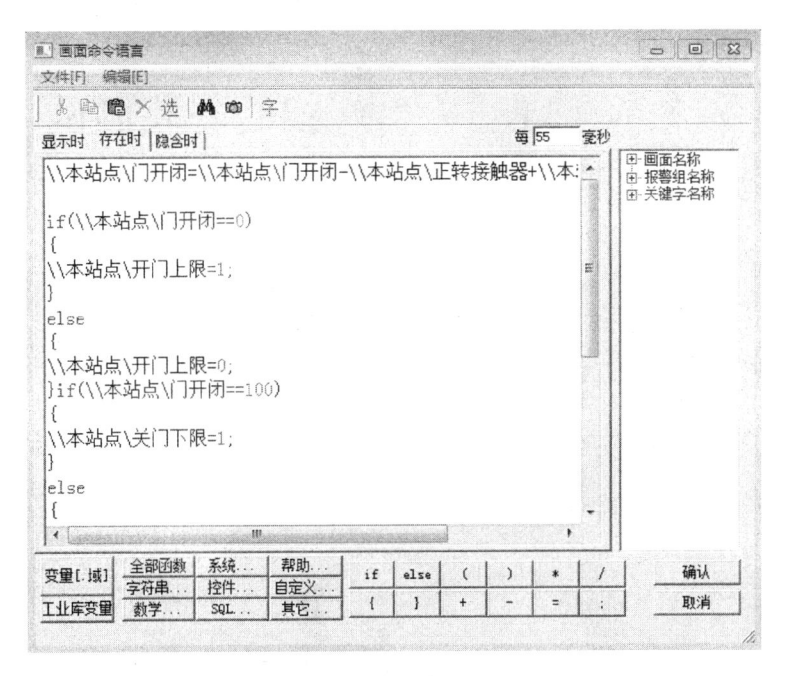

第 6 章　工业触摸屏技术与组态软件操作应用

```
\\本站点\门开闭=\\本站点\门开闭-\\本站点\正转接触器+\\本…
if(\\本站点\门开闭==0)
{
\\本站点\开门上限=1;
}
else
{
\\本站点\开门上限=0;
}if(\\本站点\门开闭==100)
{
\\本站点\关门下限=1;
}
else
{
```

图 6-55　画面命令语言

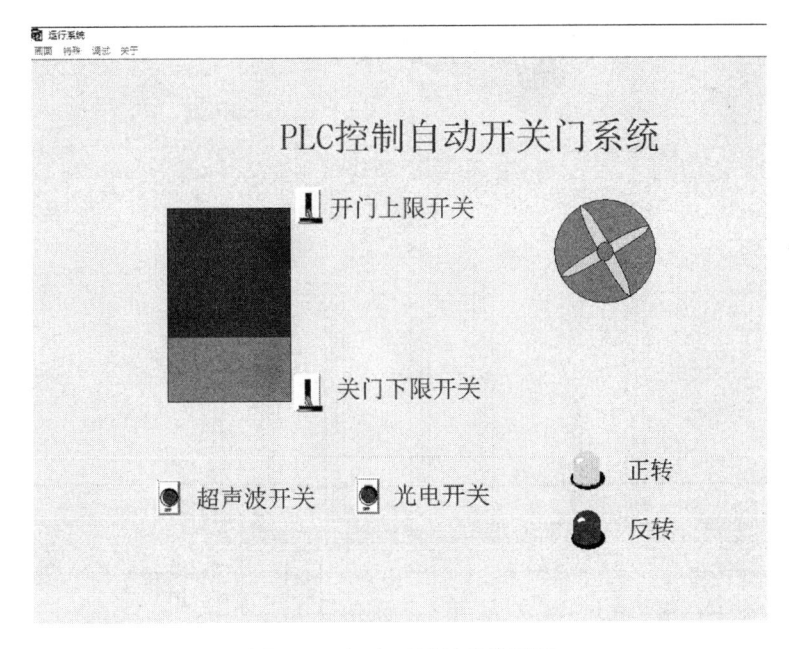

图 6-56　组态王运行系统画面

第 7 章 自动化生产线的安装调试

7.1 自动分拣系统的安装与调试

课题分析

PLC 控制的输送带分拣装置如图 7-1 所示。其控制要求如下。

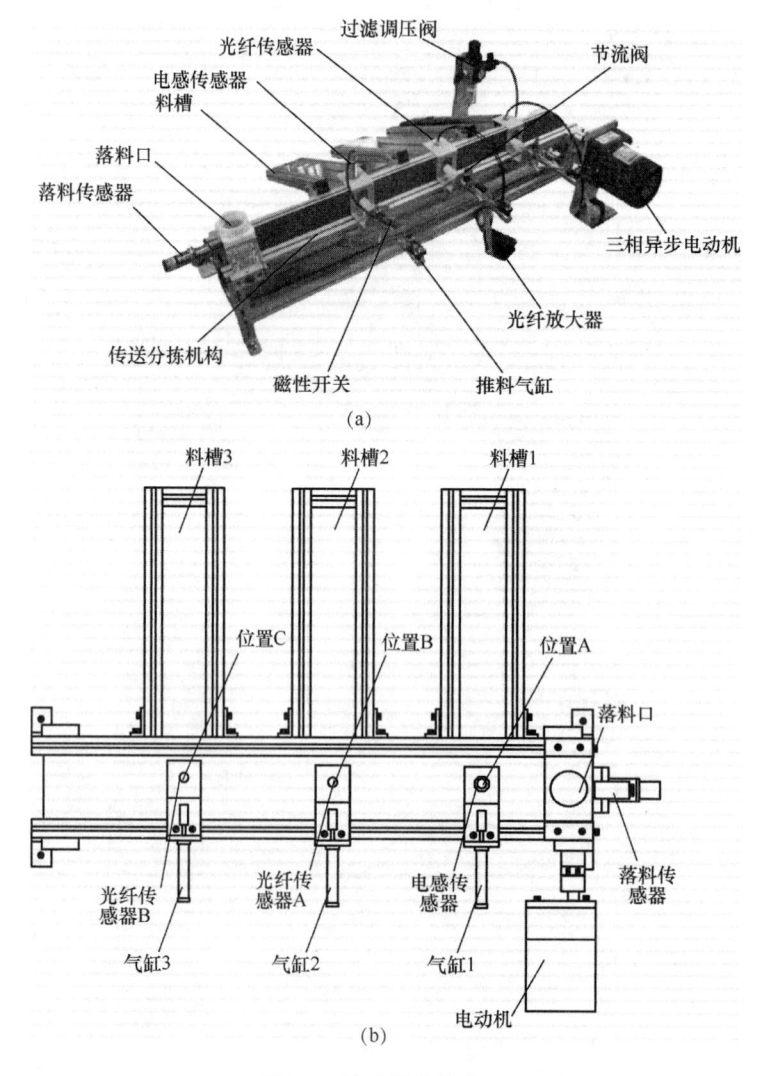

图 7-1 输送带分拣装置

某生产线生产金属圆柱形和塑料圆柱形两种元件,该生产线分拣设备的任务是将金属元件、白色塑料元件和黑色塑料元件进行分拣。

按下起动按钮 SB1,设备起动。当落料传感器检测到有元件投入落料口时,皮带输送机按从位置 A 到位置 C 的方向运行,拖动皮带输送机的三相交流电动机的运行。

若投入的是金属元件,则送达位置 A,皮带输送机停止,位置 A 的气缸活塞杆伸出,将金属元件推入出料斜槽 1,然后气缸活塞杆自动缩回复位。

若投入的是白色塑料元件,则送达位置 B,皮带输送机机停止,位置 B 的气缸活塞杆伸出,将白色塑料元件推入出料斜槽 2,然后气缸活塞杆自动缩回复位。

若投入的是黑色塑料元件,则送达位置 C,皮带输送机停止,位置 C 的气缸活塞杆伸出,将黑色塑料元件推入出料斜槽 3,然后气缸活塞杆自动缩回复位。

在位置 A、B 或 C 的气缸活塞杆复位后,才可在皮带输送机上放入下一个待分拣的元件。按下停止按钮,则在元件分拣完成后自动停止。

课题目的 ➡

1. 能根据要求进行 I/O 分配。
2. 能在三菱 FX2N 系列 PLC 上进行安装接线。
3. 能根据工艺要求进行程序设计并调试。

课题重点 ➡

1. 能根据工艺要求进行程序设计。
2. 调试达到控制要求。

课题难点 ➡

不同要求下编制控制程序并调试。

7.1.1 分拣输送带简单分拣处理程序

设定输入/输出(I/O)分配表,如表 7-1 所示。

表 7-1 PLC 控制输送带分拣的 I/O 分配表

输入		输出	
输入设备	输入编号	输出设备	输出编号
起动按钮 SB1	X000	输送带电动机	Y000
停止按钮 SB2	X001	气缸 1 推出电磁阀	Y001
落料传感器	X002	气缸 2 推出电磁阀	Y002
电感传感器	X003	气缸 3 推出电磁阀	Y003
光纤传感器 A	X004		
光纤传感器 B	X005		
气缸 1 推出磁性开关	X006		
气缸 1 缩回磁性开关	X007		
气缸 2 推出磁性开关	X010		

续表

输入		输出	
输入设备	输入编号	输出设备	输出编号
气缸 2 缩回磁性开关	X011		
气缸 3 推出磁性开关	X012		
气缸 3 缩回磁性开关	X013		

要实现上述的输送带分拣过程，首先要对传感器进行设定和调整。落料传感器通常采用电容式的接近开关，应调整为既能检测到金属元件又能检测到白塑料元件和黑塑料元件的状态。通常这类传感器对上述三类元件的敏感程度依次为金属元件、白色塑料元件、黑色塑料元件，因此只需调整为投入黑色塑料元件能检测到即可。电感传感器只能用于检测金属元件，因此调整为检测到金属元件即可。

光纤传感器的放大器如图 7-2 所示，调节其中部的旋转灵敏度高速旋钮可进行放大器灵敏度的调节。调节时可以看到入光亮显示灯发光情况的变化。当检测到物料时，动作显示灯会发光，提示检测到物料。

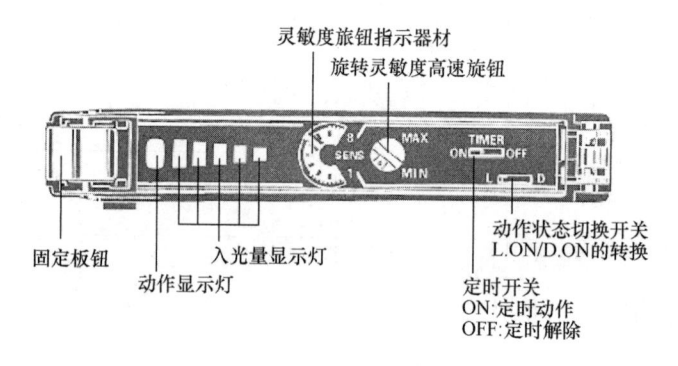

图 7-2 光纤传感器的放大器

光纤传感器 A 调整灵敏度为可检测白色塑料元件，注意此时光纤传感器 A 也能检测到金属元件。光纤传感器 B 调整灵敏度为可检测黑色塑料元件，注意此时光纤传感器 B 也能检测到金属元件和白色塑料元件。

调整好各类传感元件后，由于金属元件推入出料斜槽 1，则光纤传感器 A 只可能检测到白色塑料元件。同理，光纤传感器 B 只可能检测到黑色塑料元件。因此，编程较为简单。按照工艺控制要求编写的状态转移图如图 7-3 所示。

7.1.2 分拣输送带自检处理程序

若将控制要求改变如下：

按下起动按钮 SB1，设备起动。当落料传感器检测到有元件投入落料口时，皮带输送机按从位置 A 到位置 C 的方向运行，拖动皮带输送机的三相交流电动机的运行。

若投入的是金属元件，则送达位置 B，皮带输送机停止，位置 B 的气缸活塞杆伸出，将金属元件推入出料斜槽 2，然后气缸活塞杆自动缩回复位。

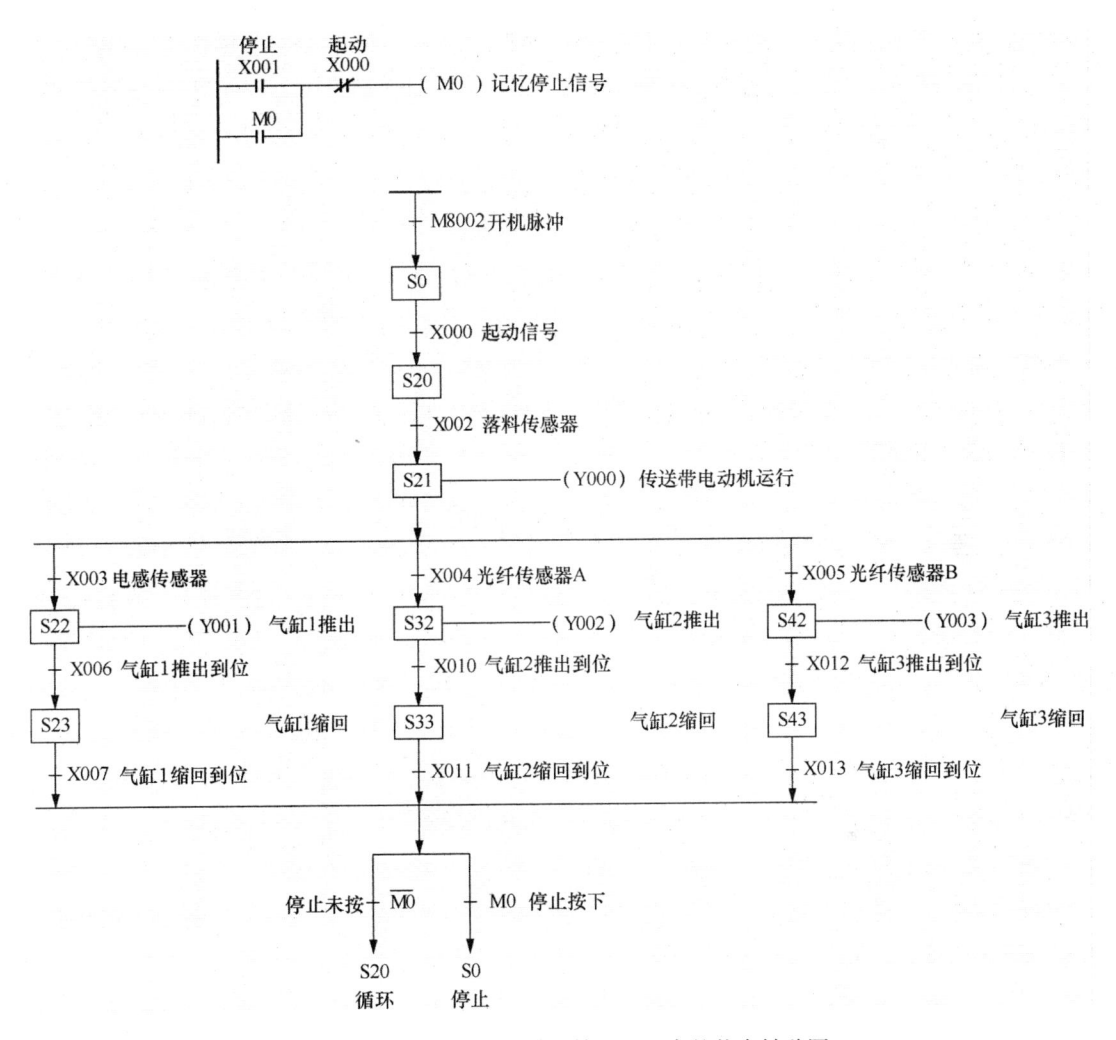

图 7-3 分拣输送带简单分拣处理程序的状态转移图

若投入的是白色塑料元件，则送达位置 C，皮带输送机停止，位置 C 的气缸活塞杆伸出，将白色塑料元件推入出料斜槽 3，然后气缸活塞杆自动缩回复位。

若投入的是黑色塑料元件，则送达位置 A，皮带输送机停止，位置 A 的气缸活塞杆伸出，将黑色塑料元件推入出料斜槽 1，然后气缸活塞杆自动缩回复位。

在位置 A、B 或 C 的气缸活塞杆复位后，才可在皮带输送机上放入下一个待分拣的元件。按下停止按钮，则在元件分拣完成后自动停止。

根据上述工艺要求，可使用原有的 I/O 分配，但控制程序将麻烦很多。例如，由于黑色塑料元件要在 A 位置推入出料斜槽 1，则必须在 A 位置就判断出投入的元件是否是黑色塑料元件。

此时可借用落料传感器和电感传感器在 A 位置判别元件的属性。落料传感器为电容传感器，它对金属元件与白色塑料元件的敏感度差不多，但对黑色塑料元件的灵敏度明显低于金属元件与白色塑料元件。当黑色塑料元件、白色塑料元件、金属元件分别投入落料口后，随输送带转动而远离电容传感器时，最先消失信号的是黑色塑料元件，其次为金属元件或白色塑料元件。当元件进入电感传感器的下方，若电感传感器检测出有信号，此时即为金属元件；若检测不到，则此时的元件为白色塑料元件。根据以上原理在 A 位置就可以判断出投入的元件属性。

假设输送带转动后，在 0.4s 后落料传感器就检测不到黑色塑料元件，而元件在 0.9s 后一定会运行到电感传感器下方，编写控制梯形图，如图 7-4 所示。图 7-4 中，当落料传感器检测到投入元件时置位 M0，利用 M0 保持进行计时，分别用 T0 计时 0.4s、T1 计时 0.9s、T2 计时 1.3s。0.4s 到的瞬间，落料传感器检测不到元件，则该元件为黑色塑料元件；落料传感器仍检测到元件，则该元件为白色塑料元件或金属元件。0.9s 到的瞬间，对白色塑料元件或金属元件用电感传感器检测，检测不到则为白色塑料元件，检测到则为金属元件。1.3s 到，复位记忆元件 M0。

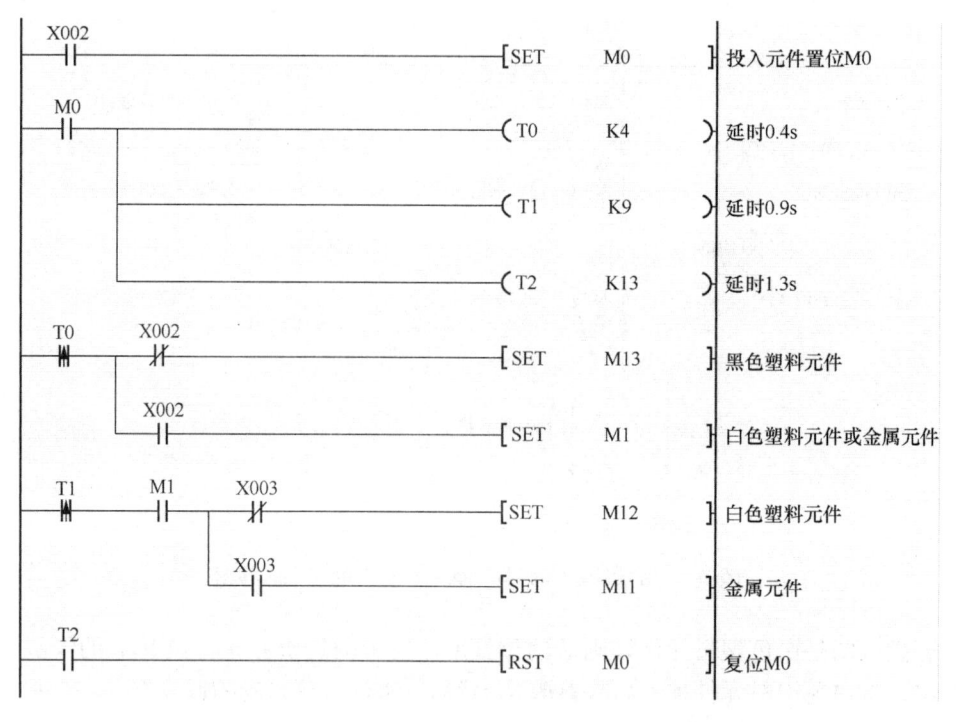

图 7-4　用三个定时器在位置 A 判断元件属性的梯形图

图 7-4 中的检测使用了三个定时器，可采用如图 7-5 所示的形式，用一个定时器解决问题。

当然，检测的方式多种多样，可以换个角度考虑。投入元件后，落料传感器检测到的元件假定为黑色塑料元件，如 0.4s 后仍能被落料传感器检测，则认为是白色元件，如 0.9s 时被电感传感器检测到，则为金属元件。按照该思路控制的梯形图如图7-6 所示。图 7-6 中，当落料传感器检测到投入元件时置位 M0，利用 M0 保持进行计时，分别用 T0 计时 0.4s、T1 计时 0.9s、T2 计时 1.3s。直接设定该元件为黑色塑料元件，0.4s 到的瞬间，落料传感器仍检测到元件，则该元件为白色塑料元件，清除原有黑色

第 7 章 自动化生产线的安装调试

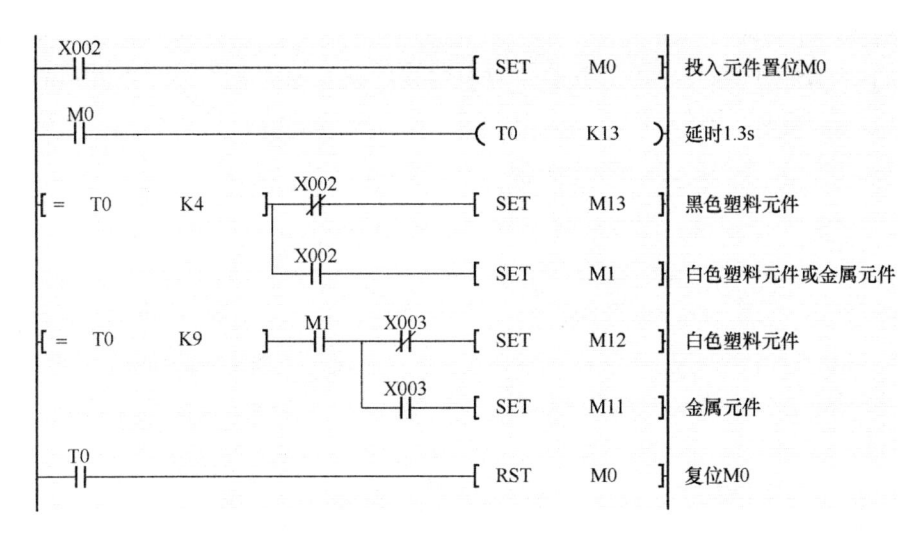

```
    X002
    ─┤├─────────────────────────[ SET    M0   ]  投入元件置位M0

    M0
    ─┤├─────────────────────────( T0     K13  )  延时1.3s

                    X002
    [= T0  K4]──┬──┤/├──────────[ SET    M13  ]  黑色塑料元件
                │   X002
                └──┤├───────────[ SET    M1   ]  白色塑料元件或金属元件

                    M1   X003
    [= T0  K9]──┬──┤├──┤/├──────[ SET    M12  ]  白色塑料元件
                │        X003
                └───────┤├──────[ SET    M11  ]  金属元件

    T0
    ─┤├─────────────────────────[ RST    M0   ]  复位M0
```

图 7-5 用一个定时器在位置 A 判断元件属性的梯形图

塑料元件的设定，检测不到则说明设定正确。0.9s 到的瞬间，电感传感器检测，检测到则为金属元件，清除原有白色塑料元件的设定，检测不到则说明设定正确。1.3s 到，复位记忆元件 M0。

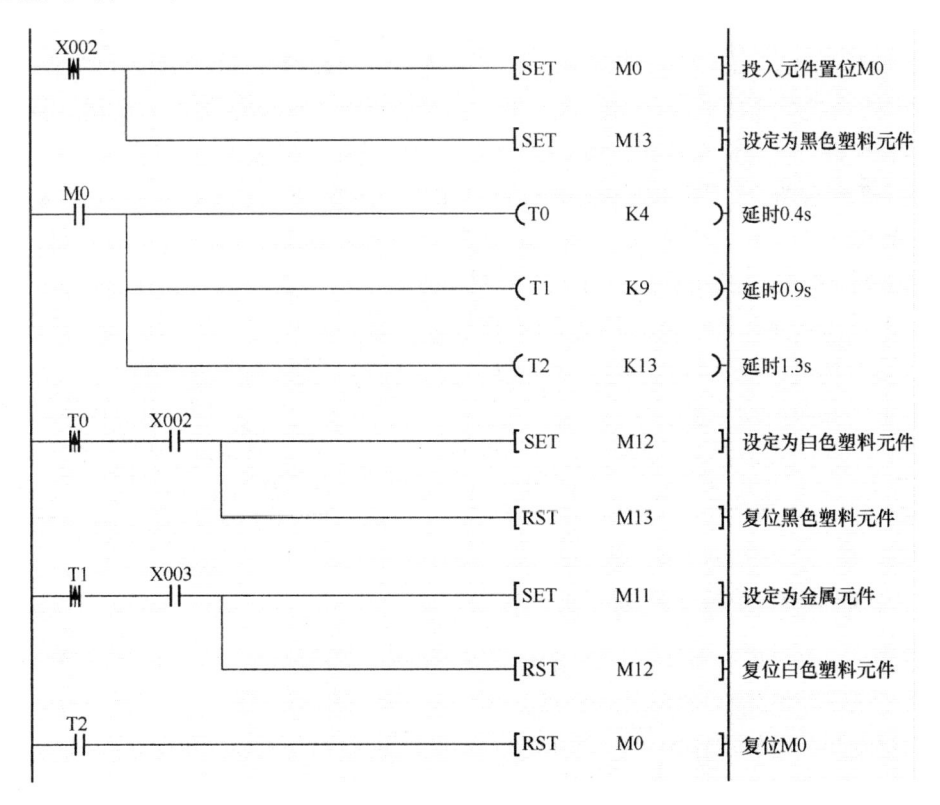

```
    X002
    ─┤├──┬────────────────────[ SET    M0   ]  投入元件置位M0
         │
         └────────────────────[ SET    M13  ]  设定为黑色塑料元件

    M0
    ─┤├──┬────────────────────( T0     K4   )  延时0.4s
         │
         ├────────────────────( T1     K9   )  延时0.9s
         │
         └────────────────────( T2     K13  )  延时1.3s

    T0   X002
    ─┤├──┤├──┬────────────────[ SET    M12  ]  设定为白色塑料元件
             │
             └────────────────[ RST    M13  ]  复位黑色塑料元件

    T1   X003
    ─┤├──┤├──┬────────────────[ SET    M11  ]  设定为金属元件
             │
             └────────────────[ RST    M12  ]  复位白色塑料元件

    T2
    ─┤├───────────────────────[ RST    M0   ]  复位M0
```

图 7-6 用排除假设的方法在位置 A 判断元件属性的梯形图

上述程序中的两个时间 0.4s、0.9s 是预先假定的。以上的检测方式，其准确性来源于时间，而该时间与传感器的安装位置、调整的灵敏度都有关，想要得到准确的时间值，需反复调试、测试。在实际控制程序中人们通常采用自检的方式用机器测试时间，调整时间。可采用两次投料检测时间，如图 7-7 所示。只需依次投入金属元件一次、黑色塑料元件一次，即可获取 D0、D1 两个时间数据，将图 7-4～图 7-6 中的 K4 用 D0 替代，K9 用 D1 替代，就可以实现时间的自动检测设定。另外，若输送带运行速度太快，则可考虑用 0.01s 的定时器完成该工作。

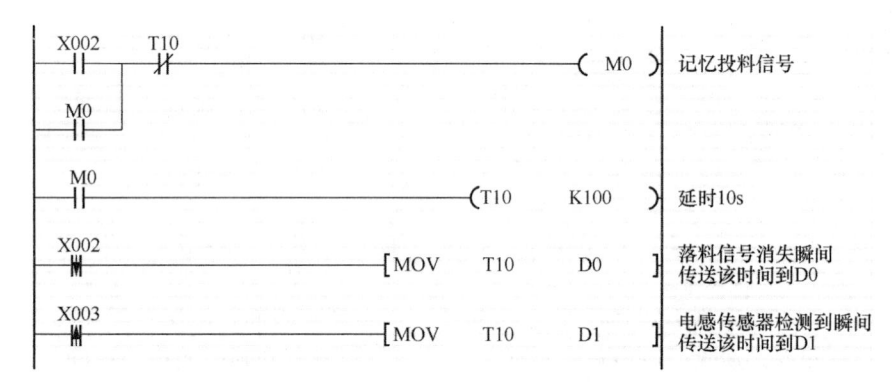

图 7-7 时间自检梯形图

将自检程序、元件识别程序用 X020 输入进行隔离，按下 X020 输入进行自检，松开 X020 输入进行元件识别，如图 7-8 所示。注意自检时必须依次投入金属元件一次、黑色塑料元件一次，顺序不可颠倒，否则会出错。

图 7-8 配合图 7-9 所示的分拣状态转移图即可实现以下控制要求：投入金属元件则送达位置 B，推入出料斜槽 2；投入白色塑料元件则送达位置 C，推入出料斜槽 3；投入黑色塑料元件则送达位置 A，推入出料斜槽 1。

必须指出：图 7-9 的状态图中只是体现了各类元件的到位检测信号，实际应用中，传感器检测的是元件的边缘，因此各类元件若要准确地推入出料斜槽，在各元件进入推料状态后还需进一步调整延时控制电动机的停止。同时，电动机是惯性负载，停止信号发出后是否立即停止，还跟驱动电动机的变频器的输出频率以及变频器的下降时间参数有关。图 7-9 中假定 1s 电动机运行输送元件到达出料斜槽 1 的位置。

7.1.3 分拣输送带单料仓包装问题

分拣输送带的单一属性元件分拣通常较为简单，但实际生产中通常提出料仓组合包装的要求，如对控制功能提出如下要求：

通过皮带输送机位置的进料口到达输送带上的元件，分拣的方式为：放入输送带上金属、白色塑料或黑色塑料中每种元件的第一个，由位置 A 的气缸 1 推入出料斜槽 1，每种元件第二个由位置 B 的气缸 2 推入出料斜槽 2，每种元件第二个以后的则由位置 C 的气缸 3 推入出料斜槽 3。每次将元件推入斜槽，气缸活塞杆缩回后，从进料口放

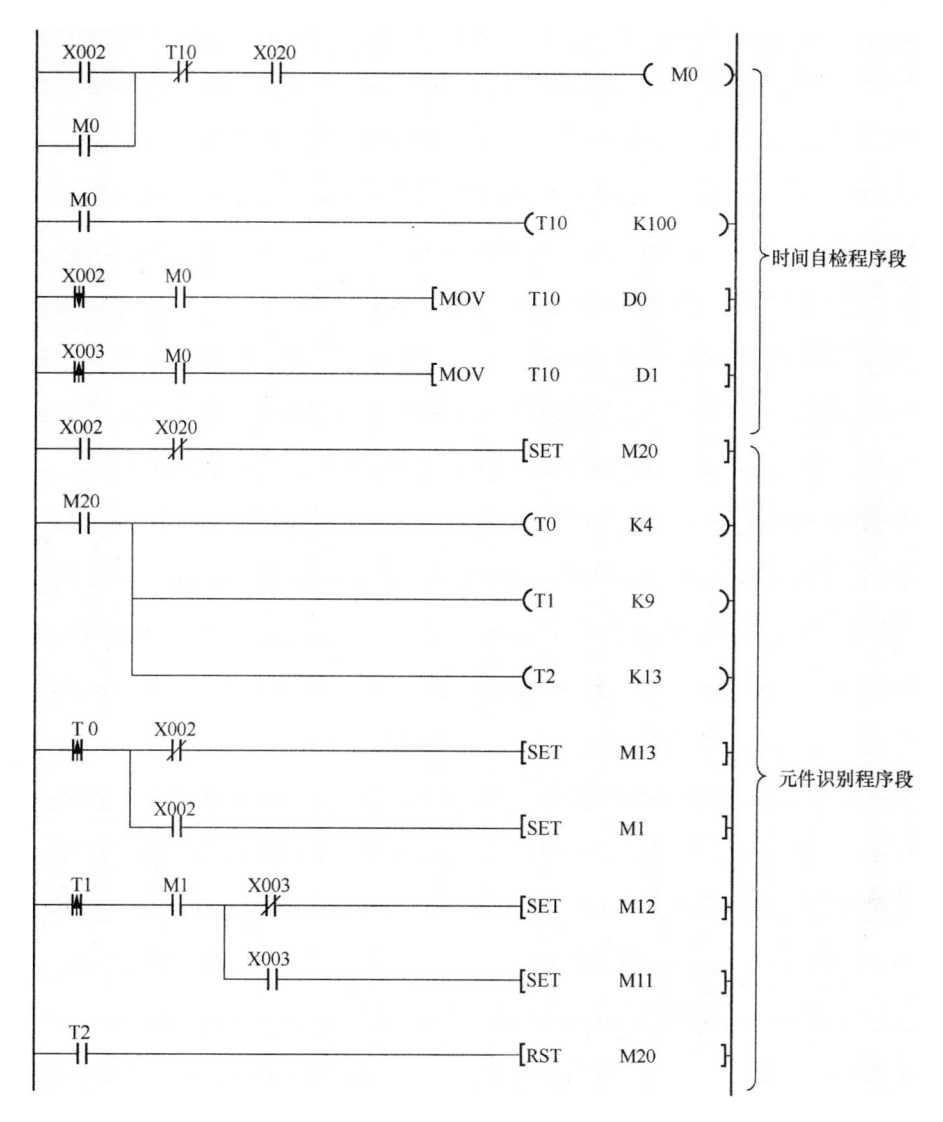

图 7-8 带自检处理程序的在位置 A 判断元件属性的梯形图

入下一个元件。

当出料斜槽 1 和出料斜槽 2 中各有 1 个金属、白色塑料和黑色塑料元件时，设备停止运行，此时指示灯 HL1（Y004）按亮 1s、灭 1s 的方式闪烁，指示设备正在进行包装。包装时间规定为 5s。完成包装后，设备继续运行，进行下一轮的分拣与包装。

按照该控制要求，则必须进一步知道每根出料斜槽中放入了哪些元件。采用 M11、M12、M13 分别记忆输送带上的金属、白色塑料、黑色塑料元件，采用 M21、M22、M23 分别记忆出料斜槽 1 中的金属、白色塑料、黑色塑料元件，采用 M31、M32、M33 分别记忆出料斜槽 2 中的金属、白色塑料、黑色塑料元件。

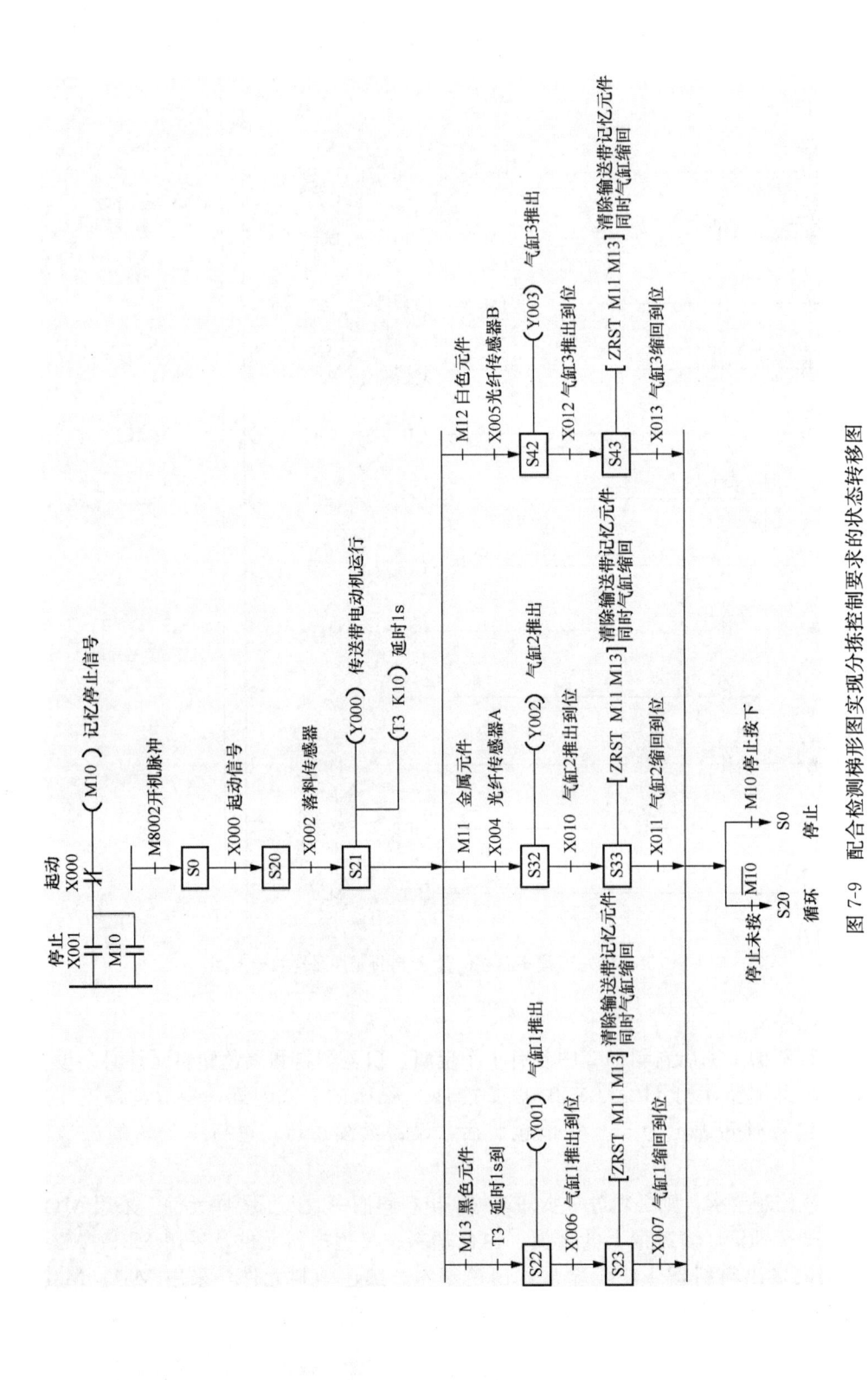

图 7-9 配合检测梯形图实现分拣控制要求的状态转移图

出料斜槽1的驱动条件为：当元件到达位置A时，检测到输送带上的元件为金属元件，当出料斜槽1中无金属元件，则推料气缸1动作；检测到输送带上的元件为白色塑料元件，当出料斜槽1中无白色塑料元件，则推料气缸1动作；检测到输送带上的元件为黑色塑料元件，当出料斜槽1中无黑色塑料元件，则推料气缸1动作；否则，推料气缸1不动作。

如图7-10所示，推料气缸1的动作由状态S22控制，则可得出进入S22状态的条件为

$$S22 = (M11 \cdot \overline{M21} + M12 \cdot \overline{M22} + M13 \cdot \overline{M23}) \cdot T3$$

驱动气缸1动作的同时需记忆出料斜槽1中元件的性质。

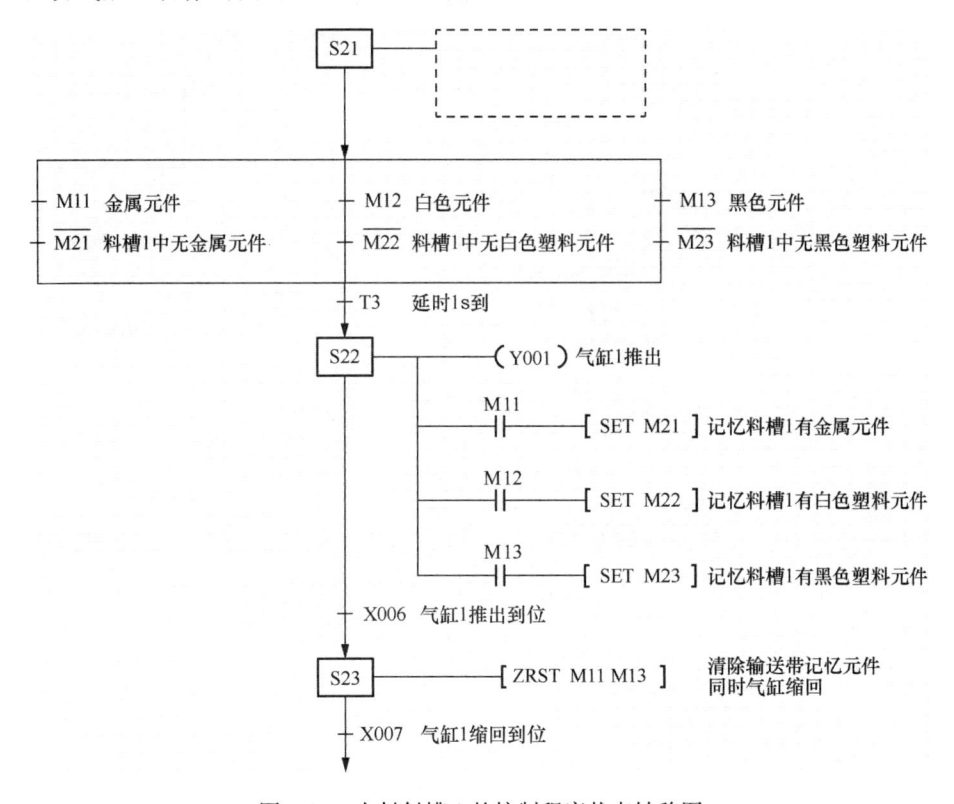

图7-10 出料斜槽1的控制程序状态转移图

此时将位置B的光纤传感器A调整为可检测到任何属性的元件，同理可得出出料斜槽2的驱动条件为：当元件到达位置B时，检测到输送带上的元件为金属元件，当出料斜槽2中无金属元件，则推料气缸2动作；检测到输送带上的元件为白色塑料元件，当出料斜槽2中无白色塑料元件，则推料气缸2动作；检测到输送带上的元件为黑色塑料元件，当出料斜槽2中无黑色塑料元件，则推料气缸2动作；否则，推料气缸2不动作。

如图7-11所示，推料气缸2的动作由状态S32控制，则可得出进入S32状态的条件为

$$S32 = (M11 \cdot \overline{M31} + M12 \cdot \overline{M32} + M13 \cdot \overline{M33}) \cdot X004$$

驱动气缸 2 动作的同时需记忆出料斜槽 2 中元件的性质。

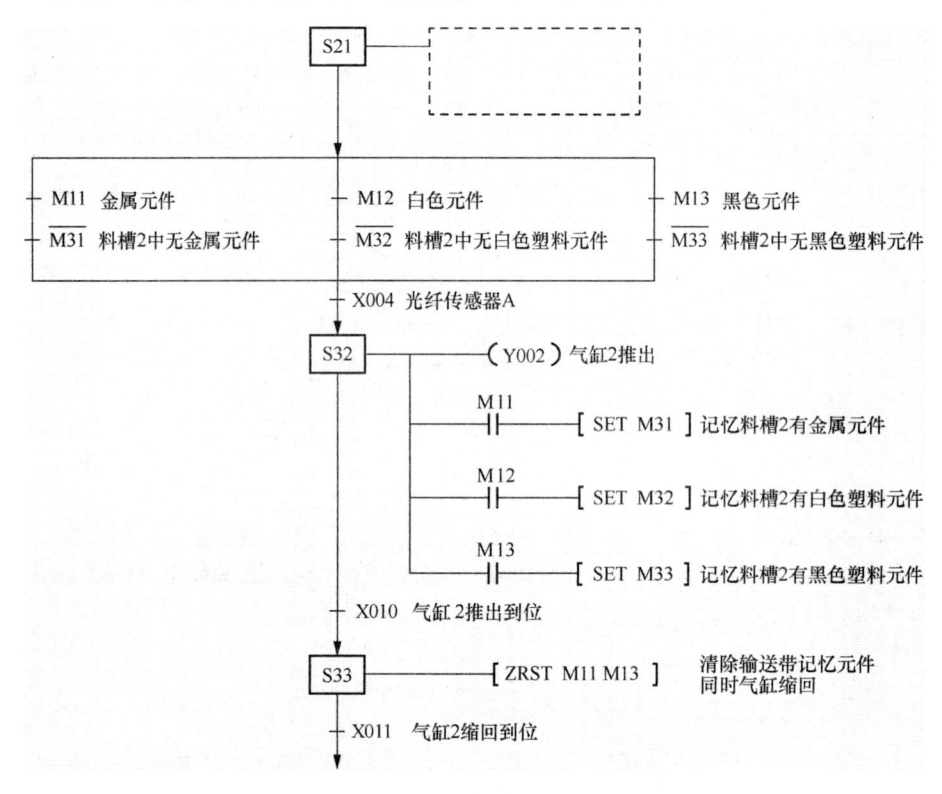

```
        ┌─────┐    ┌ ─ ─ ─ ┐
        │ S21 │────│       │
        └─────┘    └ ─ ─ ─ ┘
           │
┌──────────┼──────────────────────────────────────────┐
│ ┤├ M11 金属元件      ┤├ M12 白色元件      ┤├ M13 黑色元件      │
│ ┤/├ M31 料槽2中无金属元件  ┤/├ M32 料槽2中无白色塑料元件  ┤/├ M33 料槽2中无黑色塑料元件 │
└──────────┼──────────────────────────────────────────┘
           │ X004 光纤传感器A
        ┌─────┐
        │ S32 │────（Y002）气缸2推出
        └─────┘      M11
                    ┤├────[ SET M31 ] 记忆料槽2有金属元件
                      M12
                    ┤├────[ SET M32 ] 记忆料槽2有白色塑料元件
                      M13
                    ┤├────[ SET M33 ] 记忆料槽2有黑色塑料元件
           │ X010 气缸2推出到位
        ┌─────┐
        │ S33 │────[ ZRST M11 M13 ] 清除输送带记忆元件
        └─────┘                     同时气缸缩回
           │ X011 气缸2缩回到位
```

图 7-11 出料斜槽 2 的控制程序状态转移图

此时将位置 C 的光纤传感器 B 调整为可检测到任何属性的元件，则出料斜槽 3 的驱动条件很简单，只要检测到有元件就可推出，同时无需记忆元件的属性。其状态转移图如图 7-12 所示。

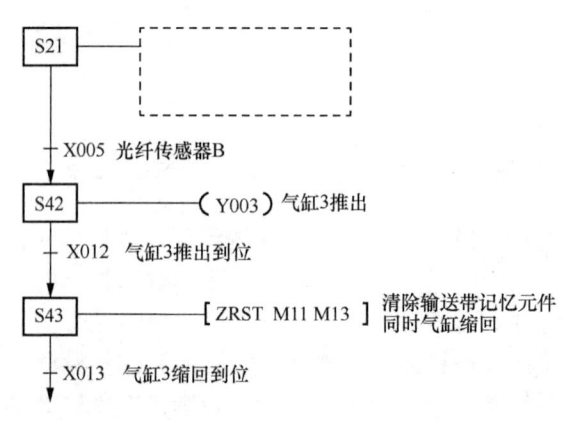

```
        ┌─────┐    ┌ ─ ─ ─ ┐
        │ S21 │────│       │
        └─────┘    └ ─ ─ ─ ┘
           │ X005 光纤传感器B
        ┌─────┐
        │ S42 │────（Y003）气缸3推出
        └─────┘
           │ X012 气缸3推出到位
        ┌─────┐
        │ S43 │────[ ZRST M11 M13 ] 清除输送带记忆元件
        └─────┘                     同时气缸缩回
           │ X013 气缸3缩回到位
```

图 7-12 出料斜槽 3 的控制程序状态转移图

自检程序、元件识别程序仍按图 7-8 所示的梯形图控制。配合检测梯形图将上述三个出料斜槽控制状态转移图合并，完成的状态转移图如图 7-13 所示。

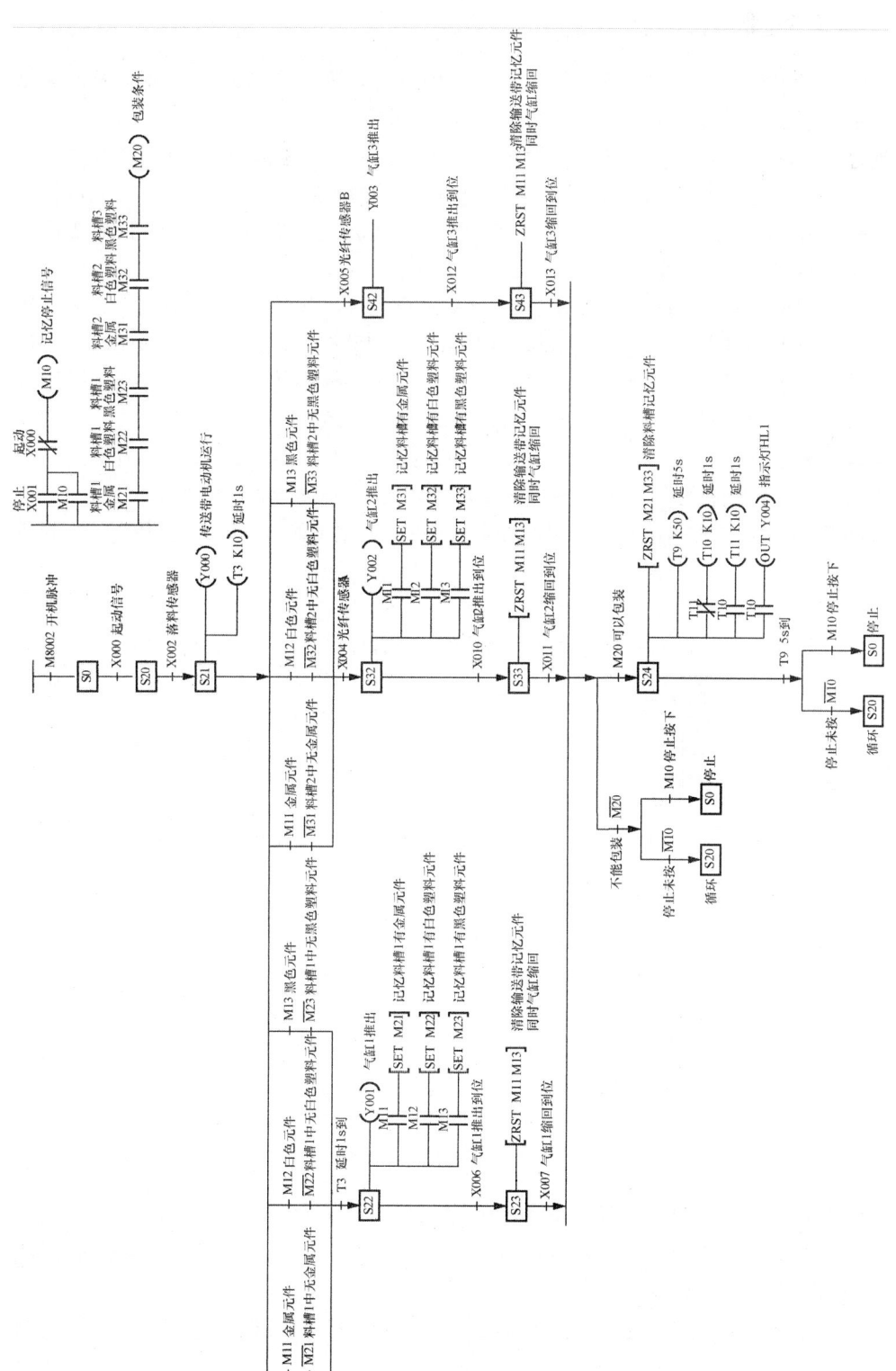

图 7-13 分拣输送带料仓组合包装要求的控制状态转移图

7.1.4 分拣输送带多料仓包装与报警处理问题

实际生产中除了采用上述单出料斜槽包装的情况，为提高包装的效率，通常提出多料仓组合包装的要求，如对控制功能提出如下要求：

通过皮带输送机位置的进料口到达输送带上的元件，分拣的方式为：白色塑料元件由位置 A 的气缸 1 推入出料斜槽 1；黑色塑料元件由位置 B 的气缸 2 推入出料斜槽 2；金属元件由位置 C 的气缸 3 推入出料斜槽 3。每次将元件推入斜槽，气缸活塞杆缩回后，从进料口放入下一个元件。

当出料斜槽 1～3 中各有 2 个元件时，设备停止运行，此时指示灯 HL1（Y004）按亮 1s、灭 1s 的方式闪烁，指示设备正在进行包装。包装时间规定为 5s。完成包装后设备继续运行，进行下一轮的分拣与包装。当一个出料斜槽中元件达到 6 个时，报警灯输出 HL2（Y005），提醒操作人员观察出料斜槽元件，投放其他元件。

按控制要求分析，出料斜槽 1 的驱动条件为：当元件到达位置 A 时，检测到输送带上的元件为白色塑料元件，则推料气缸 1 动作，否则推料气缸 1 不动作。

如图 7-14 所示，推料气缸 1 的动作由状态 S22 控制，则可得出进入 S22 状态的条件为

$$S22 = M12 \cdot T3$$

驱动气缸 1 动作的同时用数据寄存器 D22 记忆出料斜槽 1 中的元件个数。

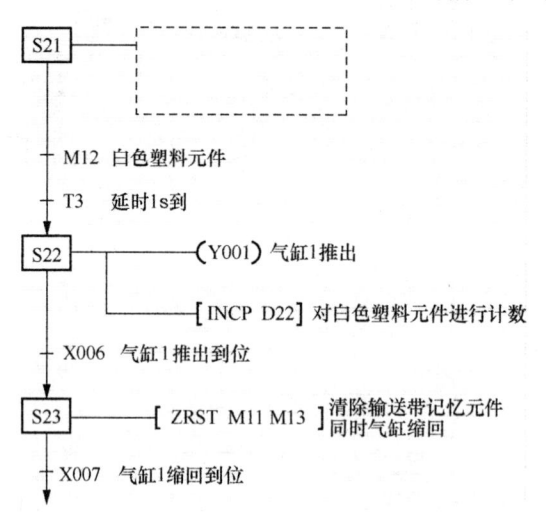

图 7-14 出料斜槽 1 的控制程序状态转移图

此时将位置 B 的光纤传感器 A 调整为可检测到任何属性的元件，同理可得出出料斜槽 2 的驱动条件为：当元件到达位置 B 时，检测到输送带上的元件为黑色塑料元件，则推料气缸 2 动作，否则推料气缸 2 不动作。

如图 7-15 所示，推料气缸 2 的动作由状态 S32 控制，则可得出进入 S32 状态的条件为

$$S32 = M13 \cdot X004$$

驱动气缸 2 动作的同时用数据寄存器 D23 记忆出料斜槽 2 中的元件个数。

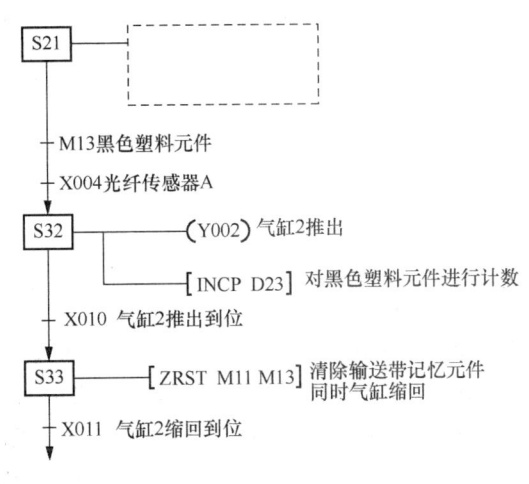

```
 ┌─────┐  ┌ ─ ─ ─ ┐
 │ S21 ├──│       │
 └──┬──┘  └ ─ ─ ─ ┘
    │
    ├ M13 黑色塑料元件
    │
    ├ X004 光纤传感器 A
    │
 ┌──┴──┐     ┌─(Y002) 气缸 2 推出
 │ S32 ├─────┤
 └──┬──┘     └─[INCP D23] 对黑色塑料元件进行计数
    │
    ├ X010 气缸 2 推出到位
    │
 ┌──┴──┐     ┌─[ZRST M11 M13] 清除输送带记忆元件
 │ S33 ├─────┤                同时气缸缩回
 └──┬──┘     
    │
    ├ X011 气缸 2 缩回到位
```

图 7-15 出料斜槽 2 的控制程序状态转移图

此时将位置 C 的光纤传感器 B 调整为可检测到任何属性的元件，则出料斜槽 3 的驱动条件为：当元件到达位置 C 时，检测到输送带上的元件为金属元件，则推料气缸 3 动作，否则推料气缸 3 不动作。

如图 7-16 所示，推料气缸 3 的动作由状态 S42 控制，则可得出进入 S42 状态的条件为

$$S42 = M11 \cdot X005$$

驱动气缸 3 动作的同时用数据寄存器 D21 记忆出料斜槽 3 中的元件个数。

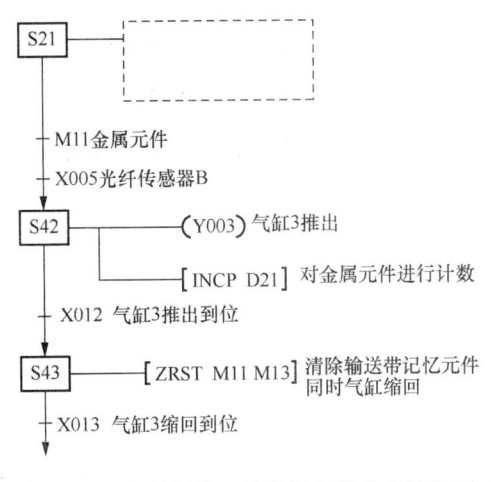

```
 ┌─────┐  ┌ ─ ─ ─ ┐
 │ S21 ├──│       │
 └──┬──┘  └ ─ ─ ─ ┘
    │
    ├ M11 金属元件
    │
    ├ X005 光纤传感器 B
    │
 ┌──┴──┐     ┌─(Y003) 气缸 3 推出
 │ S42 ├─────┤
 └──┬──┘     └─[INCP D21] 对金属元件进行计数
    │
    ├ X012 气缸 3 推出到位
    │
 ┌──┴──┐     ┌─[ZRST M11 M13] 清除输送带记忆元件
 │ S43 ├─────┤                同时气缸缩回
 └──┬──┘
    │
    ├ X013 气缸 3 缩回到位
```

图 7-16 出料斜槽 3 的控制程序状态转移图

这种控制要求实际是要求编程人员对各出料斜槽中的元件进行计数处理，在各出料斜槽都满足要求时进行包装。当某根出料斜槽计数值达到 6 时，产生报警信号。其控制梯形图如图 7-17 所示。

当出料斜槽 1~3 中各有 2 个元件时，设备停止运行，此时指示灯 HL1（Y004）按

```
         金属元件≥2        白色塑料元件≥2      黑色塑料元件≥2
    ├──[ >= D21 K2 ]──┬──[ >= D22 K2 ]──┬──[ >= D23 K2 ]──────────( M20 )   包装条件
    │                 │                 │
    │   金属元件≥6     │                 │
    ├──[ >= D21 K6 ]──┤                 │                        ( Y005 )  报警信号
    │                 │                 │
    │   白色塑料元件≥6 │                 │
    ├──[ >= D22 K6 ]──┤                 │
    │                 │                 │
    │   黑色塑料元件≥6 │                 │
    └──[ >= D23 K6 ]──┘
```

图 7-17　判别包装条件与产生报警信号的梯形图

亮 1s、灭 1s 的方式闪烁,指示设备正在进行包装。包装时间规定为 5s。完成包装后,设备继续运行,进行下一轮的分拣与包装。当一个出料斜槽中元件达到 6 个时,报警灯输出 HL2（Y005）,提醒操作人员观察出料斜槽元件,投放其他元件。

包装时应将各出料斜槽的计数值各自减去 2。包装控制的状态转移图如图 7-18 所示。

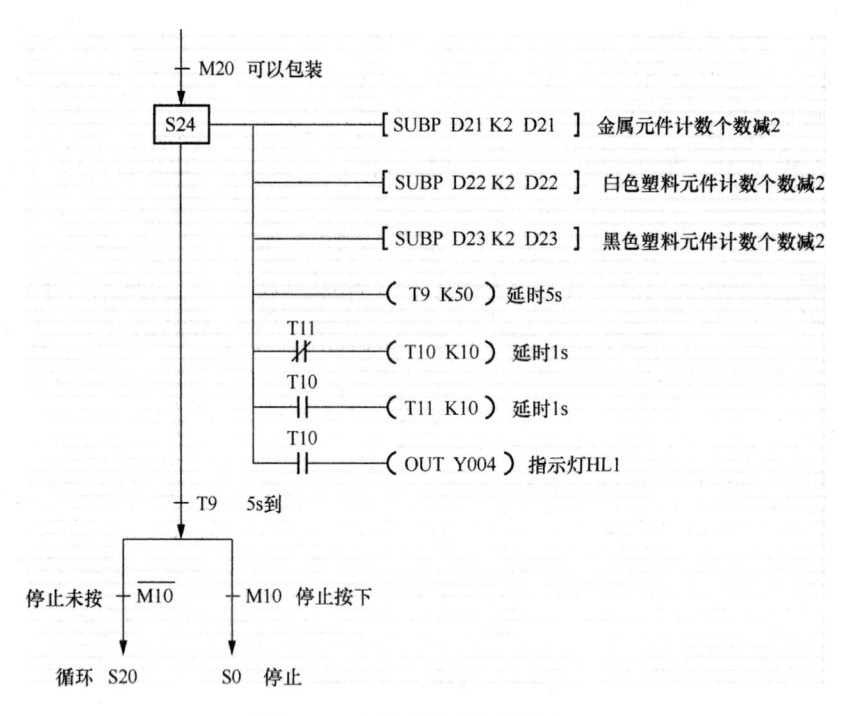

```
              ┼ M20  可以包装
         ┌───┐
         │S24│─────[ SUBP D21 K2 D21 ]  金属元件计数个数减2
         └───┘
           │
           ├─────[ SUBP D22 K2 D22 ]  白色塑料元件计数个数减2
           │
           ├─────[ SUBP D23 K2 D23 ]  黑色塑料元件计数个数减2
           │
           ├─────( T9 K50 )  延时5s
           │
           │  T11
           ├──┤/├──( T10 K10 )  延时1s
           │
           │  T10
           ├──┤ ├──( T11 K10 )  延时1s
           │
           │  T10
           └──┤ ├──( OUT Y004 )  指示灯HL1
           │
          ┼ T9   5s到
         ┌─┴─┐
   停止未按┤M10    ┤M10 停止按下
         │         │
         ▼         ▼
       循环 S20   S0 停止
```

图 7-18　包装控制的状态转移图

自检程序、元件识别程序仍按图 7-8 所示的梯形图控制。配合检测梯形图将上述三个出料斜槽控制状态转移图合并,完成的状态转移图如图 7-19 所示。

第 7 章 自动化生产线的安装调试

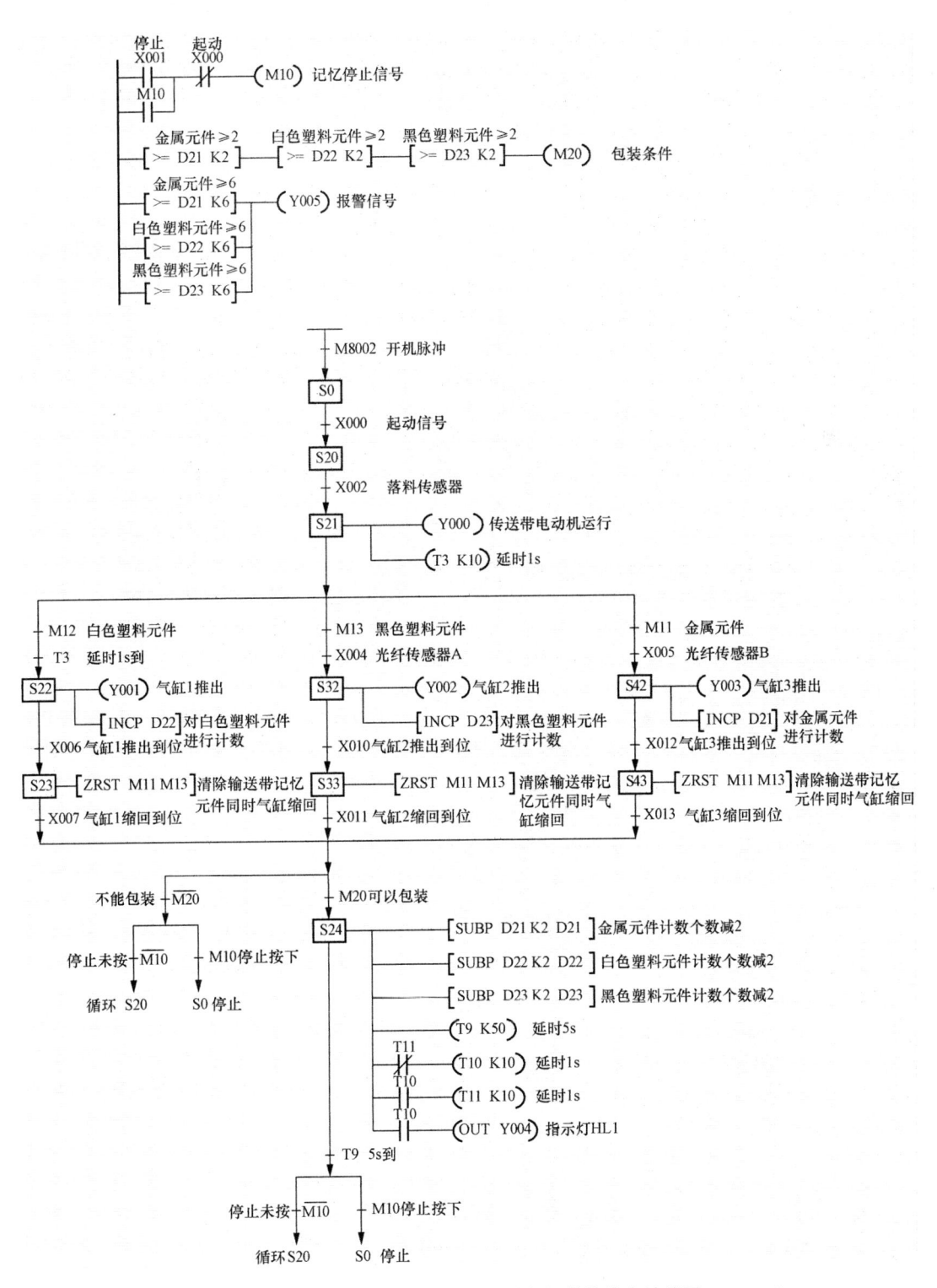

```
     停止    起动
     X001   X000
  ├──┤├────┤/├──────────────(M10) 记忆停止信号
  │   M10
  ├──┤├──┤
     金属元件≥2      白色塑料元件≥2    黑色塑料元件≥2
  ├──[>= D21 K2]──[>= D22 K2]──[>= D23 K2]──(M20) 包装条件
     金属元件≥6
  ├──[>= D21 K6]──┬──(Y005) 报警信号
     白色塑料元件≥6  │
  ├──[>= D22 K6]──┤
     黑色塑料元件≥6  │
  ├──[>= D23 K6]──┘
```

```
                    │ M8002 开机脉冲
                   ┌─┴─┐
                   │S0 │
                   └─┬─┘
                    │ X000 起动信号
                   ┌─┴─┐
                   │S20│
                   └─┬─┘
                    │ X002 落料传感器
                   ┌─┴─┐
                   │S21│──(Y000) 传送带电动机运行
                   └─┬─┘──(T3 K10) 延时1s
     ┌──────────────┼──────────────┐
  M12 白色塑料元件   M13 黑色塑料元件   M11 金属元件
  T3 延时1s到       X004 光纤传感器A    X005 光纤传感器B
  ┌─┴─┐             ┌─┴─┐             ┌─┴─┐
  │S22│(Y001)气缸1推出 │S32│(Y002)气缸2推出 │S42│(Y003)气缸3推出
  └─┬─┘[INCP D22]对白色塑料元件 └─┬─┘[INCP D23]对黑色塑料元件 └─┬─┘[INCP D21]对金属元件
      X006气缸1推出到位 进行计数      X010气缸2推出到位 进行计数    X012气缸3推出到位 进行计数
  ┌─┴─┐[ZRST M11 M13]清除输送带记忆 ┌─┴─┐[ZRST M11 M13]清除输送带记 ┌─┴─┐[ZRST M11 M13]清除输送带记忆
  │S23│              │S33│忆元件同时气             │S43│元件同时气缸缩回
  └─┬─┘元件同时气缸缩回 └─┬─┘缸缩回                  └─┬─┘
     X007气缸1缩回到位   X011气缸2缩回到位           X013气缸3缩回到位
     └──────────────┼──────────────┘
         不能包装 ─M̄20̄  │ M20可以包装
                     ┌─┴─┐
                     │S24│──[SUBP D21 K2 D21]金属元件计数个数减2
                     └─┬─┘──[SUBP D22 K2 D22]白色塑料元件计数个数减2
                        ──[SUBP D23 K2 D23]黑色塑料元件计数个数减2
                        ──(T9 K50)延时5s
                        ── T11
                           ─┤/├──(T10 K10)延时1s
                            T10
                           ─┤├──(T11 K10)延时1s
                            T10
                           ─┤├──(OUT Y004)指示灯HL1
  停止未按─M̄10̄  M10停止按下
  循环S20      S0停止          │ T9 5s到
                        停止未按─M̄10̄  M10停止按下
                        循环S20      S0停止
```

图 7-19 分拣输送带多料仓包装与报警的状态转移图

7.2　机械手系统的安装与调试

课题分析

如图 7-20 所示，根据控制要求和输入输出端口分配表编制 PLC 控制程序。控制要求如下。

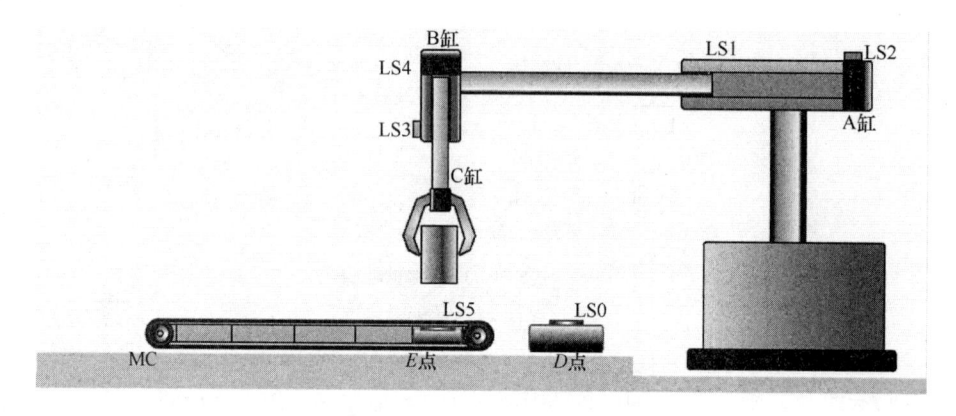

图 7-20　PLC 控制机械手

传送带将工件输送至 E 处，传感器 LS5 检测到有工件，则停止传送带，由机械手从原点（为右上方达到的极限位置，其右限位开关闭合，上限位开关闭合，机械手处于夹紧状态）把工件从 E 处搬到 D 处。

当工件处于 D 处上方准备下放时，为确保安全，用光电开关 LS0 检测 D 处有无工件。只有在 D 处无工件时才能发出下放信号。

机械手工作过程：起动机械手左移到 E 处上方→下降到 E 处位置→夹紧工件→夹住工件上升到顶端→机械手横向移动到右端，进行光电检测→下降到 D 处位置→机械手放松，把工件放到 D 处→机械手上升到顶端→机械手横向移动，返回到左端原点处。

课题目的

1. 能根据要求进行 I/O 分配。
2. 能在三菱 FX2N 系列 PLC 上进行安装接线。
3. 能根据工艺要求进行程序设计并调试。

课题重点

1. 能根据工艺要求进行程序设计。
2. 调试程序达到控制要求。

课题难点

不同要求下编制控制程序与调试。

7.2.1 PLC控制简单机械手（单作用气缸）的急停问题处理

要求按起动按钮SB1后，机械手连续作循环；中途按停止按钮SB2，机械手完成本次循环后停止。为保证操作安全，设定急停按钮SB3，按下急停按钮，机械手立即停止运行，处理完不安全因素，再松开急停按钮SB3，机械手继续将工件搬运至D处，回到原点后停止。

设定输入输出分配表，如表7-2所示。

表7-2　PLC控制机械手的I/O分配表

输入		输出	
输入设备	输入编号	输出设备	输出编号
起动按钮SB1	X010	传送带	Y000
停止按钮SB2	X011	左移电磁阀	Y001
急停按钮SB3（常闭）	X012	下降电磁阀	Y002
光电检测开关LS0	X000	放松电磁阀	Y003
左移到位LS1	X001		
右移到位LS2	X002		
下降到位LS3	X003		
上升到位LS4	X004		
工件检测LS5	X005		
夹紧到位LS6	X006		
放松到位LS7	X007		

由输入输出分配表中的输出部分可以看出，该机械手采用的是单电控的电磁阀控制，根据控制要求中急停的要求，按下急停按钮SB3，机械手立即停止运行，此时就造成了麻烦，即急停时必须保证原有的输出继续，而不能简单地将输出信号全部切除。

例如，原本Y001得电，机械手左移伸出，若Y001失电，则机械手右移缩回，而不是立即停止。更典型的Y003控制放松，是从安全的角度考虑，若系统正在搬运工件，该系统突然断电，此时只要还有气压，机械手就不会放松物体。若采用的是初始状态放松，Y003得电为夹紧动作，该系统突然断电，机械手松开，将造成物体的下落。

可以根据控制要求先编写基本工艺中的搬运过程，再重点考虑急停处理问题。按要求按下急停按钮，机械手立即停止，并保持原有的输出情况；再按复位，则运行完停止。实际就是要机械手的状态保留在原状态，而不再根据条件进行转移。可在每一个转移条件中加入急停信号，用来禁止转移。根据控制要求编写的状态转移图如图7-21所示。

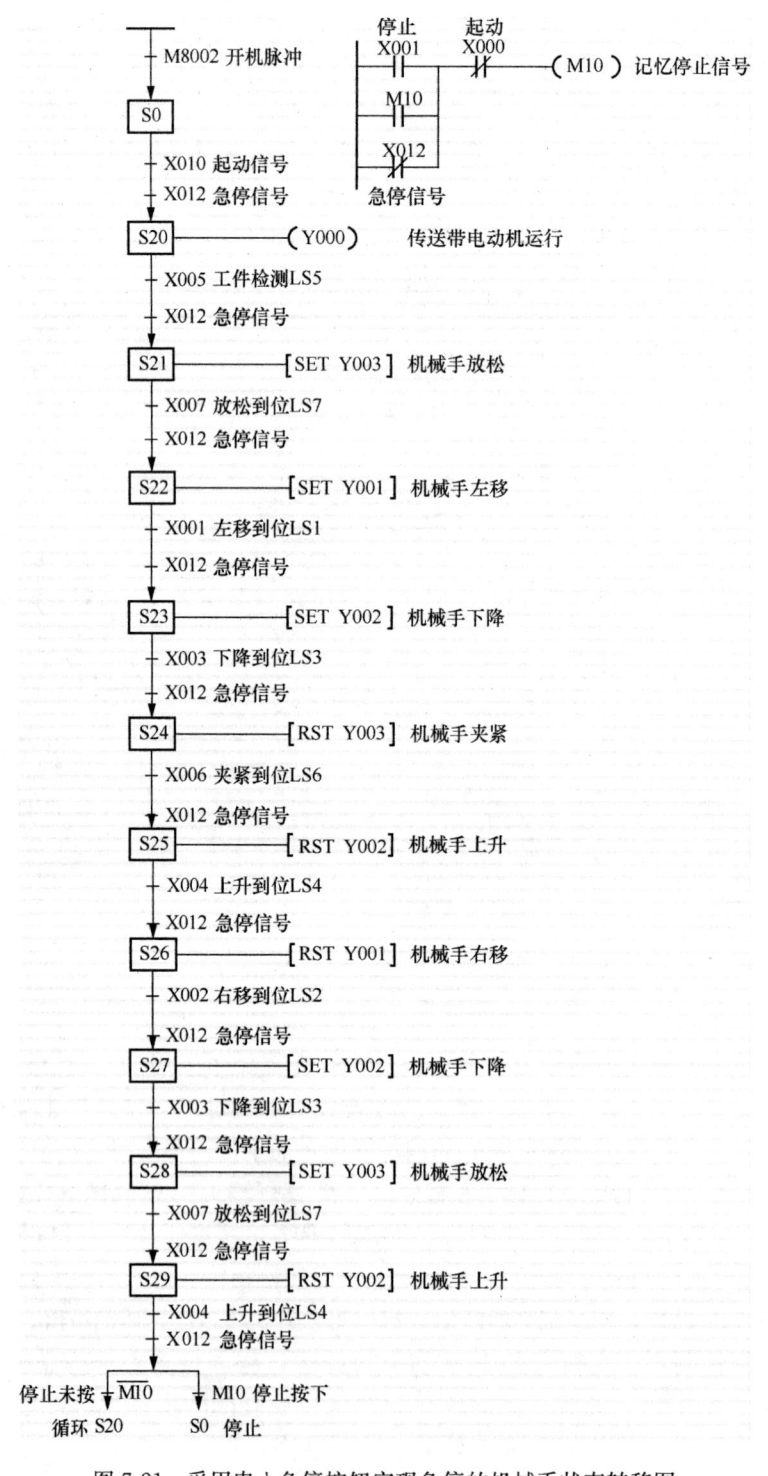

```
                                    停止      起动
         ┤ M8002 开机脉冲             X001    X000
                                    ─┤├──────┤/├──────( M10 ) 记忆停止信号
         ┌──┐                         M10
         │S0│                        ─┤├─
         └──┘                         X012
          │                          ─┤├─
         ┤ X010 起动信号               急停信号
         ┤ X012 急停信号
         ┌───┐
         │S20│─────────( Y000 )   传送带电动机运行
         └───┘
          │
         ┤ X005 工件检测LS5
         ┤ X012 急停信号
         ┌───┐
         │S21│─────────[ SET Y003 ] 机械手放松
         └───┘
          │
         ┤ X007 放松到位LS7
         ┤ X012 急停信号
         ┌───┐
         │S22│─────────[ SET Y001 ] 机械手左移
         └───┘
          │
         ┤ X001 左移到位LS1
         ┤ X012 急停信号
         ┌───┐
         │S23│─────────[ SET Y002 ] 机械手下降
         └───┘
          │
         ┤ X003 下降到位LS3
         ┤ X012 急停信号
         ┌───┐
         │S24│─────────[ RST Y003 ] 机械手夹紧
         └───┘
          │
         ┤ X006 夹紧到位LS6
         ┤ X012 急停信号
         ┌───┐
         │S25│─────────[ RST Y002 ] 机械手上升
         └───┘
          │
         ┤ X004 上升到位LS4
         ┤ X012 急停信号
         ┌───┐
         │S26│─────────[ RST Y001 ] 机械手右移
         └───┘
          │
         ┤ X002 右移到位LS2
         ┤ X012 急停信号
         ┌───┐
         │S27│─────────[ SET Y002 ] 机械手下降
         └───┘
          │
         ┤ X003 下降到位LS3
         ┤ X012 急停信号
         ┌───┐
         │S28│─────────[ SET Y003 ] 机械手放松
         └───┘
          │
         ┤ X007 放松到位LS7
         ┤ X012 急停信号
         ┌───┐
         │S29│─────────[ RST Y002 ] 机械手上升
         └───┘
          │
         ┤ X004 上升到位LS4
         ┤ X012 急停信号
   停止未按 ┤M̄1̄0̄    ┤ M10 停止按下
   循环 S20        S0 停止
```

图 7-21 采用串入急停按钮实现急停的机械手状态转移图

在每一个转移条件中加入急停信号用来禁止转移的方法较为繁琐。三菱 PLC 中提供了 M8040 特殊辅助继电器用来禁止转移，当 M8040 驱动时状态间的转移被禁止。采用 M8040 控制的急停形式如图 7-22 所示。

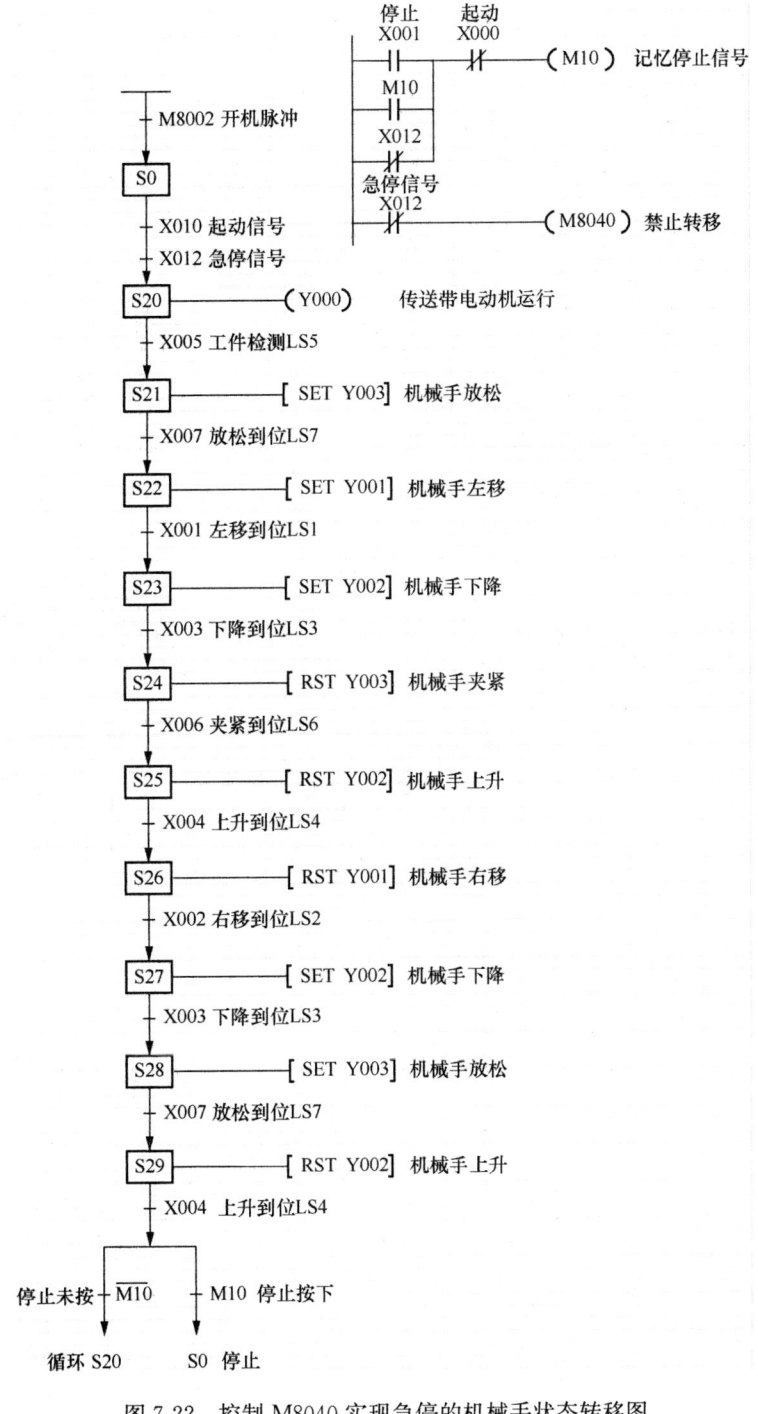

```
                      停止    起动
                      X001   X000
                      ─┤├────┤/├─────（M10） 记忆停止信号
                       M10
                      ─┤├─
          M8002 开机脉冲  X012
   ┬──────┤├─          ─┤├─
   │                   急停信号
  ┌─┐                   X012
  │S0│                 ─┤/├────────（M8040）禁止转移
  └─┘
   │
   ├─ X010 起动信号
   ├─ X012 急停信号
  ┌──┐
  │S20│──────（Y000）  传送带电动机运行
  └──┘
   │
   ├─ X005 工件检测LS5
  ┌──┐
  │S21│──────[SET Y003] 机械手放松
  └──┘
   │
   ├─ X007 放松到位LS7
  ┌──┐
  │S22│──────[SET Y001] 机械手左移
  └──┘
   │
   ├─ X001 左移到位LS1
  ┌──┐
  │S23│──────[SET Y002] 机械手下降
  └──┘
   │
   ├─ X003 下降到位LS3
  ┌──┐
  │S24│──────[RST Y003] 机械手夹紧
  └──┘
   │
   ├─ X006 夹紧到位LS6
  ┌──┐
  │S25│──────[RST Y002] 机械手上升
  └──┘
   │
   ├─ X004 上升到位LS4
  ┌──┐
  │S26│──────[RST Y001] 机械手右移
  └──┘
   │
   ├─ X002 右移到位LS2
  ┌──┐
  │S27│──────[SET Y002] 机械手下降
  └──┘
   │
   ├─ X003 下降到位LS3
  ┌──┐
  │S28│──────[SET Y003] 机械手放松
  └──┘
   │
   ├─ X007 放松到位LS7
  ┌──┐
  │S29│──────[RST Y002] 机械手上升
  └──┘
   │
   ├─ X004 上升到位LS4
   │
   ┌─────┴─────┐
停止未按 ├ M10   ├ M10 停止按下
   ↓           ↓
循环 S20      S0 停止
```

图 7-22 控制 M8040 实现急停的机械手状态转移图

7.2.2 PLC 控制步进电动机驱动的机械手系统的暂停问题处理

采用步进电动机控制的机械手如图 7-23 所示。图 7-23（a）所示的机械手上升下降和伸出缩回均由步进电动机控制，图 7-23（b）所示的机械手左右移动和转动均由步进电动机控制。两类机械手外形迥异，但控制的实质是一样的。

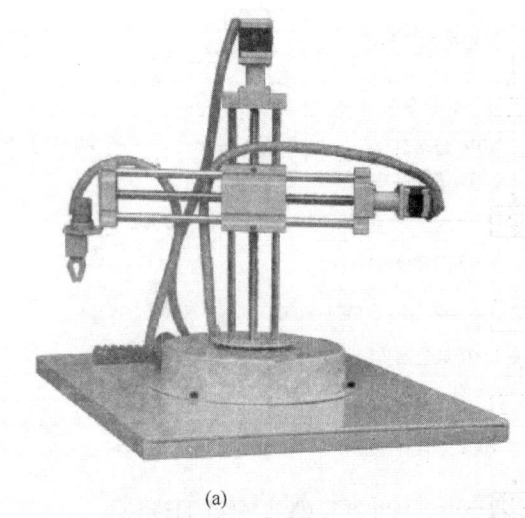

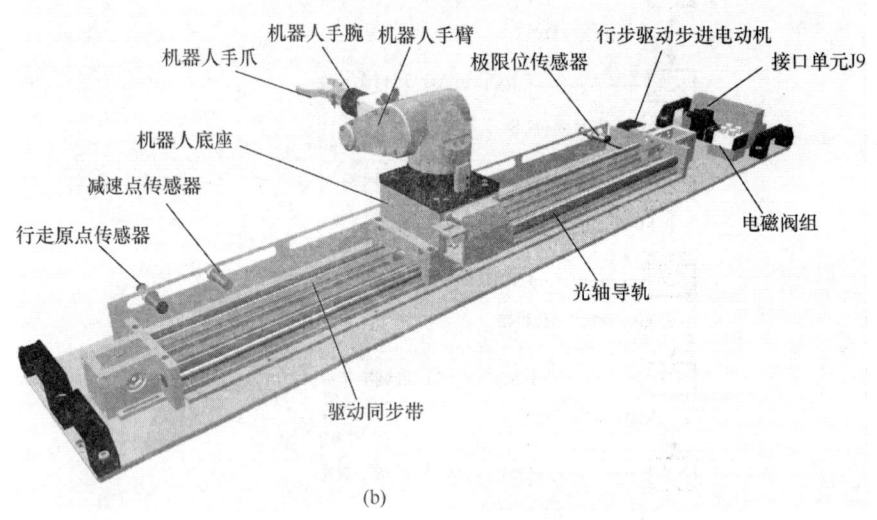

图 7-23 步进电动机控制的机械手

三菱 FX2N 系列 PLC 的高速处理指令中有两条可以产生高速脉冲的输出指令，一条称为脉冲输出指令 PLSY，另一条称为带加减速脉冲输出指令 PLSR。可以利用这两条指令产生的脉冲作为步进驱动器的脉冲输入信号，控制步进电动机。脉冲输出指令 PLSY 的指令格式及功能如图 7-24 所示。

使用图 7-24 所示的 PLSY 指令时，当 X000 接通（ON）后，Y000 开始输出频率为 1000Hz 的脉冲，其个数为 2500 个脉冲确定。X000 断开（OFF）后，输出中断，

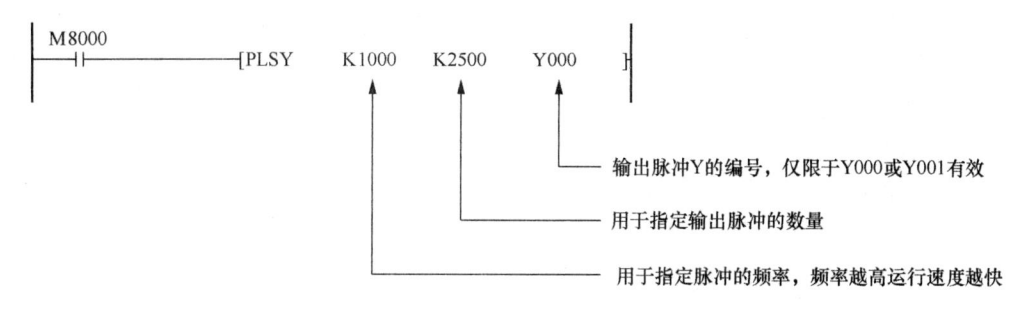

```
    M8000
────┤ ├──────────[PLSY    K1000    K2500    Y000 ]
                           │         │        │
                           │         │        └── 输出脉冲Y的编号，仅限于Y000或Y001有效
                           │         └── 用于指定输出脉冲的数量
                           └── 用于指定脉冲的频率，频率越高运行速度越快
```

图 7-24 PLSY 指令格式

Y000 也断开（OFF）。再次接通时，从初始状态开始动作。脉冲的占空比为 50%ON，50%OFF。输出控制不受扫描周期影响，采用中断方式控制。当设定脉冲发完后，执行结束标志，M8029 特殊辅助继电器动作。

从 Y000 输出的脉冲数保存于 D8141（高位）和 D8140（低位）寄存器中，从 Y001 输出的脉冲数保存于 D8143（高位）和 D8142（低位）寄存器中，Y000 与 Y001 输出的脉冲总数保存于 D8137（高位）和 D8136（低位）寄存器中。各寄存器的内容可以采用"DMOVK0D81××"进行清零。

注意：使用 PLSY 指令时可编程序控制器必须使用晶体管输出方式。在编程过程中可同时使用 2 个 PLSY 指令，可在 Y000 和 Y001 上分别产生各自独立的脉冲输出。

控制要求为：按起动按钮 SB1 后，机械手连续作循环；中途按停止按钮 SB2，机械手立即停止运行，再按起动按钮 SB1，机械手继续运行。

设定输入输出分配表，如表 7-3 所示。

表 7-3 PLC 控制机械手的 I/O 分配表

输入		输出	
输入设备	输入编号	输出设备	输出编号
起动按钮 SB1	X010	左右移动步进电动机	Y000
停止按钮 SB2	X011	上下移动步进电动机	Y001
光电检测开关 LS0	X000	左右移动步进电动机方向信号	Y002
左移极限到位 LS1	X001	上下移动步进电动机方向信号	Y003
右移极限到位 LS2	X002	传送带	Y004
下降极限到位 LS3	X003	放松电磁阀	Y005
上升极限到位 LS4	X004		
工件检测 LS5	X005		
夹紧到位 LS6	X006		
放松到位 LS7	X007		

由输入输出分配表中的输出部分可看出，该机械手左右移动与上下移动均采用步进电动机控制。设左右移动步进电动机的方向信号为"0"时步进电动机控制左移，方向信号为"1"时步进电动机控制右移；上下移动步进电动机的方向信号为"0"时步进电机控制下降，方向信号为"1"时步进电动机控制上升。此时左、右、上、下四个限位只起保护作用或原点定位作用。

由于使用了步进电动机，机械手暂停采用了 PLSY 指令，当控制信号断开后输出中断，即 Y000 或 Y001 也断开，再次接通时将从初始状态开始动作，这就造成已经发送的脉冲被重复发送，使机械手走位不准的问题。

要解决上述问题，可在控制信号断开瞬间将已经发送的脉冲存储下来，等再次起动时，用设定脉冲减去已发送的脉冲，二者之差作为机械手新的控制脉冲。当采用 16 位指令时，从 Y000 输出的脉冲数保存于 D8140 寄存器中，从 Y001 输出的脉冲数保存于 D8142 寄存器中。

设机械手左移脉冲为 D10，下降脉冲为 D12，则脉冲保存与提取的控制梯形图如图 7-25 所示。此时根据设定的 D10 脉冲驱动 Y000 完成剩余的脉冲输出，根据设定的 D12 脉冲驱动 Y001 完成剩余的脉冲输出，则不再会出现位置的偏差。

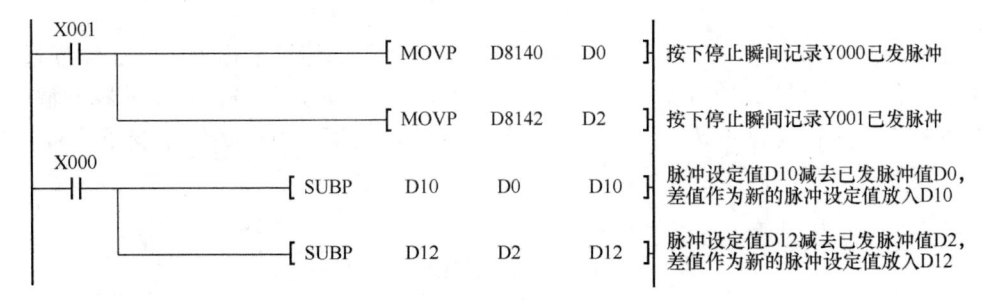

```
X001
──┤├──────────────────────[ MOVP  D8140  D0  ]  按下停止瞬间记录Y000已发脉冲

                          [ MOVP  D8142  D2  ]  按下停止瞬间记录Y001已发脉冲
X000
──┤├──────────────[ SUBP  D10  D0  D10 ]  脉冲设定值D10减去已发脉冲值D0，
                                           差值作为新的脉冲设定值放入D10

                   [ SUBP  D12  D2  D12 ]  脉冲设定值D12减去已发脉冲值D2，
                                           差值作为新的脉冲设定值放入D12
```

图 7-25 脉冲保存与提取的控制梯形图

根据控制工艺的要求，假定左移 5000 个脉冲到达 E 点上方，下降 3000 个脉冲可抓取工件，则控制的状态转移图如图 7-26 所示。

7.2.3 PLC控制步进电动机驱动的机械手系统的断电问题处理

PLC 控制步进电动机驱动的机械手系统的断电问题实质与暂停问题类似，断电后所有输出都复位，若上电后按起动按钮要继续运行（通常从安全角度考虑，上电后不允许立即运行，必须按起动按钮后才执行程序），则首先考虑的是必须使用保持型元件。断电保持型的辅助继电器、状态元件和寄存器通常可以通过软件设定，也可以使用 PLC 默认的元件范围，如表 7-4 所示。

第 7 章　自动化生产线的安装调试

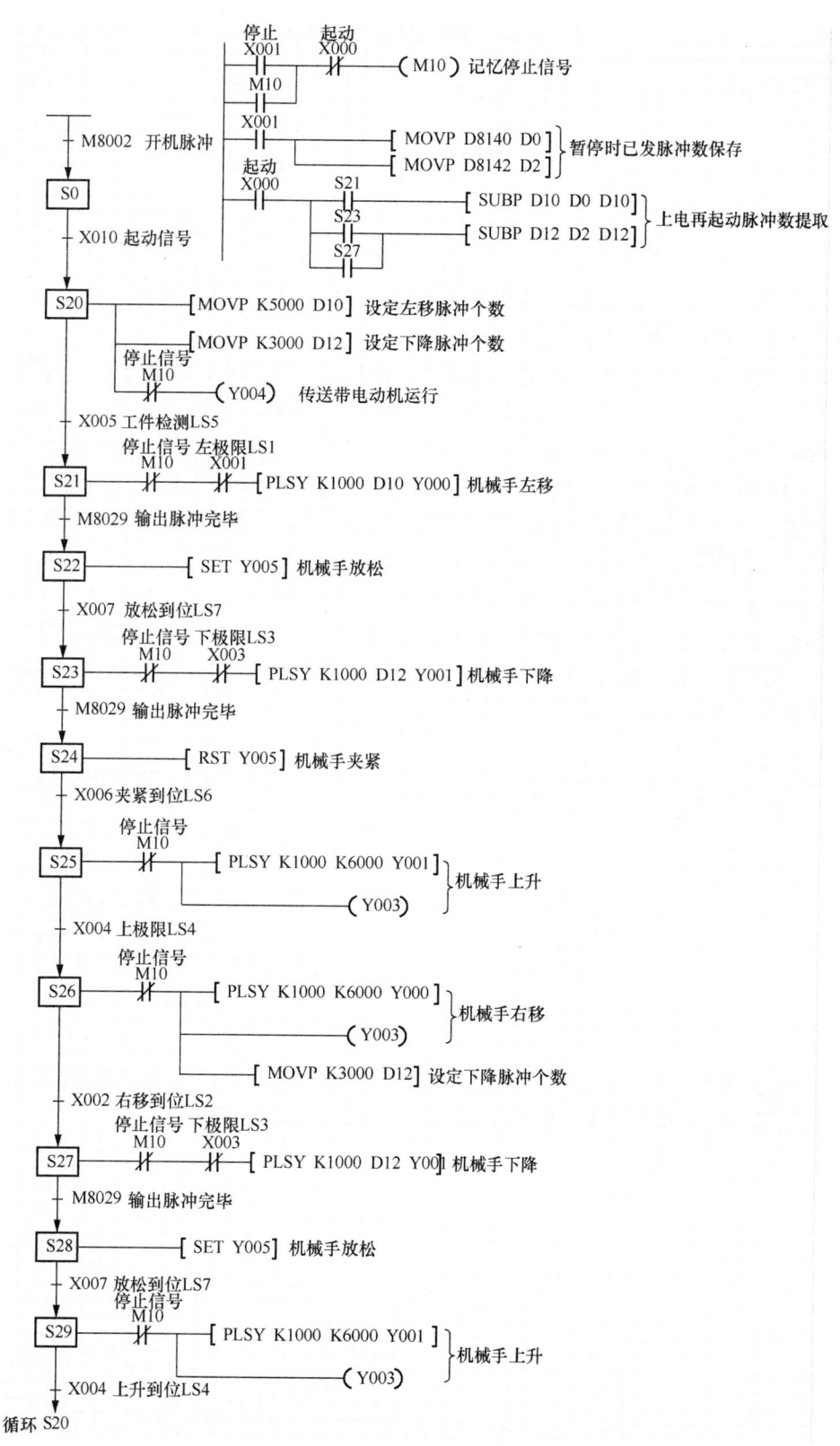

图 7-26　具有暂停功能的步进电动机控制机械手的状态转移图

表 7-4　PLC 控制默认的保持型元件

保持型元件名称	元件编号范围	保持型元件名称	元件编号范围
辅助继电器	M500～M1023	保持型计数器	C100～C199
积算型定时器	T246～T249 为 1ms 积算定时器	保持型状态元件	S500～S999
	T250～T255 为 100ms 积算定时器	保持型寄存器	D200～D511

只要使用表 7-4 中的元件，即便 PLC 断电，其信号也不会丢失，只要 PLC 上电，即可立即继续执行原有的程序。

需要特别指出的是，对于步进电动机的脉冲控制指令 PLSY 或 PLSR，当断电后输出中断，再次上电接通时将从初始状态开始动作，这就使得已经发送的脉冲被重复发送，造成机械手走位不准的问题。

三菱 FX2N 系列 PLC 提供了特殊辅助继电器 M8008 作停电检测，电源关闭瞬间 M8008 接通。上电后只需设机械手左移脉冲为 D510，下降脉冲为 D512。采用 16 位控制时，可利用 M8008 接通的信号将 Y000 输出的脉冲数从 D8140 寄存器传入保持型 D500 中，将 Y001 输出的脉冲数从 D8142 寄存器传入保持型 D502 中，以备上电后使用。脉冲保存与提取的控制梯形图如图 7-27 所示。此时根据设定的 D510 脉冲驱动 Y000 完成剩余的脉冲输出，根据设定的 D512 脉冲驱动 Y001 完成剩余的脉冲输出，则不再会出现位置的偏差。

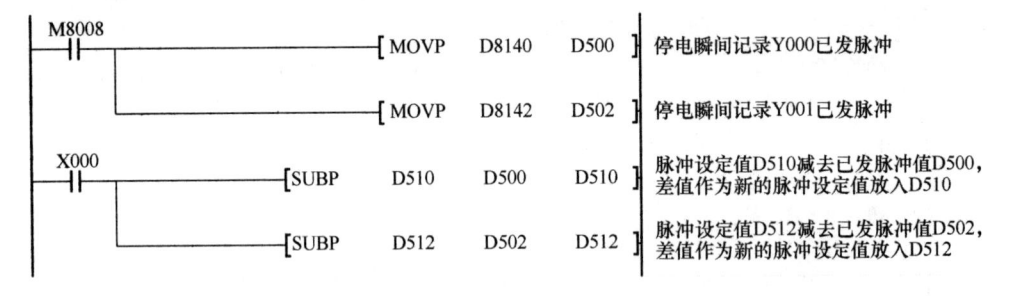

图 7-27　断电时脉冲保存与按起动提取剩余脉冲的控制梯形图

根据控制要求，模仿图 7-26 的暂停控制方式可得到如图 7-28 所示的 PLC 控制步进电动机驱动的机械手系统断电问题处理的状态转移图。

第7章 自动化生产线的安装调试

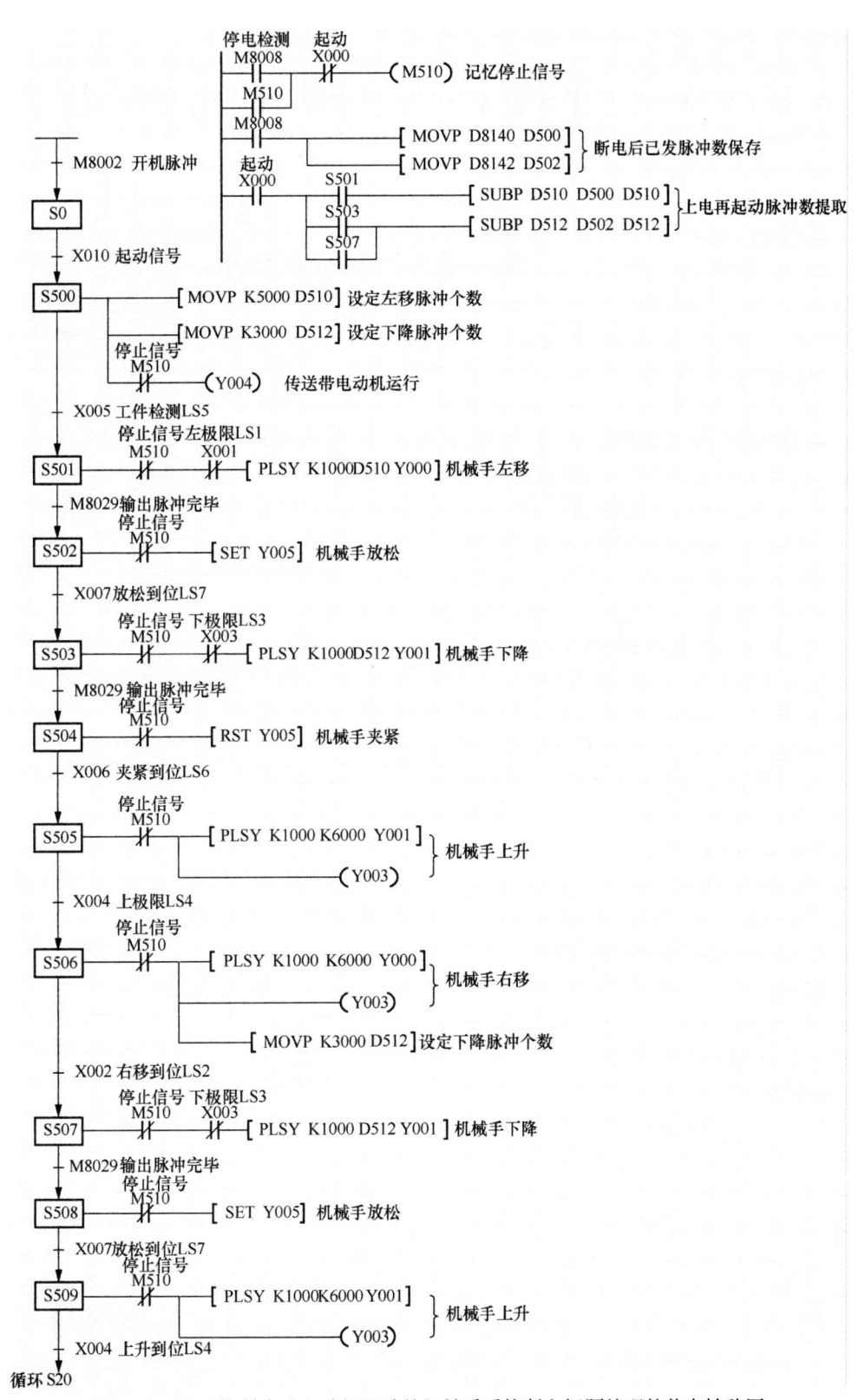

```
                         停电检测  起动
                          M8008   X000
                          ──┤├────┤/├──────( M510 ) 记忆停止信号
                             M510
                          ──┤├─
                             M8008                                    ┐
                          ──┤├──────────[ MOVP D8140 D500 ]           │ 断电后已发脉冲数保存
                             起动                 [ MOVP D8142 D502 ] ┘
        │  M8002 开机脉冲   X000  S501                                 ┐
        ┼─                ──┤├──┬──┤├──[ SUBP D510 D500 D510 ]        │ 上电再起动脉冲数提取
      ┌─┴─┐                     │ S503                                │
      │ S0│                     ├──┤├                                 │
      └─┬─┘                     │ S507 [ SUBP D512 D502 D512 ]        ┘
        │                       └──┤├
        ┼ X010 起动信号
      ┌─┴──┐
      │S500│──┬──[ MOVP K5000 D510 ] 设定左移脉冲个数
      └─┬──┘  │
             ├──[ MOVP K3000 D512 ] 设定下降脉冲个数
             │  停止信号
             │   M510
             └──┤/├──( Y004 ) 传送带电动机运行
        │
        ┼ X005 工件检测LS5
        │    停止信号 左极限LS1
        │     M510    X001
      ┌─┴──┐
      │S501│────┤/├────┤/├──[ PLSY K1000 D510 Y000 ] 机械手左移
      └─┬──┘
        ┼ M8029 输出脉冲完毕
        │    停止信号
        │     M510
      ┌─┴──┐
      │S502│────┤/├──[ SET Y005 ] 机械手放松
      └─┬──┘
        ┼ X007 放松到位LS7
        │    停止信号 下极限LS3
        │     M510    X003
      ┌─┴──┐
      │S503│────┤/├────┤/├──[ PLSY K1000 D512 Y001 ] 机械手下降
      └─┬──┘
        ┼ M8029 输出脉冲完毕
        │    停止信号
        │     M510
      ┌─┴──┐
      │S504│────┤/├──[ RST Y005 ] 机械手夹紧
      └─┬──┘
        ┼ X006 夹紧到位LS6
        │    停止信号
        │     M510
      ┌─┴──┐          ┌─[ PLSY K1000 K6000 Y001 ] ┐
      │S505│────┤/├──┤                            ├ 机械手上升
      └─┬──┘          └─( Y003 )                  ┘
        ┼ X004 上极限LS4
        │    停止信号
        │     M510
      ┌─┴──┐          ┌─[ PLSY K1000 K6000 Y000 ] ┐
      │S506│────┤/├──┤                            ├ 机械手右移
      └─┬──┘          ├─( Y003 )                  ┘
                      └─[ MOVP K3000 D512 ] 设定下降脉冲个数
        ┼ X002 右移到位LS2
        │    停止信号 下极限LS3
        │     M510    X003
      ┌─┴──┐
      │S507│────┤/├────┤/├──[ PLSY K1000 D512 Y001 ] 机械手下降
      └─┬──┘
        ┼ M8029 输出脉冲完毕
        │    停止信号
        │     M510
      ┌─┴──┐
      │S508│────┤/├──[ SET Y005 ] 机械手放松
      └─┬──┘
        ┼ X007 放松到位LS7
        │    停止信号
        │     M510
      ┌─┴──┐          ┌─[ PLSY K1000 K6000 Y001 ] ┐
      │S509│────┤/├──┤                            ├ 机械手上升
      └─┬──┘          └─( Y003 )                  ┘
        ┼ X004 上升到位LS4
      循环 S20
```

图 7-28 PLC 控制步进电动机驱动的机械手系统断电问题处理的状态转移图

第8章　工业机械手、机器人的基本应用

8.1　工业机器人基本示教操作

■ 课题分析 ▶▶▶▶

工业机器人基本示教操作机构如图 8-1 所示。

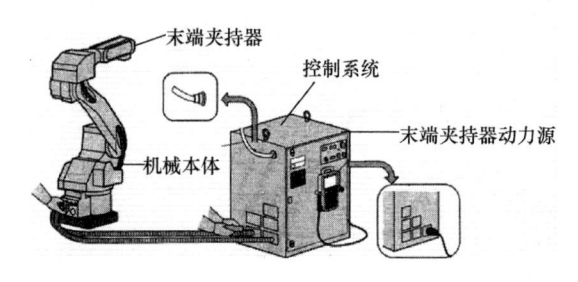

图 8-1　工业机器人基本示教操作机构

工作要求：能够按照规范，安全地使用机器人。可以用示教器进行机器人的基本示教操作。

课题目的 ➡
1. 了解工业机器人的基本组成。
2. 熟悉工业机器人的安全操作规范。
3. 掌握工业机器人的基本示教操作方法。

课题重点 ➡
1. 工业机器人的安全操作规范。
2. 工业机器人的基本示教操作。

课题难点 ➡
1. 工业机器人的系统组成。
2. 工业机器人的基本示教操作方法。

8.1.1　川崎工业机器人简介

川崎工业机器人有多个系列。小型、中型通用机械手（F系列）如图 8-2 所示，大型通用机械手（Z系列）如图 8-3 所示，超大型通用机械手（M系列）如图 8-4 所示。

图 8-2　F 系列机械手　　　图 8-3　Z 系列机械手　　　图 8-4　M 系列机械手

防爆规格涂装用机械手（K 系列）如图 8-5 所示。净化室机械手如图 8-6 所示。

图 8-5　K 系列机械手　　　图 8-6　净化室机械手

FS03N 机械手及其简介如图 8-7 所示。

配套控制器 D73 及其简介如图 8-8 所示，示教器如图 8-9 所示。

8.1.2　工业机器人操作安全规范

1. 机器人开动的安全

要开动机器人，首先把控制电源开到 ON，然后打开电机电源。操作时严格遵照如下事项，同时参考相关的国际国内标准：

① JIS B8433 工业机器人操作—安全篇 9.3。

② ISO 10218 工业机器人操作—安全篇 9.3。

1) 操作前请完整阅读和理解所有手册、规格说明和川崎公司提供的其他相关文件。另外，完整理解操作、示教、维护等各过程。同时，确认所有的安全措施到位并有效。

2) 有机器人操作必需的开关、显示以及信号的名称及其功能。

这是川崎机器人系列中最小的机器人,有六根轴、六个自由度,重量仅 20 千克。具有功能强、技术先进、精度高、刚度强等特点。在形态和覆盖范围上与人类的手臂相近,适用于各种工业用途。同时,由于尺寸小,它也是教育和科研的理想工具。

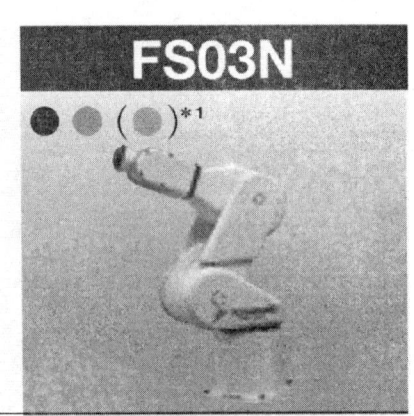

适用用途:

装配

搬运

清洗

	负载能力		3kg
	动作自由度		6轴
	重复定位精度		±0.05mm
动作范围	臂旋转	JT1	±160°
	臂前后	JT2	+150°～-60°
	臂上下	JT3	+120°～-150°
	腕旋转	JT4	±360°
	腕弯曲	JT5	±135°
	腕扭转	JT6	±360°
最大覆盖范围*			620mm
质量(不含可选件)			20kg
安装方式(可选)			地面、顶装、侧装[*2]
对应的控制器			D73

* 从JT1中心至JT5中心的距离。

*1 型号为FW03N。

*2 最大负载能力2kg。

图 8-7　FS03N 机器人简介

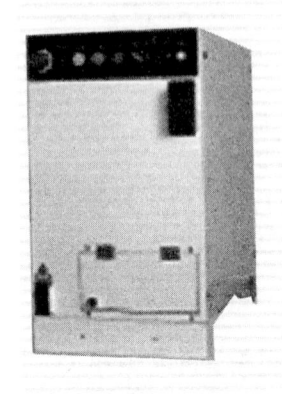

用于控制川崎最小型机器人 FS03N。使用小型示教器或多功能面板 MFP 进行操作和编程,可采用高级 AS 机器人编程语言。可同时运行 4 个程序(1 个机器人程序,3 个 PC 程序),是一台可用于单元控制的功能强大的紧凑型控制器。

全数字伺服
简便示教/AS 语言编程
1MB(4MB)
双回路(紧急停止、外部暂停信号)
32 通道(96 线)
32 通道(96 线)
独立全封闭型,间接冷却
30kg

图 8-8　D73 控制器简介　　　　　　图 8-9　示教器

> ⚠ **危险**
> 开动机器人前，请确认 |紧急停止| 开关功能正常。

3）除非机器人电源断开，否则不可进入安全围栏。同时，在开动机器人前，请确认各安全防护装置功能正常。

4）如果机器人应用系统中有几个操作人员一起工作，务必让全部操作者及相关人员都清楚机器人已激活信号后才可以起动机器人。

5）当接通电机电源 ON、开始示教或自动操作前，请再次确认在机器人安全栅栏内和机器人周围没有任何人员或遗留的障碍物存在。

6）当起动机器人和从故障状态恢复运行时，在开启马达电源后，请把手放在 |紧急停止| 开关上，以便在出现异常情况时可以立即切断马达电源。

7）激活机器人前，请再次确认下列条件已满足。

① 开启电动机电源 ON 之前。

a. 确认机器人的安装状态是正确的和稳定的。

b. 确认机器人控制箱的各种连接是正确的，电源规格（电源电压、频率等）符合要求。

c. 确认各种应用连接（水、压缩空气、保护气体等）是正确的，并和规格型号是一致的。

d. 确认与周边装置的连接是正确的。

e. 确认在使用软件运动限位外也已安装了机械挡块和（或）限位开关来限定机器人的运动范围。

f. 当机器人被机械止挡停止时，请确认检查了相关零件或已更换了失效的机械挡块（如果有必要）。

g. 确认采取了安全措施，如已安装了安全围栏或报警装置及联锁信号等防护装置。

h. 请确认安全防护装置及联锁的功能正常。

i. 确认环境条件（温度、湿度、光、噪声、灰尘等）都满足要求，或者说没有超过系统和机器人的规格要求。

② 开启电动机电源之后。

a. 确认 HOLD/RUN（暂停/运行）和 TEACH/REPEAT（示教/再现）模式选择开关功能正常。

b. 确认机器人各轴在限定的范围与速度下运动正常。

c. 确认在示教再现模式下机器人动作时，在控制器、示教器、周边系统上的紧急停止线路与安全装置的功能正常。

d. 确认示教模式下的限位开关（选件）的功能正常。

e. 确认安全回路功能正常，并在再现模式的机器人运行中可通过拔出安全插来停止机器人。

f. 确认在示教模式中可通过松开或全部按下 |触发器| 开关来停止机器人。

g. 确认警告信号标签没有被破坏或污染，并且所有的安全装置包括警告灯与安全防护装置功能正常。

h. 确认外部动力源包括控制电源、气源等能被切断。

i. 确认示教和再现功能正常。

j. 确认机器人的轴可正常移动并且能够执行工作。

k. 确认机器人能够在自动模式下正确动作，并且能按指定的速度和负荷执行计划的动作。

2. 示教过程的安全

川崎公司建议应在安全围栏外完成示教工作。如果确实需要进入安全栅栏，请严格遵守下述事项，同时参考下述国际国内安全标准：

① JIS B8433 工业机器人操作——安全篇 8.3，8.5。

② ISO 10218 工业机器人操作——安全篇 8.3，8.5。

⚠ 危险
示教工作前，请确认 紧急停止 开关功能正常。

1) 操作前请完整阅读和理解所有手册、规格说明和川崎公司提供的其他相关文件。另外，完整理解操作、示教、维护等各过程。同时，确认所有的安全措施到位并有效。

2) 开动机器人前，请确认所有的安全防护装置（安全围栏）工作正常。

3) 示教工作应由两个人来作观察员。观察员同时承担安全监督的责任，并在示教前确认安全防护装置（安全围栏）工作正常。

4) 示教员在进入安全围栏前必须把示教器上的 示教锁定 开关打到位置，以防控制箱模式开关打到自动模式而引发事故。一旦机器人作出任何不正常的运动，立即按下 紧急停止 开关，并立即从预设的撤退路径退出机器人工作区。

5) 在安全围栏外可监控整个机器人运动的位置上，请为观察员安装一个 紧停 开关。一旦机器人出现不正确的运动，观察员必须可以非常方便地按下 紧停 开关来立即停止机器人，如图 8-10 所示。另外，如果需在紧急停止后重新起动机器人，请在安全围栏外进行复位和重启手动操作。示教员和观察员必须是经过特别培训的合格人员。

6) 请清楚地标示示教工作正在进行中，以免有人通过控制器、操作面板、示教器等误操作任何机器人系统装置。

图 8-10　示教中应配备观察员

7) 完成示教工作后,在确认示教的运动轨迹和示教数据前,请清除安全围栏内、机器人周围的全部人员和障碍遗留物,确认安全围栏内没有任何人员和障碍遗留物后,请在安全围栏外执行确认工作。这时,机器人的速度应小于等于安全速度(250mm/s),直到运动确认正常。

8) 如需在紧急停止后重启机器人,请在安全围栏外手动复位和重启。同时,确认所有的安全条件,确认机器人周围、安全围栏内没有任何人员和障碍遗留物。

9) 示教过程中,请确认机器人的运动范围,永远不要大意靠近机器人或进入机器人手臂的下方。特别地,当机器人手爪中抓有工件时,永远不要靠近它或进入它的下方,因为工件随时可能由于误操作而突然掉落。

10) 为了安全,在示教或检查模式中,机器人的最大速度被限制在了250mm/s之内(安全操作速度)。但是在刚完成示教或出错恢复后,操作员校验示教数据时,请把检查运行的速度设得越低越好。

11) 示教过程中,无论示教操作员还是监督员,必须时刻监视机器人有无异常运动、机器人及其周围可能的碰撞和挤压点。同时,请确认示教操作员的安全通道,以供在紧急时撤退之用。

12) 在机器人的运动示教完毕后,请把机器人的软件限位设定在机器人示教运动范围之外一点儿的地方。

3. 自动运行时的安全

由于示教的程序将高速重现运行,所以请严格遵守如下事项,同时参阅相关国际国内安全标准:

① JIS B8433 工业机器人操作—安全篇 8.2。
② ISO 10218 工业机器人操作—安全篇 8.2。

> ⚠ 危险
> 在自动操作前,请确认所有的 紧急停止 开关功能正常。

1) 操作前请完整阅读和理解所有手册、规格说明和川崎公司提供的其他相关文件。另外,完整理解操作、示教、维护等各过程。同时,确认所有的安全措施到位并有效。

2) 在自动运行中,永远不要进入或部分身体进入安全围栏。同时,请在自动运行机器人前确认安全围栏内没有任何人员或障碍遗留物。

3) 自动运行中,机器人在等待定时器延时或外部信号输入时,看上去像停止了一样,这时千万不要靠近机器人,因为当定时器时间到或外部信号输入时,机器人将立即恢复运行,如图8-11所示。

4) 在自动运行中,这种情况将是极端危险的:如果工件的抓握力不够,在机器人运动中,工件有可能会被甩脱。请务必确认工件已被牢固地抓紧。当工件是通过气动手爪、电磁方法等机构等抓握的,请采用失效安全系统,确保一旦机构的驱动力被突然断开时工件不被弹出。即使在出错时，工件飞出的可能性为最小时，也请安装保护栅，如网罩等，如图 8-12 所示。

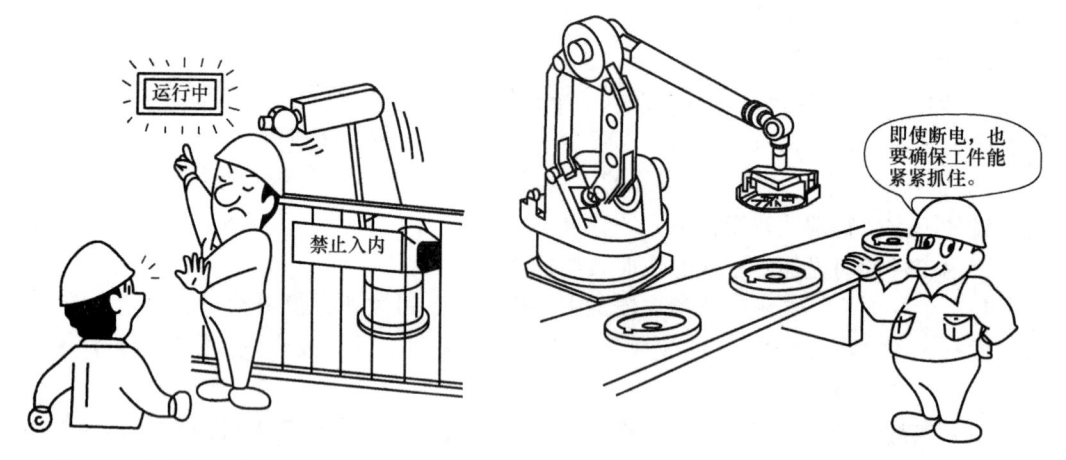

图 8-11　机器人运行中任何人不得入内

图 8-12　保证断电时设备的安全性

5）在安全围栏上显示"自动运行中"，不得进入工作区域。同时，请确认安全通道，以便操作人员在紧急情况下撤出。

6）如果有故障导致机器人在自动运行中停止，请检查显示的故障信息，按照正确的故障恢复顺序来恢复和重启机器人。

7）请在故障恢复顺序后、重新起动机器人前，确认安全的工作条件满足，并且确认在安全防护装置内或机器人周围没有遗留任何人员、夹具、周边装置或障碍物等。

4. 机器人的安全特性

川崎机器人装备有下列特性，用来在操作中保护人员安全。用户可以使用这些安全特性来设计各种应用系统的安全措施。

1）所有的紧急停止线路均采用硬件逻辑。

2）示教器和控制箱都安装有蘑菇头的按下锁定的 紧急停止 按钮， 触发器 使能开关安装在示教器上。也可以外部安装 紧停 按钮，请将这些开关安装在容易看到并按到的地方。

3）机器人的速度和运动误差都被控制系统时刻监控着，一旦出现超差情况，故障马上就会被检测到，机器人立即停止运行。

4）为了安全，示教或检查模式的最高速度被限制在 250mm/s（安全运行速度）。

5）机器人的运动范围在它们出厂时就被设定好了（除特别指定外），需要时请对这些软件限位或机械死挡块限位进行调整。详情请参阅机器人手臂安装、连接和操作手册。

6）全部的机器人关节轴均装备有直流 24V 的电磁刹车，即使控制电源被关闭，刹车会刹住所有的关节轴。

> ⚠ 警告
> 只用软件限位来防止事故或伤害是不够的。请务必安装机械死挡块和安全围栏。

> ⚠ 小心
> 1. 当限定运动范围的机械限位被改变时,请重新设定软件限位到小于机械限位。
> 2. 调整软件限位数据后,请确保机器人不会触碰机械死挡块。

8.1.3 川崎工业机器人开关机步骤

1. 电源打开的步骤

确保所有的人都离开了工作区域,所有的安全装置都在适当的位置并正常工作。遵循下面的步骤,首先把控制电源打开,然后打开马达电源。

(1) 控制电源(CONTROL POWER)打开的步骤

① 确定主电源已经给控制器供电。

② 把位于控制器前面左上部的 CONTROL POWER(控制电源)开关打开(打到 ON 位置)。

(2) 马达电源(MOTER POWER)打开的步骤

① 确保所有的人都离开了工作区域,所有的安全装置都在适当的位置并正常工作(如安全护栏上的门已经关闭,并且安全插销已经插入等)。

② 按下控制器上的 MOTOR POWER(马达电源)按钮。此时马达电源指示灯点亮。如果马达电源未能上电,请阅读错误内容显示和系统信息,从而恢复系统;然后再按下 MOTOR POWER(马达电源)开关。

> ⚠ 危险
> 在打开控制电源和马达电源前,请确定所有的人都离开了工作区域,而且在机器人周围没有障碍物。

2. 电源关闭的步骤

停止机器人、关闭控制器电源和起动机器人、打开控制器电源的顺序是相反的。在按下 EMERGENCY STOP(紧急停止)按钮时就立即切断马达电源。

1) 确定机器人已经完全停止。

2) 把操作板上的 HOLD/RUN(暂停/运行)开关拨到 HOLD(暂停)的位置。

3) 按下控制器上或者示教器上的 EMERGENCY STOP(紧急停止)按钮,切断马达电源。

4) 关闭了控制器上的马达电源后,再把位于控制器前面左上方的 CONTROL POWER（控制电源）开关关闭（打到 OFF 位置）。

> ⚠ **警告**
> 在关闭控制电源时前,请首先按下 EMERGENCY STOP（紧急停止）开关切断马达电源,然后再关闭 CONTROL POWER（控制电源）开关。

注意：在再现模式下,把控制器上的 TEACH/REPEAT（示教/再现）开关拨到 TEACH（示教）位置,同样会切断马达电源。

3. 停止机器人的步骤

示教模式和再现模式下停止机器人的步骤是不同的。
（1）示教模式（Teach Mode）
① 释放示教器 TRIGGER（触发开关）。
② 确定机器人已经完全停止,然后把操作板上的 HOLD/RUN（暂停/运行）开关拨到 HOLD（暂停）位置。
（2）再现模式（Repeat Mode）

> ⚠ **小心**
> 1. 在机器人停止运行后,按下紧急停止开关,切断电机电源,防止机器人更进一步的动作。
> 2. 一旦切断电机电源,务必要防止有人突然把电源供应开关打开。（例如：在电源开关贴上标签或把电源开关锁住等）

① 设定步选择为［Step Once］（单步）或者循环条件［Repeat Once］（循环单次）。
② 确定机器人已经完全停止,把操作板上的 HOLD/RUN（暂停/运行）开关拨到 HOLD（暂停）位置。

4. 紧急停止操作

当机器人工作不正常或可能有危险时,如受伤时,立即按下任何一个在任何位置上的 EMERGENCY STOP（紧急停止）开关,如示教器、控制器前面板、安全护栏等,切断电动机电源。

> ⚠ **危险**
> 在起动机器人之前,务必确认所有的紧急停止开关工作正常。

应用紧急停止按钮可能导致错误指示灯被点亮或有错误信息显示。要从这种状态下重新起动机器人,应先使错误复位,然后打开马达电源。

8.1.4 川崎工业机器人控制器外观及功能

1. 控制器外观

工业机器人控制柜及示教器外观如图 8-13 所示。
控制电源开关：控制器电源开/关。
操作面板：提供操作机器人必需的各种开关。
示教器：提供了示教机器人和数据编辑所需的按钮，示教器上面的液晶屏用来显示和操作各种数据。
外部存储设备：PC 卡。

2. 控制器上的开关

控制柜上操作面板的布置如图 8-14 所示。

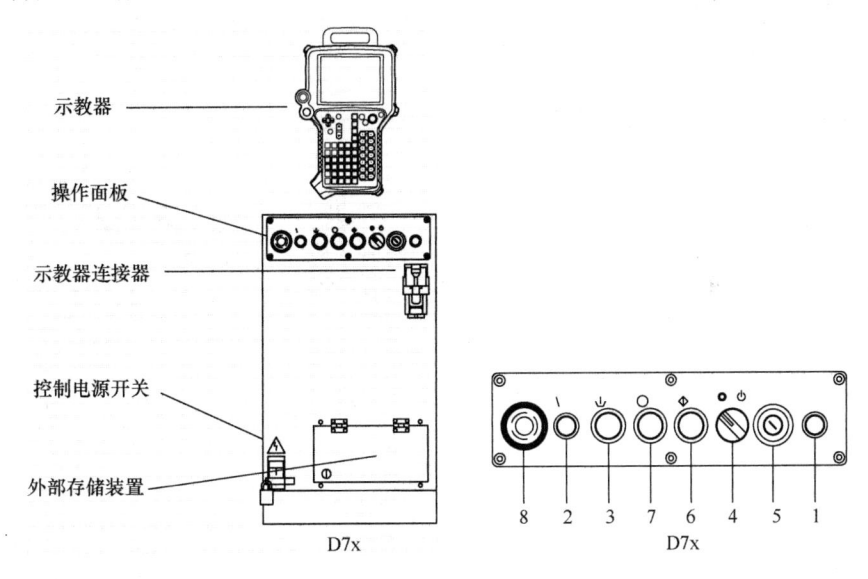

图 8-13 工业机器人控制柜及示教器的外观 　图 8-14 控制柜上操作面板的布置

表 8-1 是对应 FS03N 系列控制柜操作面板上的开关按钮及其功能。

表 8-1 控制柜操作面板上的开关和指示灯及其功能

编号	开关和指示灯	功　能
1	Control Power 灯：控制电源指示灯	当控制电源开关打开时指示灯亮
2	Error 灯：错误指示灯	当故障发生时指示灯亮
3	Error Reset 按钮：错误复位按钮	当此按钮按下时故障复位，同时故障指示灯熄灭；如果故障继续发生，故障将无法复位
4	Hold/Run 开关：保持/运转开关	允许机器人运动（运转）或者暂时停止机器人运动（保持）
5	Teach/Repeat 开关：示教/再现开关	在示教①和再现模式②之间切换

续表

编号	开关和指示灯	功能
6	Cycle Sart 带灯按钮：循环起动带灯按钮	在再现模式下按下此按钮可以点亮指示灯，同时开始再现运转③
7	Motor Power 带灯按钮：马达电源带灯按钮	当按下此按钮时接通马达电源；电源正常工作时指示灯亮
8	Emergency Stop 按钮：紧急停止按钮	在紧急情况下，按下此按钮，终止马达电源并停止机器人动作；与此同时，马达电源指示灯和循环开始指示灯熄灭，但是控制电源并不切断
9	Control Power Switch：控制电源开关	控制控制器主电源的开/关

注：① 在示教机器人或使用叫作示教器的操作盒时选择这种模式。在示教模式下不能进行再现运转。
② 再现运转开时的模式。
③ 机器人自动工作和连续执行记忆程序的状态。

3. 示教器的外观

示教器的外观及硬件按键如图 8-15 和图 8-16 所示。

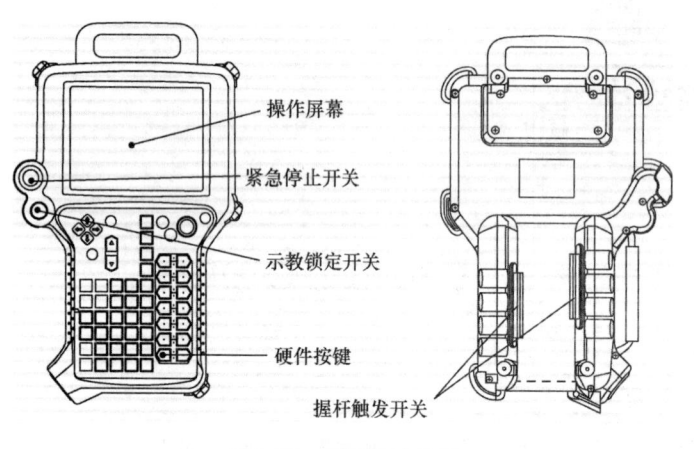

图 8-15 示教器的外观

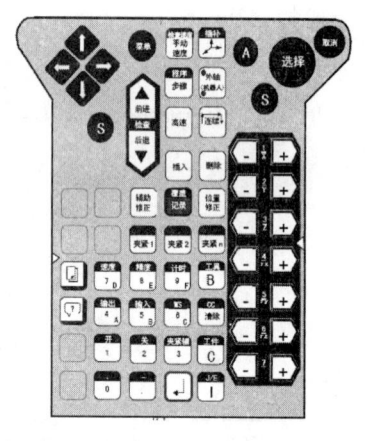

图 8-16 示教器的硬件按键

4. 示教器上的开关和硬件按键的功能

示教器的开关及硬件按键的功能如表 8-2 所示。

表 8-2 示教器的开关和硬件按键的功能

键	功能
紧急停止	此键为紧急停止按钮 用于切断电机电源并且停止机器人的运动

续表

键	功 能
示教锁定开关	示教模式下开启此开关,可以进行手动操作和检查运转;再现模式下关闭此开关,可以进行再现运转 注意:在开始示教操作前一定要将此开关打到开,以免机器人错误地进行再现操作
握杆触发开关	这是握杆触发开关,不按住这个按钮不能操作机器人手臂 如果握杆触发开发按到底,到达其第三个位置或者完全释放,电动机电源被切断,机器人停止动作
菜单	在活动区显示一个下拉式菜单 按 A + 菜单 键切换激活区域(在 B 和 C 区间) 按 S + 菜单 键显示再现状态的下拉式菜单 用于在屏幕上显示功能键(如辅助功能画面等),按 菜单 移动光标到需要的功能键上。在有些画面中,必须按 A + 菜单
(方向键)	通过单个键或双键操作,在步、项目、画面之间移动光标位置 与 S 双键使用时: S + ↑ ,垂直切换到前一画面 S + ↓ ,垂直切换到后一画面 与 A 双键使用时: A + ↑ ,在示教或者编辑模式下使光标移动到前面一步 A + ↓ ,在示教或者编辑模式下使光标移动到下一步
选择	选择功能和项目 决定屏幕输入的数据
取消	取消操作 关闭下拉式菜单 回到原来的画面
A	A 键,使操作或者功能可用;有时要和蓝色条纹键同时使用
S	S 键,改变功能/选择;有时要和灰色条纹键同时使用
前进	在检查模式中前进一步 在再现模式中用作单步的步前进键
后退	在检查模式中向后倒退一步

续表

键	功 能
检查速度/手动速度	改变手动操作的速度 按 S + 检查/手动速度 键改变检查的速度 注意：默认值是低速（速度1），不是微动
插补	选择手动操作模式 注意：默认是各轴插补 按 S + 插补 键改变一体化示教的插补模式
程序/步骤	按下激活步选择菜单 按 S + 程序/步骤 激活程序选择菜单
外轴（机器人）	按系统配置，选择手动操作外部轴（JT7）或者外部机器人（对单台六轴机器人没有作用） 当下面的发光二极管亮时选中 JT8~JT14；当上面的发光二极管亮时选中 JT15~JT18
高速	在示教或检查模式下手动操作机器人 注意：只有在按下按钮时才有效
连续	检查过程中，在连续和单步之间切换 注意：默认单步
插入	切换到插入模式
删除	切换到删除模式
辅助修正	切换到辅助信息编辑模式
位置修正	切换到编辑位置信息的模式
覆盖记录	在当前步后面添加新的步 按 A 记录，用新的步改写当前步
夹紧1	切换夹紧1的信号开或关 切换夹紧1示教信息：开→关→开 按 A + 夹紧1 开关，切换夹紧1示教信息及其信号：开→关→开
夹紧2	切换夹紧2的信号开或关 切换夹紧2示教信息：开→关→开 按 A + 夹紧1 开关，切换夹紧2示教信息及其信号：开→关→开

续表

键	功　　能
夹紧 n	切换夹紧 n 的信号开或关 按下按钮，左上角的 LED 闪 夹紧 n ＋数字键（1~8），切换夹紧 n 示教信息：开→关→开 按 A ＋ 夹紧 n ＋数字键（1~8），切换夹紧 n 示教信息及其信号：开→关→开
-⟨ ⟩+	运动各轴，从 JT1 到 JT7 轴
-/·	输入"."；按 S ＋ -/· 输入"-"
,/0	输入"0"；按 S ＋ ,/0 输入","
开/1	输入"1"；按 A ＋ 开/1 ，把选中的夹紧信号强制为开
关/2	输入"2"；按 A ＋ 关/2 ，把选中的夹紧信号强制为关
夹紧辅/3	输入"3"；在一体化示教中，按 S ＋ 夹紧辅/3 调出夹紧辅助（O/C）项目
输出/4/A	输入"4"；在一体化示教中，按 S ＋ 输出/4/A 调出输出项目，其他时候输入"A"
输入/5/B	输入"5"；在一体化示教中，按 S ＋ 输入/5/B 调出输入项目，其他时候输入"B"
WS/6/C	输入"6"；在一体化示教中，按 S ＋ WS/6/C 调出 WS 项目，其他时候输入"C"
速度/7/D	输入"7"；在一体化示教中，按 S ＋ 速度/7/D 调出速度项目，其他时候输入"D"
精度/8/E	输入"8"；在一体化示教中，按 S ＋ 精度/8/E 调出精度项目，其他时候输入"E"
计时/9/F	输入"9"；在一体化示教中，按 S ＋ 计时/9/F 调出定时器项目，其他时候输入"F"
工具/BS	删除字符（退格，BS）；在一体化示教中，按 S ＋ 工具/BS 调出工具项目
CC/清除	清除当前输入的数据，在一体化示教中，按 S ＋ CC/消除 调出 CC 项目
工件/C	直接选择辅助功能编号，在一体化示教中，按 S ＋ 工件/C 调出工件项目
J/E/I	激活程序编辑功能；在一体化示教中，按 S ＋ J/E/I 调出 J/E（跳转/结束）项目

键	功　能
⏎	记录输入的数据
🖵	在示教画面和 I/F（接口）面板画面之间切换，按下这个按钮，不会显示其他画面。 在下文中，此键被称为画面切换键
❓	未使用

5. 示教器的显示

示教器的屏幕显示及功能如图 8-17～图 8-24 所示。

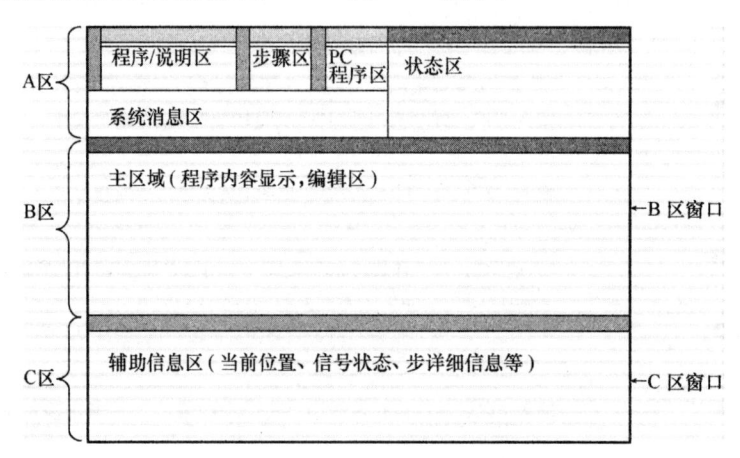

图 8-17　示教器屏幕的分区

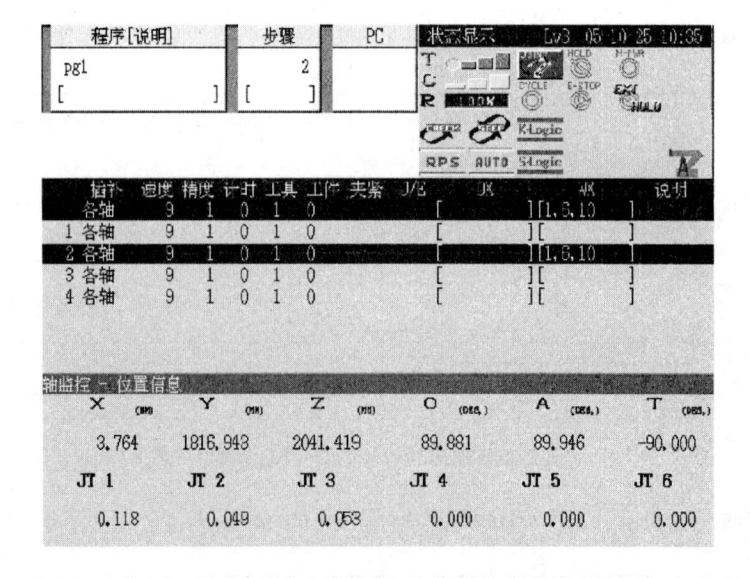

图 8-18　示教器屏幕的实时画面

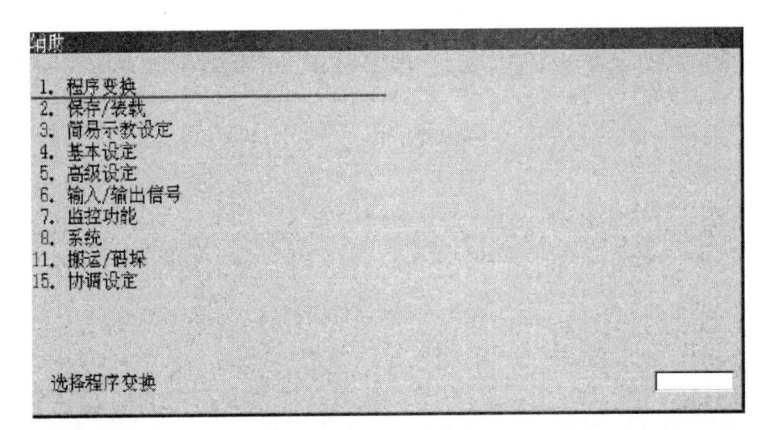

图 8-19　辅助功能画面

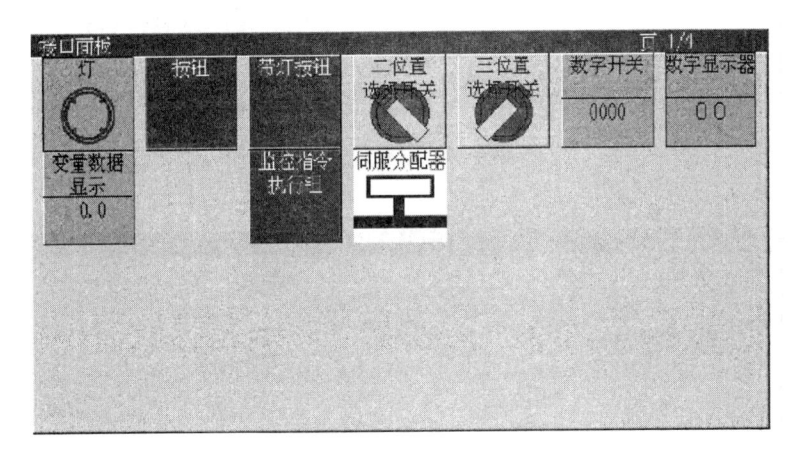

图 8-20　触摸式接口面板画面

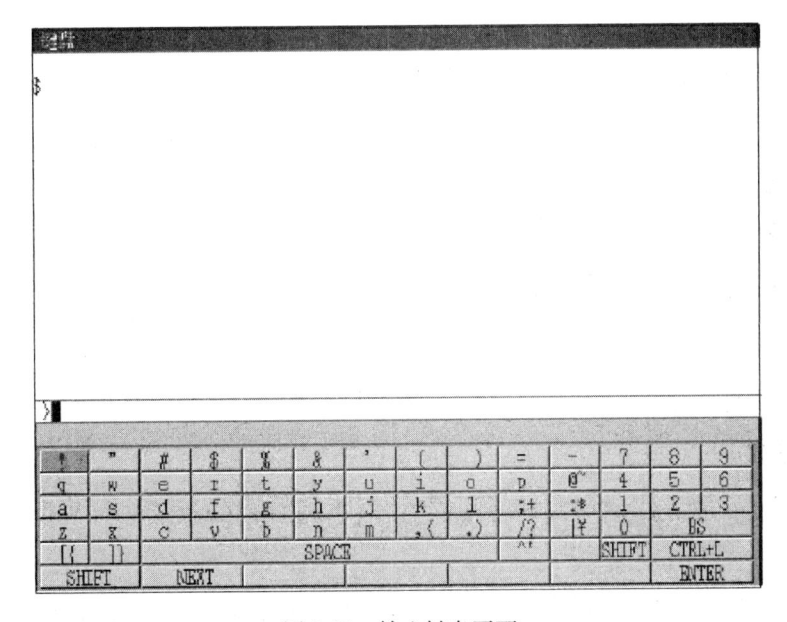

图 8-21　输入键盘画面

图 8-22　轴监控画面

图 8-23　信号监控画面

图 8-24　程序监控画面

8.1.5　川崎工业机器人基本示教操作方法

本节介绍手动操作机器人的标准方法，也叫作 Jogging（点动）。

1. 各轴名称

机器人通常装备六根轴，如图 8-25 所示。这些轴分别称为 JT1～JT6，但有时也用以前的习惯称呼：

JT1 ⇒ R 轴，JT2 ⇒ O 轴，JT3 ⇒ D 轴，JT4 ⇒ S 轴，JT5 ⇒ B 轴，JT6 ⇒ T 轴

2. 手动操作六轴的流程

请按如下流程手动操作机器人：

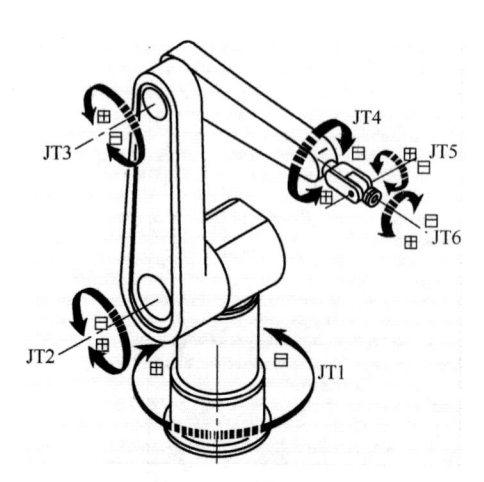

图 8-25　工业机器人各轴

1) 开启 CONTROL POWER（控制电源），并确定控制电源指示灯亮。

2) 将操作面板上的 TEACH/REPEAT（示教/循环）开关拨到 TEACH（示教）位置，然后把 HOLD/RUN（暂停/运行）开关拨到 HOLD（锁定）位置。

3) 将示教器上的 TEACH LOCK（示教锁）开关拨到 ON 的位置。

4) 按 INTER（插补）按钮或者状态区的 B 区设置操作模式：Joint（各轴）、Base（基础）或 Tool（工具）。

5) 按 CHECK/TEACH SPEED（检查/示教速度）或者状态显示区 A 区设置操作速度。要移动非常小的指定距离，请选择 Inching（寸动）。

6) 1)～5) 步完成后，请打开马达电源。

7) 把 HOLD/RUN（暂停/运行）开关拨到 RUN（运行）位置。

8) 按住示教器上的 TRIGGER（触发开关），并通过按 JT1~JT6 轴的 +/− 移动机器人。只要一直按着按键，机器人就会连续移动。

9) 松开示教器的操作按键 +/− 或 TRIGGER（触发开关），都会停止机器人。

⚠ 警告

任何时刻需要在安全护栏里手动操作机器人时，在进入安全护栏前，请首先按下 EMERGENCY STOP（紧急停止）开关。在手动操作时，请注意自己的位置，要能够在任何时刻停止机器人。

[注 意]

手动操作完毕后，请走出安全护栏，然后把示教器上的 TEACH LOCK（示教锁）开关拨到 OFF 位置。

3. 机器人的手动操作模式

本节说明手动操作机器人的操作模式，这些模式将确定机器人如何移动它的轴。

(1) JOINT COORDINATES（各轴坐标系）模式

按 INTER（插补）或 B 区域，将显示的模式切换到 Joint（各轴）坐标系。当选定了此模式时，可单独点动机器人的各个轴。同时按下几个轴键，可联合点动机器人的轴。机器人 Joint（各轴）的移动如图 8-26 所示。

(2) BASE COORDINATES（基础坐标系）模式

按 INTER（插补）或 B 区域，将显示的模式切换到 Base（基础）坐标系。选择此模式，可操作机器人按基础坐标系运动。同时按下几根轴的按钮，可联合点动机器人的轴。

基础坐标系的操作随基础坐标系登录值的不同而不同。如图 8-27 所示的坐标系，原点处 X，Y，Z，O，A，T 均为 0。

图 8-28 中显示了基础坐标系各轴从 − 到 + 的动作情况，+ 的旋转方向为顺时针。

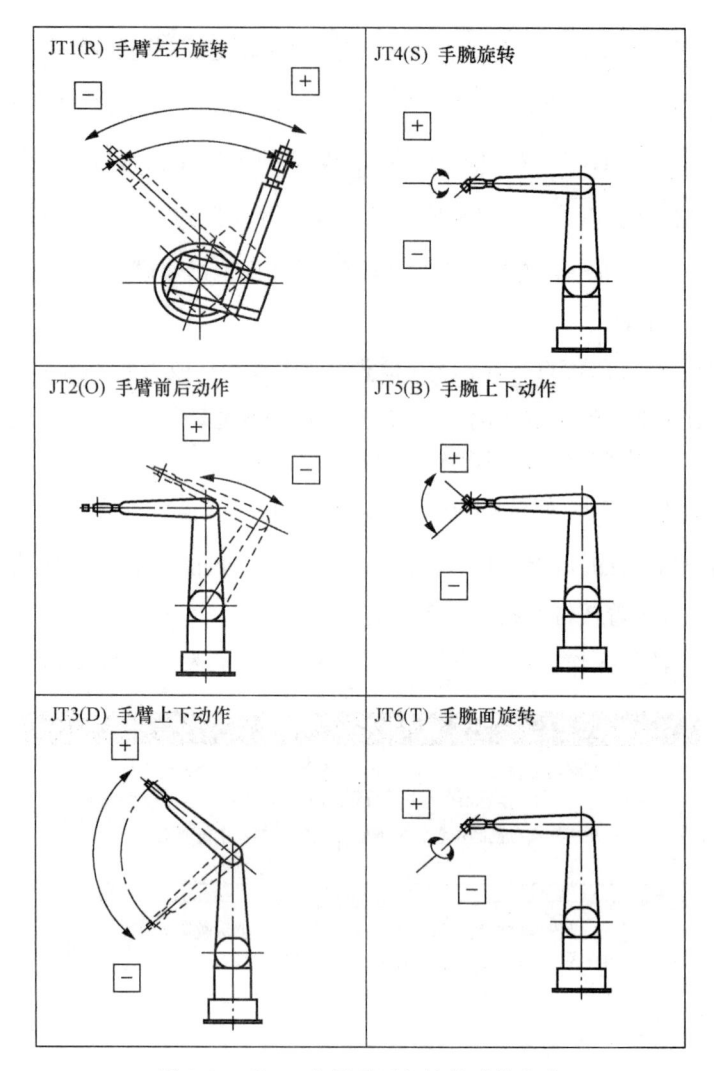

图 8-26 Jiont 坐标系下各轴的动作方式

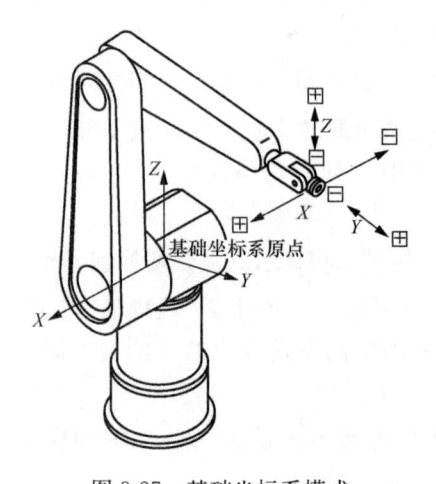

图 8-27 基础坐标系模式

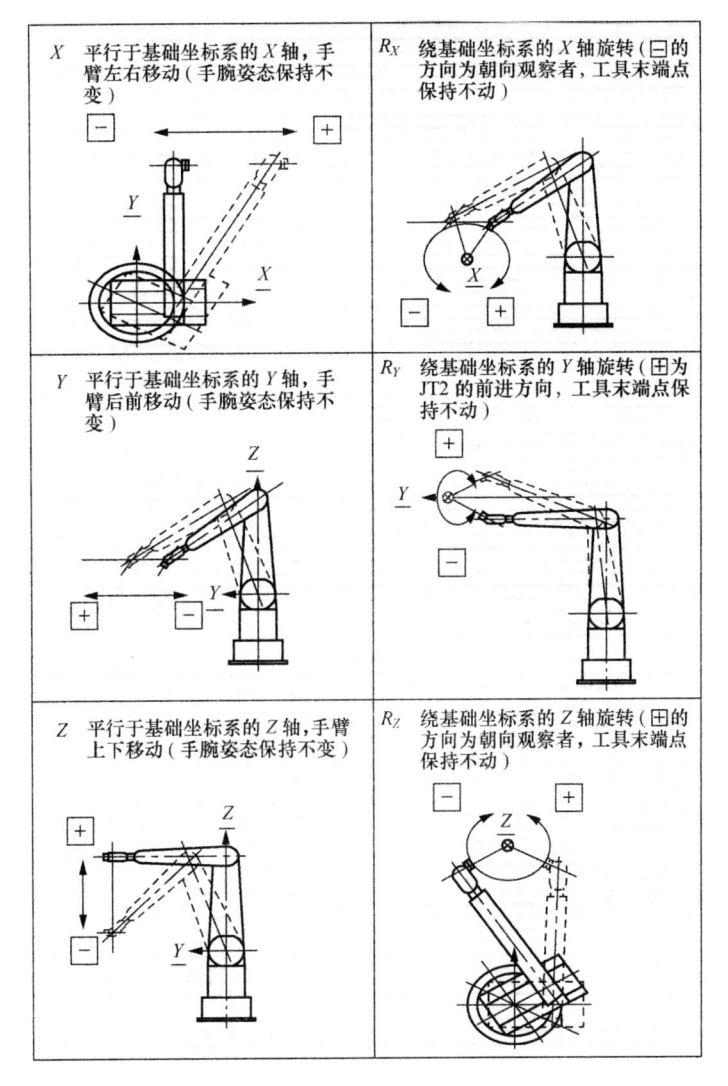

图 8-28 基础坐标系下各轴的动作方式

(3) TOOL COORDINATES（工具坐标系）模式

按 INTER（插补）或 B 区域，将显示的模式切换到 Tool（工具）坐标系。选择此模式，可操作机器人按工具坐标系运动，如图 8-29 所示。

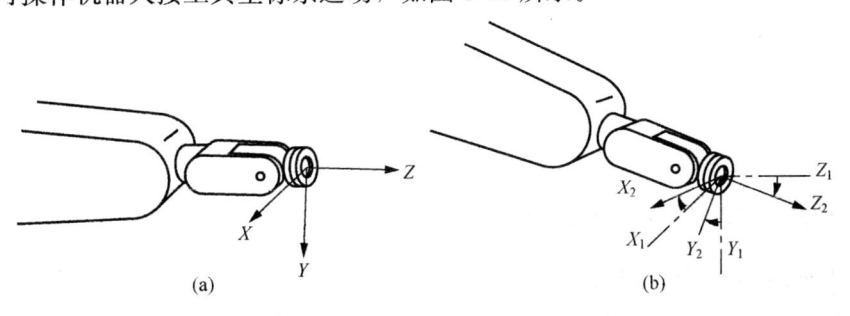

图 8-29 工具坐标系模式

工具坐标系用工具的空间姿态坐标来设定。工具坐标系设定的变化将改变机器人的运动位置和姿态。

工具坐标系的操作将随工具坐标系登录值的不同而不同。例如，如果采用了一个不同外形和尺寸的工具，它的工具坐标系登录值也应该同时改变。

图 8-30 中显示了工具坐标系各轴从 − 到 + 的动作情况，+ 的旋转方向为顺时针。

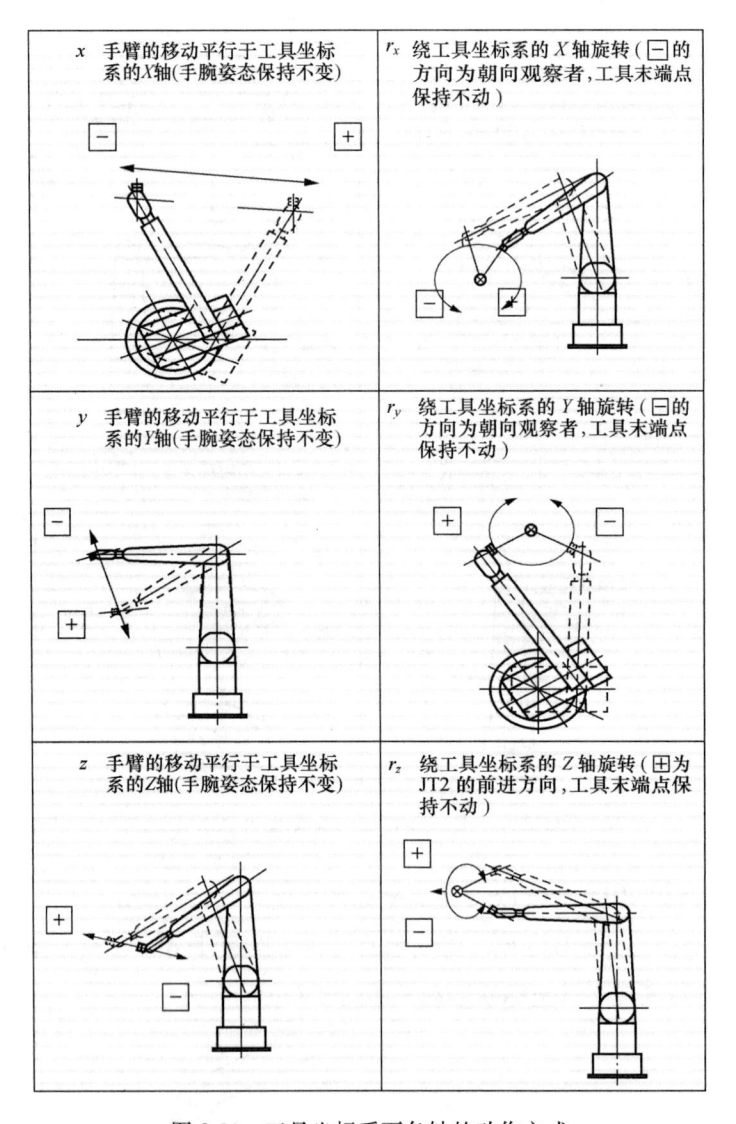

图 8-30 工具坐标系下各轴的动作方式

8.1.6 工业机器人基本示教操作练习

1) 根据所学内容认知机器人的组成。
2) 根据所学内容熟悉机器人控制器及示教器各按钮。

3）根据所学内容完成机器人各个坐标系的手动操作。
4）根据所学内容完成机器人手动码垛的操作。

8.2 工业机器人码垛操作

■ 课题分析 ▶▶▶▶

工业机器人码垛操作任务如图8-31所示。

工作要求：能够按照规范，安全地使用机器人。可以用示教器进行机器人码垛操作示教编程。

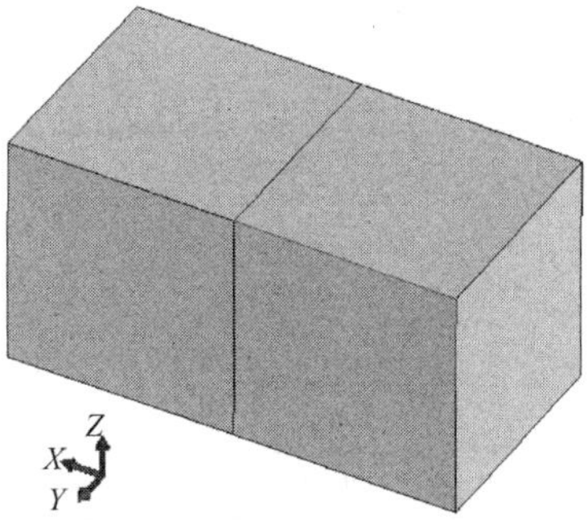

课题目的 ➡

1. 熟悉工业机器人的示教编程。
2. 熟悉工业机器人的各项参数设定。
3. 了解工业机器人示教编程的注意点。

课题重点 ➡

1. 工业机器人的示教编程。
2. 工业机器人的参数设定。

课题难点 ➡

1. 工业机器人的示教编程。
2. 工业机器人的参数设定。

图8-31 码垛操作任务

8.2.1 川崎工业机器人再现运行操作

1. 再现运行的准备

由于再现运行时机器人通常是高速运行，所以在开始再现运行模式前要严格遵守下面的预防措施。

> ⚠ 危险
> 1. 确认所有的人都在安全护栏外，并且清空机器人/系统的运行空间。
> 2. 确定所有的紧急停止开关都工作正常。
> 3. 确定机器人、辅助设备和外围设备，例如控制器等，没有任何的异常现象。
> 4. 确定安全护栏和外围设备对机器人没有干涉。
> 5. 确保机器人处于HOME(原点)位置。

2. 再现运行的执行

本节说明用控制器操作面板在再现模式中起动机器人的基本方法。
再现运行的操作流程如表8-3所示。

1) 开启位于控制器前门左上方的 CONTROL POWER 开关，并确定控制电源指示灯亮。

2) 把 HOLD/RUN（暂停/运行）开关拨到 HOLD（暂停）位置，然后把控制器上的 TEACH/REPEAT（示教/再现）开关拨到 REPEAT（再现）的位置。

3) 选择要运行的程序/步。

4) 设置再现运行条件。

表 8-3　设置再现运行条件

步骤	设置项目	设置内容
1	Repeat Speed（再现速度）	设置再现运行的速度
2	Repeat Cont/Once（再现连续/单次）	设置程序连续运行或者运行一次
3	Step Cont/Once（步连续/单步）	设置程序单步运行或者连续运行
4	RPS 模式	启用/禁止，通过外部信号切换指定程序
5	Dry Run OFF/ON（空运行关/开）	检查示教内容时，Dry Run 开关置于 ON，可以在机器人不动作的情况下运行程序

5) 把示教器上的 TEACH LOCK（示教锁）开关拨到关的位置。

6) 按控制器上的 MOTOR POWER（马达电源）按钮，并确定马达电源灯点亮。

7) 按控制器上的 CYCLE START（循环起动）按钮，并确定循环起动指示灯点亮。

8) 把 HOLD/RUN（暂停/运行）开关拨到 RUN（运行）位置。机器人开始再现运行。

[注　意]

TEACHLOCK (示教锁)开关置于ON时，不能进行再现运行。

⚠ 危险

1. 此操作将开始机器人的再现运行。请重新确定所有的安全防范措施、所有人都在安全护栏外等安全事项。
2. 在 E-STOP (紧急停止)开关附近留有足够的空间，在万一出现紧急情况时，E-STOP (紧急停止)开关在任何时刻都能按下。

⚠ 警告

当机器人在再现运行时一旦出现异常状态，请立即把 HOLD/RUN (暂停/运行)拨到HOLD(暂停)位置，或按下任何一个 E-STOP (紧急停止)开关。

> **[注 意]**
> 在循环起动中,可以改变Repeat Speed(再现速度)、Repeat Cont/Once(再现连续/单次)或Step Cont/Once(步连续/单步)的设置,但不可以改变程序或步。

3. 停止再现运行的方法

机器人运行时使其停下来有两种方法,即中止程序或结束程序的执行。

(1) 中止程序

1) 把操作板上的 HOLD/RUN(暂停/运行)开关拨到 HOLD(暂停)位置,或者设置循环条件为 Step Once(单步)。

2) 当机器人到达完全停止位置时,按下任意一个 E-STOP(紧急停止)按钮,切断马达电源,或者把 TEACH/REPEAT(示教/再现)开关从 REPEAT(再现)拨到 TEACH(示教),也可以切断马达电源。

(2) 结束程序的执行

1) 设置再现条件为 Repeat Once(再现单次)。

2) 当机器人到达完全停止位置时,按下任意一个 E-STOP(紧急停止)按钮,切断马达电源,或者把 TEACH/REPEAT(示教/再现)开关从 REPEAT(再现)拨到 TEACH(示教),也可以切断马达电源。

4. 再现运行重起动的方法

根据程序被停止的方式不同,重新起动再现运行的方法也不同,可在下面的分节中选择合适的处理方法。

(1) 中止程序后的重起动

如果循环起动指示灯熄灭,请确认"再现运行的执行"中的第 2)~5)步是否已准备好,然后从第 6)步开始起动再现运行。如果循环指示灯点亮,请把 HOLD/RUN(暂停/运行)开关拨到 RUN(运行)位置,机器人重新开始再现运行。

> **⚠ 危险**
> 1. 此操作起动机器人的再现运行。请再一次确定所有的安全防范措施、所有人都在安全护栏外等安全事项。
> 2. 在 E-STOP(紧急停止)开关附近留有足够的空间,在万一出现紧急情况时,E-STOP(紧急停止)开关在任何时刻都能按下。

(2) 结束程序执行后的重起动

从"再现运行的执行"中的第 2)步开始操作。

5. 紧急停止后的重起动

在自动运行过程中,当 E-STOP(紧急停止)按钮被按下时,请遵循下面的流程重新起动再现运行。

1) 释放紧急停止状态/开关。

2) 如果错误指示灯亮，复位错误。

3) 把 HOLD/RUN（暂停/运行）开关拨到 HOLD（暂停）位置。

4) 按下控制器上的 MOTOR POWER（马达电源）按钮。

5) 按下控制器上的 CYCLE START（循环起动）按钮。

6) 把 HOLD/RUN（暂停/运行）开关拨到 RUN（运行）位置，机器人重新开始再现运行。

> ⚠ 危险
> 1. 此操作启动机器人的再现运行。请再一次确定所有的安全防范措施、所有人都在安全护栏外等安全事项。
> 2. 在 E-STOP（紧急停止）开关附近留有足够的空间，在万一出现紧急情况时，E-STOP（紧急停止）开关在任何时刻都能按下。

8.2.2　川崎工业机器人示教编程

1. 机器人的示教

如图 8-32 所示为 4 个点的运动程序，下文以此为例说明机器人的示教操作。

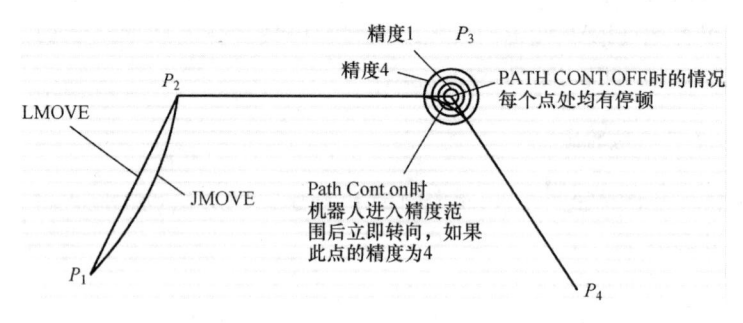

图 8-32　四点运动程序

这里着重说明轨迹［插补方法（interpolation），包括各轴 Joint、直线 Linear］、各点的精度（Accu）、各点的速度（Speed）的设置。

2. 一体化示教画面操作流程

当用 Block Teaching（一体化示教）方式编程时用一体化示教画面，下面介绍画面的使用方式。

(1) 一体化示教画面的调出

当需要调出一体化示教画面时，激活 B 区域，然后按 MENU（菜单）或在 B 区域窗口显示下拉菜单，从中选择"Teach"（示教）。或者激活 B 区域，按键盘 SPD/7/D 左边的 SCREEN SWITCHING（画面切换）键，每当按下此键时在 Block Teaching（一体化示教）和 Interface Panel（交互面板）画面之间切换。

(2) 画面的组成

一体化示教画面的组成如下。

最上面一行为标题行，显示一体化示教所必需的项目。但是由于显示屏尺寸的限制，夹具信号的设置显示在下一画面上，参见图 8-33 所示的一体化操作画面。

```
  Intp    Spd Acc Tmr Tol Wrk Clamp J/E    OX         WX      Comment   ——标题行
  JOINT    9   1   0   1   0          [          ][          ]
1 JOINT    9   1   0   1   0          [          ][          ]        ——编辑行
2 LINEAR   7   3   1   1   0         [1          ][          ]
3 JOINT    9   2   0   1   0 1       [          ][2          ]
4 LINEAR   5   1   2   1   0         [2.5        ][          ]
5 JOINT    7   4   0   1   0 2       [          ][          ]
6 JOINT    8   1   3   1   0         [          ][3         ]
7 JOINT    9   1   0   1   0         [          ][          ]
```

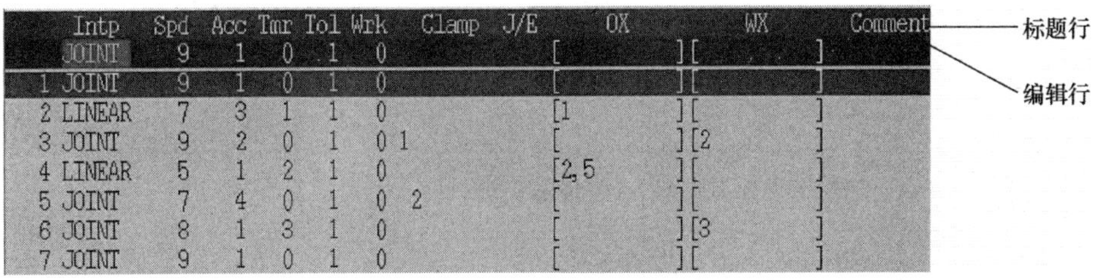

图 8-33　一体化操作画面 1

当显示图 8-33 所示的一体化操作画面时，按【S】+【→】将切换到图 8-34。按【S】+【←】切换回图 8-33 所示的画面。

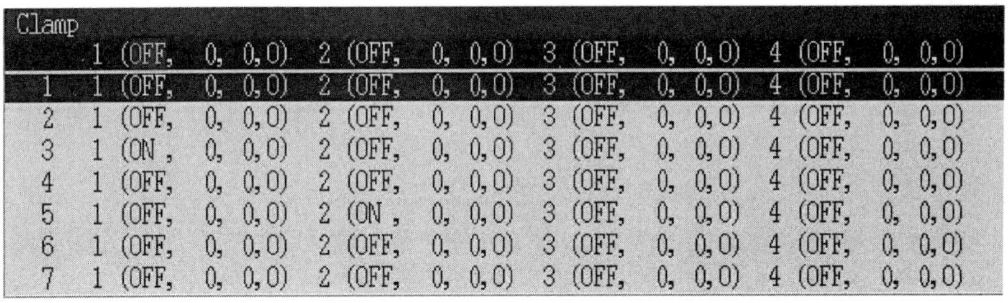

```
Clamp
      1 (OFF, 0, 0, 0) 2 (OFF, 0, 0, 0) 3 (OFF, 0, 0, 0) 4 (OFF, 0, 0, 0)
1     1 (OFF, 0, 0, 0) 2 (OFF, 0, 0, 0) 3 (OFF, 0, 0, 0) 4 (OFF, 0, 0, 0)
2     1 (OFF, 0, 0, 0) 2 (OFF, 0, 0, 0) 3 (OFF, 0, 0, 0) 4 (OFF, 0, 0, 0)
3     1 (ON , 0, 0, 0) 2 (OFF, 0, 0, 0) 3 (OFF, 0, 0, 0) 4 (OFF, 0, 0, 0)
4     1 (OFF, 0, 0, 0) 2 (OFF, 0, 0, 0) 3 (OFF, 0, 0, 0) 4 (OFF, 0, 0, 0)
5     1 (OFF, 0, 0, 0) 2 (ON , 0, 0, 0) 3 (OFF, 0, 0, 0) 4 (OFF, 0, 0, 0)
6     1 (OFF, 0, 0, 0) 2 (OFF, 0, 0, 0) 3 (OFF, 0, 0, 0) 4 (OFF, 0, 0, 0)
7     1 (OFF, 0, 0, 0) 2 (OFF, 0, 0, 0) 3 (OFF, 0, 0, 0) 4 (OFF, 0, 0, 0)
```

图 8-34　一体化操作画面 2

如图 8-34 所示的一体化操作画面 2 中，画面最多显示 4 行夹具数据。因此，当设置多于 4 行的夹具数据时需要两个画面。按上述方式按【S】+【→】切换画面。

编辑行位于标题行下面，用于编辑每步的内容。把示教器上的 TEACH LOCK（示教锁定）开关拨向 ON，按【→】或【←】移动光标，用【↑】或【↓】改变每一个辅助数据项，或者直接输入数据。

编辑行下面显示程序每一步的内容。左边的数字指示步编号，通常可以显示 7 步。行右边显示每步的辅助示教数据，表 8-4 列出了每一项的内容。

表 8-4　辅助示教数据

项目	内容
Interpolation（插补）	选择机器人沿着每个示教点移动的方式。例如，选择直线插补，将使机器人在示教点间的运动轨迹为直线
Speed（速度）	指定机器人移动到示教点的速度
Accuracy（精度）	指定机器人接近示教点（并认为已到达示教点）的程度
Timer（定时器）	指定在示教点的等待时间

续表

项目	内容
Tool（工具）	指定机器人末端配备的执行工具编号
Work（工件）	指定工件坐标系的编号
Clamp（夹具）	指定当抓取工件等时手部的开/关状态
J/E	指定由外部信号切换程序
O/X	指定一个从机器人到外部设备的输出信号
W/X	指定一个外部设备到机器人的输入信号
Comment（注释）	可自由输入的注释，在示教画面中最多可显示八个字符

基于上述内容，下文将叙述用一体化示教画面示教和编辑程序的流程。

3. 示教操作

本节介绍用一体化示教模式创建示教数据的方法。

示教在示教器的示教画面上进行。本节介绍如何示教如图 8-35 所示的四个点。

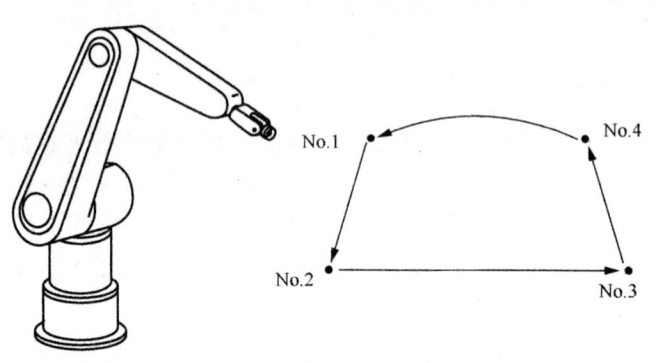

图 8-35 示教四个点

1) 设定一个程序名称。详情参阅 Specify（指定）功能。设定一个程序 pg1，将显示如图 8-36 所示的示教画面。

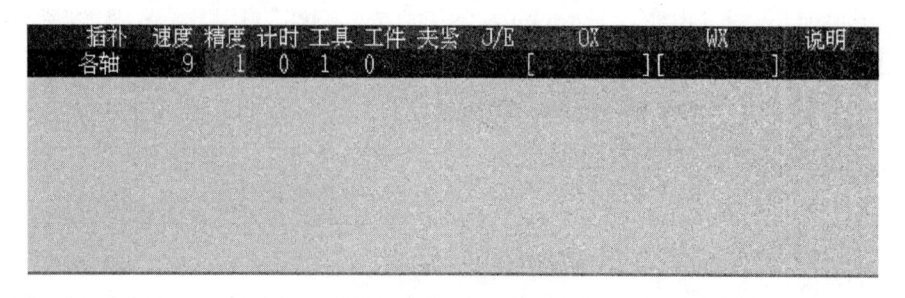

图 8-36 示教画面

2) 示教内容如表 8-5 所示。

表 8-5 示教内容

示教点	示教内容
步 1	运行起点
步 2	以直线插补从 No.1 低速移动到 No.2；设置高精度等级，并起动定时器
步 3	以直线插补从 No.2 低速移动到 No.3
步 4	以直线插补从 No.3 中速移动到 No.4
步 5	以关节插补从 No.4 中速移动到 No.1

3) 示教步 1 时，用＋/－将机器人点动到步 1 的示教点。

4) 将速度设置为 9，精度设置为 4。

① 速度的设置。按【S】＋【SPD/7】或 【→】或【←】三者中的任意键，将光标移至辅助数据标题行的 Spd（速度）。按【↑】，在编辑栏上改变速度设置，顺序为 9→0→1→2→3→4→5→6→7→8→9；按【↓】，在编辑栏上改变速度设置，顺序与上面相反；或者直接按 NUMBER（0～9）设置速度。当所要的数字显示时（本例为 9），速度设置完成。

② 精度的设置。按【S】＋【ACC/8】或 【→】或【←】三者中的任意键，将光标移至辅助数据标题行的 Acc（精度）。按【↑】，在编辑栏上改变精度设置，顺序为 1→2→3→4→1；按【↓】，在编辑栏上改变精度设置，顺序与上面相反；或者直接按 NUMBER（1～4）设置精度。

当所要的数字显示时（本例为 4），精度设置完成。

5) 按【RECORD】（记录）记录步 1 的位置数据和辅助数据。示教画面显示如图 8-37 所示的记录步 1 的数据。

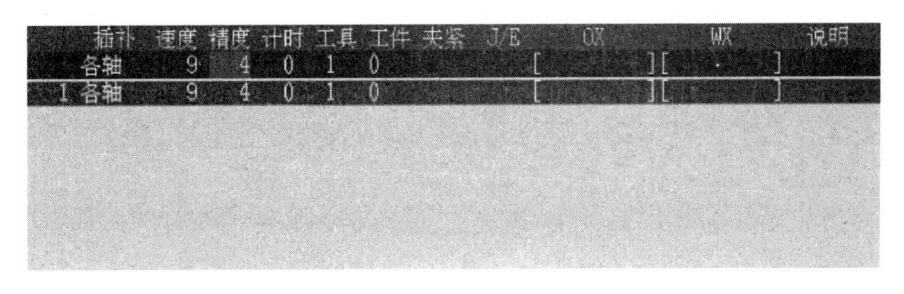

图 8-37 记录步 1 的数据

6) 用＋/－将机器人点动到步 2 的示教点。

7) 插补设置为 Linear（直线）插补，速度设置为 7，精度设置为 3，定时器设置为 1。按示教步 1 的设置流程进行速度和精度的设置。

① 设置插补方式。按【S】＋【INTER】或【→】或【←】三者中的任意键，将光标移至辅助数据标题行的 Intp（插补）。按【↑】，在编辑栏里切换插补设置，顺序

为 JOINT→LINEAR→［LIN（EAR）2］→［CIR（CULAR）1］→［CIR（CULAR）2］→［FLIN（EAR）］→［FCIR（CULAR）1］→［FCIR（CULAR）2］→［XLIN（EAR）］→JOINT；按【↓】，切换顺序与上面相反；或者直接按 NUMBER（1～4）设置插补。括弧中的项目为配备选件的规格。

当所要的内容显示时［本例为 Linear（直线）］，插补设置完成。

② 设置定时器。按【S】+【TMR/9】或【→】或【←】三者中的任意键，将光标移至辅助数据标题行的 Tmr（定时器）。按【↑】，在编辑栏里切换定时器设置，顺序为 0→1→2→3→4→5→6→7→8→9→0；按【↓】，切换顺序与上面相反；或者直接按 NUMBER（0～9）设置定时器。当所要的数字显示时（本例为 1），定时器设置完成。

8）按【RECORD】（记录）记录步 2 的位置数据和辅助数据。示教画面显示如图 8-38 所示的记录步 2 的数据。

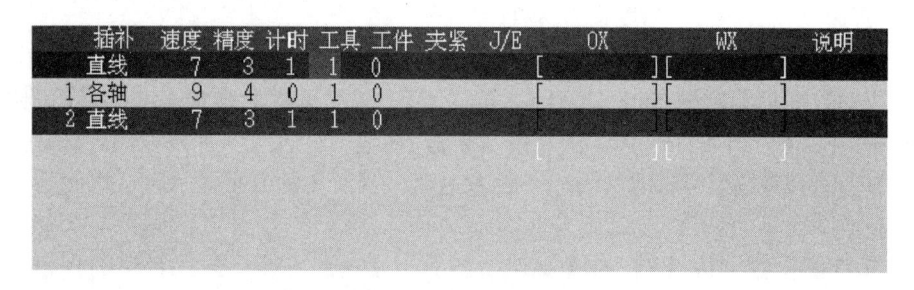

图 8-38　记录步 2 的数据

9）用＋/－将机器人点动到步 3 的示教点。

10）插补设置为 Linear（直线）插补，Spd（速度）设置为 5，Acc（精度）设置为 3。按示教步 1 的设置流程进行速度和精度设置，按示教步 2 的设置流程进行插补设置。

11）按【RECORD】（记录），记录步 3 的位置数据和辅助数据。示教画面显示如图 8-39 所示的记录步 3 的数据。

图 8-39　记录步 3 的数据

12）用＋/－将机器人点动到步 4 的示教点。

13）插补设置为 Linear（直线）插补，Spd（速度）设置为 6，Acc（精度）设置为 3。按上述设置流程进行插补、速度和精度的设置。

14）按【RECORD】（记录），记录步 4 的位置数据和辅助数据。示教画面显示如图 8-40 所示的记录步 4 的数据。

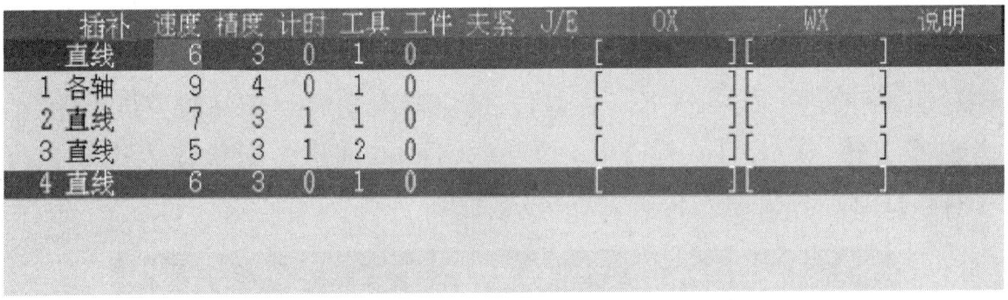

图 8-40　记录步 4 的数据

15）用＋/－将机器人点动到步 5 的示教点。

16）插补设置为 Joint（各轴）插补，Spd（速度）设置为 7。设置方法同上。

17）按【RECORD】（记录），记录步 5 的位置数据和辅助数据。示教画面显示如图 8-41 所示的记录步 5 的数据。

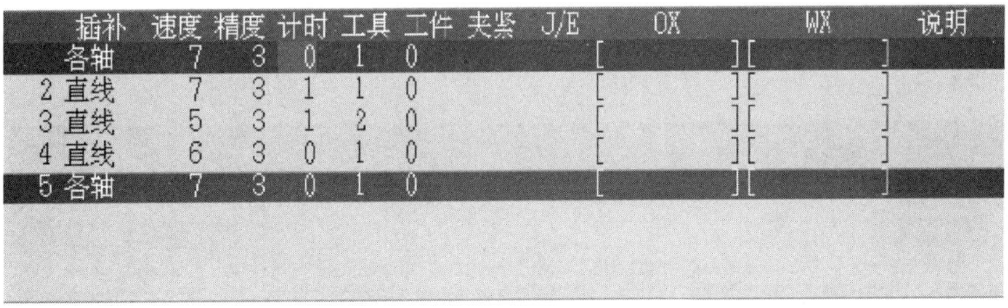

图 8-41　记录步 5 的数据

[注　意]
一旦编辑行内的数据更改后，按 CANCEL（取消）或 CLEAR（消除）不能恢复原来的内容。

至此，pg1 程序示教操作完成。

4．检查程序运行

为确认已示教程序的运行情况，在检查模式下用 GO（前进）和 BACK（后退）操作。下面介绍操作流程。

1）选择要检查的程序。

2）设置程序中要检查的步。

3）切换到示教模式，在示教器上把 TEACHLOCK（示教锁定）开关置 ON（开）。按 CONT 切换检查模式，一步一步单步或连续检查。检查方法显示在 D 状态区。

4）设置检查速度。

5）开启电机电源后，把操作面板上的 HOLD/RUN（暂停/运行）开关拨向 RUN

（运行），用示教器控制机器人运行。

6）按住示教器上的 TRIGGER（触发器）开关，按 GO（前进），使机器人朝设定的步运行。

7）用单步方式（ONCE）检查时，当机器人各轴数据和示教步数据一致时机器人停止。再按 GO（前进）或 BACK（后退），使机器人朝后一步（前一步）运行。

8）用连续方式（CONT）检查时，当按下 GO（前进）时机器人连续执行步，但是按 BACK（后退）时机器人将不会连续执行步。

> ⚠ 警告
> 1. 为防意外，创建程序后，把最新的数据保存在外围存储设备中，如PC卡、FDD等。
> 2. 为防止存储的数据被删除，把PC卡和FDD保存在安全的地方。

8.2.3 川崎工业机器人程序数据修改

本节介绍编辑示教后程序数据的四种基本操作，包括位置数据改写、辅助数据改写、插入步和删除步。

以下以图 8-42 为例解释用不同的方法编辑步 5 的示教数据。

	插补	速度	精度	计时	工具	工件	夹紧	J/E	OX	WX	说明
1	各轴	7	3	0	1	0		[	][	]	
2	直线	7	3	1	1	0		[	][	]	
3	直线	5	3	1	2	0		[	][	]	
4	直线	6	3	0	1	0		[	][	]	
5	各轴	7	3	0	1	0		[	][	]	
6	各轴	7	3	0	1	0		[1,5,12	][	]	
7	各轴	7	3	0	1	0		[	][	]	
8	各轴	7	3	0	1	0		[1,5,12	][1	]	

图 8-42 不同方法编辑步 5

（1）位置数据改写

本节介绍仅编辑位置数据而不改变辅助数据的操作流程。

1）按【A】+【↑】或【↓】，把光标移动到要编辑的步。本例中移动到步 5，使该行变成绿色。

2）按【POS/MOD】（位置/修改），把步 5 的颜色改变成紫色，编辑行的左侧显示 POS.M，如图 8-43 所示。

3）按＋／－，把机器人点动到正确的位置。

4）按【RECORD】（记录），把新的位置数据记入到步 5 中。如图 8-44 所示，现在步 6 变为紫色。

5）要继续改写位置数据，重复本流程的 1）～4）步。要退出本模式，再按【POS/MOD】（位置/修改）。

（2）辅助数据改写

本节介绍仅编辑辅助数据而不改变位置数据的操作流程。编辑这些数据可以不运

第 8 章 工业机械手、机器人的基本应用

插补	速度	精度	计时	工具	工件	夹紧	J/E	OX	WX	说明
POS.M 各轴	7	3	0	1	0		[ ]	[ ]	[ ]	
2 直线	7	3	1	1	0		[ ]	[ ]	[ ]	
3 直线	5	3	1	2	0		[ ]	[ ]	[ ]	
4 直线	6	3	0	1	0		[ ]	[ ]	[ ]	
5 各轴	7	3	0	1	0		[ ]	[ ]	[ ]	
6 各轴	7	3	0	1	0		[1,5,12]	[ ]	[ ]	
7 各轴	7	3	0	1	0		[ ]	[ ]	[ ]	
8 各轴	7	3	0	1	0		[1,5,12]	[1]	[ ]	

图 8-43 位置数据改写

插补	速度	精度	计时	工具	工件	夹紧	J/E	OX	WX	说明
POS.M 各轴	7	3	0	1	0		[ ]	[ ]	[ ]	
2 直线	7	3	1	1	0		[ ]	[ ]	[ ]	
3 直线	5	3	1	2	0		[ ]	[ ]	[ ]	
4 直线	6	3	0	1	0		[ ]	[ ]	[ ]	
5 各轴	7	3	0	1	0		[ ]	[ ]	[ ]	
6 各轴	7	3	0	1	0		[ ]	[ ]	[ ]	
7 各轴	7	3	0	1	0		[ ]	[ ]	[ ]	
8 各轴	7	3	0	1	0		[1,5,12]	[1]	[ ]	

图 8-44 新的位置数据记录

行机器人。

1)按【A】+【↑】或【↓】,把光标移动到要编辑的步。本例中移动到步 5,使该行变成绿色。

2)按【AUX/MOD】(辅助/修改),把步 5 的颜色改变成暗黄色,编辑行的左侧显示 AUX.M,如图 8-45 所示。

插补	速度	精度	计时	工具	工件	夹紧	J/E	OX	WX	说明
AUX.M 直线	8	2	0	1	0		[ ]	[ ]	[ ]	
2 各轴	9	1	0	1	0		[ ]	[ ]	[ ]	
3 各轴	9	1	0	1	0		[ ]	[ ]	[ ]	
4 各轴	9	1	0	1	0		[ ]	[ ]	[ ]	
5 直线	8	2	0	1	0		[ ]	[ ]	[ ]	
6 各轴	9	1	0	1	0		[ ]	[ ]	[ ]	
7 各轴	9	1	0	1	0		[ ]	[ ]	[ ]	
8 各轴	9	1	0	1	0		[ ]	[ ]	[ ]	

图 8-45 辅助数据改写

3)把光标移动到要修改的辅助数据上。如果在一个画面上不能看到所有数据,按【S】+【→】或【←】。

4)按【↑】或【↓】编辑辅助数据,或直接输入数字键 NUMBER(0~9)。

5)按【RECORD】(记录),把新的辅助数据记入到步 5 中。本例中重新设置了精度和定时器。如图 8-46 所示,现在步 6 变成了暗黄色。

6)要继续改写辅助数据,重复本流程的 1)~5)步。退出本模式,再按【AUX/MOD】(辅助/修改)。

图 8-46 新的数据记录

(3) 插入步

本节介绍插入新的步的操作流程。

1) 按【A】+【↑】或【↓】，把光标移动到要编辑的步。本例中移动到步 5，使该行变成绿色。

2) 按【INS】（插入），把步 5 的颜色改变成淡蓝色，编辑行的左侧显示 INS（插入），如图 8-47 所示。

图 8-47 插入步

3) 按【RECORD】（记录），在第 5 步上插入一步，原步 5 变成步 6。插入步的每项内容和被插入的步完全一样。参见图 8-48，现在步 6 变成了淡蓝色。

4) 继续插入步，重复本流程的 1)～3) 步。退出本模式，再按【INS】（插入）。

图 8-48 记录步

[注 意]

要插入多步，请连续按 RECORD 多次。

(4) 删除步

本节介绍删除步的流程。

1) 按【A】+【↑】或【↓】，把光标移动到要编辑的步。本例中移动到步 5，使该行变成绿色。

2) 按【DEL】(删除)，把步 5 的颜色改变成红色，编辑行的左侧显示 DEL（删除），如图 8-49 所示。

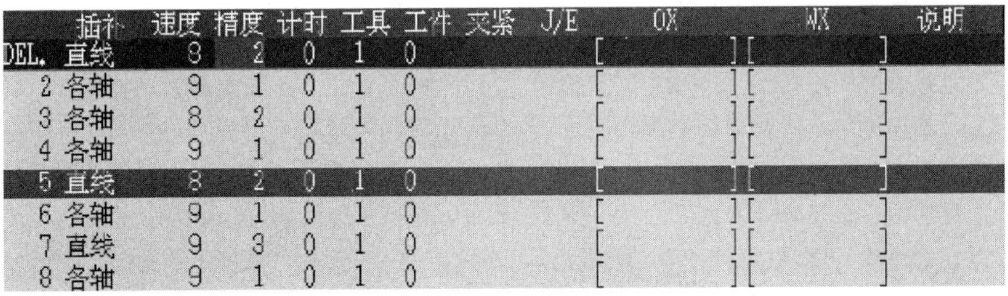

	插补	速度	精度	计时	工具	工件	夹紧	J/E	OX	WX	说明
DEL.	直线	8	2	0	1	0			[ ]	[ ]	
2	各轴	9	1	0	1	0			[ ]	[ ]	
3	各轴	8	2	0	1	0			[ ]	[ ]	
4	各轴	9	1	0	1	0			[ ]	[ ]	
5	直线	8	2	0	1	0			[ ]	[ ]	
6	各轴	9	1	0	1	0			[ ]	[ ]	
7	直线	9	3	0	1	0			[ ]	[ ]	
8	各轴	9	1	0	1	0			[ ]	[ ]	

图 8-49　删除步

3) 按【RECORD】(记录)，删除步 5，步 6 上移成为步 5，如图 8-50 所示。

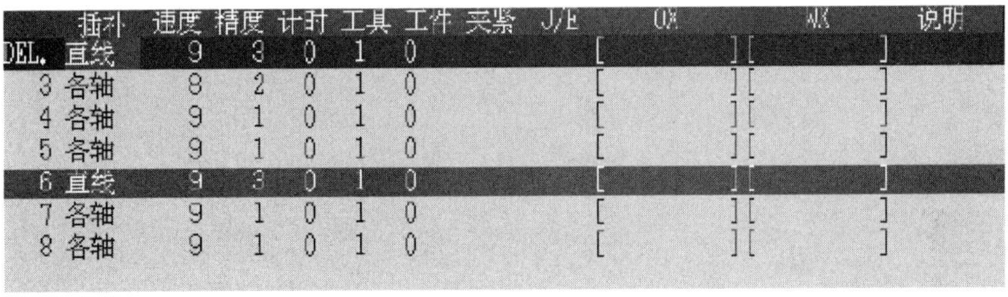

	插补	速度	精度	计时	工具	工件	夹紧	J/E	OX	WX	说明
DEL.	直线	9	3	0	1	0			[ ]	[ ]	
3	各轴	8	2	0	1	0			[ ]	[ ]	
4	各轴	9	1	0	1	0			[ ]	[ ]	
5	各轴	9	1	0	1	0			[ ]	[ ]	
6	直线	9	3	0	1	0			[ ]	[ ]	
7	各轴	9	1	0	1	0			[ ]	[ ]	
8	各轴	9	1	0	1	0			[ ]	[ ]	

图 8-50　记录步

4) 继续删除步，重复本流程的 1)～3) 步。退出本模式，再按【DEL】(删除)。

> [注　意]
>
> 1.仅按 RECORD (记录) 就将执行删除操作。由于不出现确认屏幕，请小心操作。
>
> 2.要删除连续多步，请按 RECORD 多次。

8.2.4　工业机器人码垛程序编制及调试练习

1) 根据所学内容编制机器人码垛程序。

2) 根据所学内容熟悉机器人示教编程各种参数的设置。

3) 根据所学内容完成机器人码垛程序的调试。

主要参考文献

[1] 刘建华，张静之. 传感器与 PLC 应用［M］. 北京：科学出版社，2009.
[2] 张静之，刘建华. PLC 编程技术与应用［M］. 北京：电子工业出版社，2015.
[3] 张静之，刘建华. 电力电子技术［M］. 2 版. 北京：机械工业出版社，2016.
[4] 刘建华，张静之. 交直流调速系统［M］. 北京：中国铁道出版社，2012.
[5] 章祥炜. 触摸屏应用技术——从入门到精通［M］. 北京：化学工业出版社，2017.
[6] 张静之，刘建华. 电气自动控制综合应用［M］. 上海：科学技术出版社，2007.
[7] 李江全. 组态软件 KingView——从入门到监控应用 50 例［M］. 北京：电子工业出版社，2015.
[8] 殷群，吕建国. 组态软件基础及应用［M］. 北京：机械工业出版社，2017.
[9] 张静之，刘建华. FX3U 系列 PLC 编程技术与应用［M］. 北京：机械工业出版社，2018.
[10] 蔡杏山. 图解 PLC、变频器与触摸屏技术完全自学手册［M］. 北京：化学工业出版社，2015.
[11] 叶晖，管小清. 工业机器人实操与应用技巧［M］. 北京：机械工业出版社，2010.
[12] 蒋刚. 工业机器人［M］. 成都：西南交通大学出版社，2010.
[13] 童诗白，华成英. 模拟电子技术基础［M］. 5 版. 北京：高等教育出版社，2015.
[14] 阎石. 数字电子技术基础［M］. 6 版. 北京：高等教育出版社，2016.
[15] 刘建华，张静之. 电气控制与 PLC［M］. 北京：机械工业出版社，2014.
[16] 张静之，刘建华. 高级维修电工实训教程［M］. 北京：机械工业出版社，2011.
[17] 刘建华，张静之. 维修电工综合实训教程［M］. 北京：机械工业出版社，2013.